欢乐数学营

MATH

趣味数学简史

数学是这样诞生的

［美］魏铼◎编著

人民邮电出版社
北京

图书在版编目（C I P）数据

趣味数学简史 ： 数学是这样诞生的 ／（美）魏铼编
著. -- 北京 ： 人民邮电出版社，2022.1
（欢乐数学营）
ISBN 978-7-115-56960-8

Ⅰ.①趣… Ⅱ.①魏… Ⅲ.①数学史－青少年读物
Ⅳ.①011-49

中国版本图书馆CIP数据核字(2021)第139205号

◆ 编　著　[美]魏　铼
　　责任编辑　刘　朋
　　责任印制　王　郁　陈　犇
◆ 人民邮电出版社出版发行　　北京市丰台区成寿寺路11号
　　邮编　100164　　电子邮件　315@ptpress.com.cn
　　网址　https://www.ptpress.com.cn
　　北京捷迅佳彩印刷有限公司印刷
◆ 开本：720×960　1/16
　　印张：20.5　　　　　　　　2022年1月第1版
　　字数：321千字　　　　　　2025年3月北京第6次印刷
　　著作权合同登记号　图字：01-2021-3298号

定价：69.90 元

读者服务热线：(010)81055410　印装质量热线：(010)81055316
反盗版热线：(010)81055315

内容提要

数学是关于数的学问吗？数学是人类的发明还是人类的发现？为什么数学看起来那么抽象深奥？为什么说数学是万学之学？……本书以数学的产生和发展历程为主线，通过数学人物和历史事件对这些问题进行寻根溯源，讲述了一个关于数学渊源的故事，为读者描绘了一幅生动有趣、绚丽迷人的历史画卷。

在本书中，作者把数学的主要分支、理论和应用介绍给读者，其中既没有各种复杂艰深的数学公式和推理证明，也没有大量生僻的数学专业术语，条理清晰，语言通俗易懂。通过阅读本书，读者可以了解数学是怎么诞生的以及什么是数学这两个基本问题，从而以不一样的眼光看待数学这一人类智慧的最高成就。

本书可供对数学感兴趣的读者阅读。

推荐序

　　我不是第一次为作者作序了。两年前作者写的《人工智能的故事》就吸引了我，让我看到介绍人工智能的科普图书可以这样写，可以这样通俗易懂、深入浅出。那时关于人工智能的科普图书还没有像今天这样百花齐放、丰富多彩。所以，当作者请我为《趣味数学简史：数学是这样诞生的》作序时，我饶有兴味，欣然允诺。

　　数学不是我的专业研究领域，我甚至有些望而生畏，但当我拿到这部书稿开始阅读时，它那生动有趣的叙述一下子就让我走进了数学世界的历史旅程，让我这个外行对数学的产生、发展和演进过程有了一个比较全面的了解和认识。

　　数学是一切科学的基础，但数学常常给人以抽象、枯燥、难懂的印象。的确，数学经过了几千年的发展到今天已经变得十分抽象和深刻，不然也不可能成为人类上天入地探索宇宙的基础。没有数学，人工智能也不可能发展到今天这种让人惊异的水平。记得在我小的时候，儒勒·凡尔纳的《海底两万里》就让我叹为观止，后来的科幻大片《星球大战》又让我对太空充满幻想，今天的智能手机几乎就是一个个机器人，能够帮助我们搞定生活和工作的方方面面，而人类对宇宙的探索也已经达到了能够登陆火星的程度。伽利略说："数学是上帝描写自然的语言。"爱因斯坦也曾说："纯数学使我们能够发现概念和联系这些概念的规律，这些概念和规律给了我们理解自然现象的钥匙。"认识数学从源头开始，理解数学从历史开始，我认为这是一个不错的方法。这本书能让我们从零开始，沿着人类进步的足迹，探索数学王国中那一段段动人的故事，领略人类智慧巅峰的无限风光。

在这里，我真诚地把《趣味数学简史：数学是这样诞生的》推荐给每一位对自然、科学和生活充满兴趣和热情的读者，更愿意推荐给广大青少年朋友，因为未来是属于你们的，而数学是我们走向未来的金钥匙。我喜欢这木书，相信你们也一定能读懂它，喜欢它。开卷有益，阅读这木书一定会让你们在数学之旅中流连忘返，不虚此行！

吴岩

中国科普作家协会副理事长

南方科技大学科学与人类想象力研究中心主任

南方科技大学人文社会科学学院教授

目　录

序　数字魔术　　　　　　　　　　　　　　1

第 1 章　始于数字　　　　　　　　　　　4

第 2 章　让数工作　　　　　　　　　　34

第 3 章　事状物形　　　　　　　　　　66

第 4 章　在圆之中　　　　　　　　　　96

第 5 章　神奇公式　　　　　　　　　129

第 6 章　驾驭无穷　　　　　　　　　159

第 7 章　尽在数中　　　　　　　　　186

第 8 章　数字之亡　　　　　　　　　216

第 9 章　证明一切　　　　　　　　　242

第 10 章　走向未来　　　　　　　　270

附录 A　数学学科分类概览　　　　　297

附录 B　数学史大事记　　　　　　　298

附录 C　中外人名对照表　　　　　　306

致谢　　　　　　　　　　　　　　　320

序 ▶▶▶

数字魔术

数学是上帝用来书写宇宙的文字。

——伽利略

首先请你在 1 到 9 之间选出一个整数，不要说出来，默默地记在心里。然后，请你把你默记的这个数乘以 9，如果你得到的数是两位数，请你把这个两位数的个位和十位上的数字加在一起，再减去 5。最后，请你用这个数乘以它自身。不管你最初选择的数字是几，你这样做下来的最终答案都是 16。对不对？

你觉得神奇吗？其实，秘密就藏在一个关键的魔幻数字之中！把任何一个一位数乘以 9 后得到的两位数的个位和十位上的数字加起来都还是 9。不相信？你可以自己一个一个地验证一下。剩下的事情就十分简单而没有任何秘密可言了。

在数字中像这样神奇的魔术还有许多。很早很早以前，人类就在自己文明的发展过程中不断地发现和认识数字的神奇和伟大。数学影响着人们的生活和信仰，贯穿在人类的宗教、文化和生活生产之中，成为人类打开宇宙奥秘的钥匙和揭秘科学的利剑。我们今天对这个宇宙的认识和全部科学技术的基础就是数学，一门从记数开始的学问。

最初人类有据可查的数学活动可以追溯到 4000 多年以前，在土地肥沃的埃及尼罗河畔和今天的中东伊拉克地区就出现过这样的数学考古文物。大约在公元前 600 年，古希腊人就对数学抱有浓厚的兴趣，他们超越了他们的前人，进一步探索那些解决问题的方法背后的规律，试图发现数学的基本概念。一些伟大的数学家产生于古希腊、古埃及、古印度以及古代的中国。

伴随着古希腊文明的终结，数学在西方进入了一个死亡时期。几百年以后，中东地区的阿拉伯学者接过了数学的权杖，建于公元 750 年的巴格达成为了新的数学中心。那里聚集了来自阿拉伯地区的学者，他们把古希腊和古印度数学家们的成就发扬光大。印度 – 阿拉伯数字系统就是这方面最好的例证，它为世人确立了沿用至今的数字系统。然而，神学对那些可能威胁其精神的智力活动严加限制，窒息了自由的学术空气，对真理的揭示不是成为必须隐藏的秘密就是成为对宗教迷信的挑战。

幸运的是，阿拉伯人在西班牙的出现让数学随之传播到了欧洲。11 世纪晚期，阿拉伯和希腊的许多著作被翻译成拉丁文并在欧洲快速流传开来。在中世纪的欧洲，数学的发展微乎其微。黑死病在欧洲的大流行更是给欧洲以沉重的打击。在欧洲的许多国家，四分之一以上的人口死亡。直到文艺复兴时期，欧洲才重新复苏，特别是印刷业在欧洲的产生和发展加速了新知识和新思想的蔓延，也让数学开始塑造现代科学并发展出了无数的应用。

这就是当今数学发展的简略路径，众多文化伴随其间，很多相同或相似的数学发明和创造出现在不同地区、不同国家和不同时期，但由于种种原因，它们未能得到广泛传播，也没有直接成为影响数学发展的重要因素。在中国这个古老国度，早期数学的发展远远领先于世界，且其延续时间长达两三千年之久。自公元前 6 世纪到 4 世纪，希腊数学的发展仅有一千年的历史。阿拉伯数学的发展也仅限于公元 8 世纪到 13 世纪。在漫长的中国古代数学发展历史中，产生了众多世界闻名的数学家和数学著作。但是，中国的数学并没有很好地传播于世界，从而失去了产生影响的机会和可能。即便如此，中国古代的数学成就和对当代数学的贡献依然为世人所瞩目和赞美。

南美洲也曾有过自己的灿烂文明，有着自己的数学系统，但 16 世纪欧洲殖民主义者的侵略将其扫荡一空。只有早期印度的数学通过通商在 9 世纪得以渗入阿拉伯地区，后来又进入欧洲，产生了世界性的影响。今天，印度依然是世界级数学家的一个重要来源地。

　　在我们故事的结尾，你会看到一个统一的数字系统和数学精神已经传播于整个世界。为了追求真理这一共同的目标，来自不同国家不同文化背景的数学家们通力合作，探索未知，努力向前，让数学不仅成为了我们人类认知世界的共同语言，而且成为了我们人类对探索世界的根本看法。数学从来没有像今天这样成为我们生活中一切科学和认知的基础。毫不夸张地说，没有数学，就没有我们人类对整个世界乃至宇宙的全部认识和理解；没有数学，一切科学都将不复存在。

第 **1** 章 ▶▶▶

始于数字

万物皆数。

——毕达哥拉斯

在有数学之前，我们首先需要数字。数学，就是一门起源于和关于数和形的学问。

哲学家们一直对数字本身持有争议。数字是真实存在于人类文化之外的客体还是人类文化的一种创造物？数学是被发现出来的还是被发明出来的？对于用长方形围出来的区域，它的两条边长度的乘积的概念是真实并独立存在于数学家的认知之外，还是建筑师构建出来的一种人类感觉，在更大的范围内并不一定真实？德国数学家利奥波德·克罗内克有一句招致了无数非议的名言："上帝创造了整数，剩下的一切都是人类的发明。"不管我们怎样认为，人类数学的发展历史的确是从正整数开始的。

今天，数字是我们生活的一部分。早晨起来，你可能首先会看表，看看时间。在准备吃早餐的时候，你可能会考虑是吃一根油条还是吃两个包子。开车上班时，你也许会发现油箱里的油只剩下 5 升了，而这个月你的车已经行驶了 200 千米。在这一切之中，无论是时间、食物的数量、汽油的多少或行驶的里程都离不开数字。但是，你想过数字是从哪里来的吗？

其实，远在数字系统和记数方法出现以前，数字的发现或者说发明是人类文明发展的关键的一步。没有数字就没有我们今天的科技、贸易、艺术，甚至连运动、游戏和生日聚会都变得不太可能，但人类对数字的认识不是与生俱来的。

数的起源面面观

远古时期，面对一群可能成为他们食物的动物，比如说一群野羊或者野牛，人们是分不清它们具体有多少的。猎人只能告诉他的同伴，他发现了很多猎物或者很少猎物，但具体是多少，他完全分不清。对 1 的认识是人类认识数字的开始。当猎人可以分清他们面对的是一头猎物还是很多猎物时，他们围猎的危险性就大大降低了，安全性就大大提高了。当然，这还不是记数，人们还不会把一头猎物和另外一头猎物合起来进行记数。对于远古的猎人来说，两头就是这是一头，那是一头，或者说有很多头（不止一头）。

随着人类文明的进步和发展，人们开始饲养自己的动物，狩猎野羊野牛变成圈养和放牧被驯化的牛羊。那么，牧人们是如何统计他们到底有多少牛羊的呢？当牛羊归圈时，牧人们怎样确认牛羊的数量呢？聪明的远古人类虽然还不识数，但这难不倒他们。每当有一头牛或一只羊进出圈时，牧人们就在圈门口摆放或拿掉一块小石头或一根小木棍，也可以在门口的土地上划下或抹去一道印记。这种一一对应的方法让他们无须知道具体是多少就可以知道是多了还是少了。

今天，填空游戏依然是一种开发儿童早期智力的方法。儿童把一头头玩具小猪分别放入空格子里，直到填满所有的格子。其实这已经是集合论最原始的概念了：一组事物可以一一对应于另外一组事物。我们完全可以简单地通过对应的方式比较两类事物的多少，而无须知道具体的数量。这是人类最早的非数学的数学活动，不懂记数，却知多少。

对事物多少的记录是人类数学进步的第一步，这就是记数。

关于数字记录的最早发现是出土于非洲南部的斯威士兰王国的一块有 29 道清晰的 V 字形刻痕的狒狒的腓骨。据考证，它出现的年代大约在公元前 35000 年，并且它和今天纳米比亚人用于记录时间的"日历棒"非常类似。人们在捷克也曾发现了 3 万年前的刻有两列五道一组的 V 字形刻痕的兽骨，很像早期人类对猎物的记录。这些成为了迄今最早的数学考古发现。

巴西有一个叫帕瑞哈的原始部落，他们的语言里有许多表达 1 和 2 的词语，但没有进一步表达 3，4，5 等的词语。科学家们认为，由于他们的语言里缺乏表达更多数字的词语，他们对数字的认识和记数的能力受到了限制。科学家们还发现，这个部落里的人在处理数量为 1，2，3 的事物时没有任何困难，但他们在处理 3 个以上的事物时就会变得混乱而无所适从。一些哲学家认为这是语言决定论的最好例证。理解来自语言，我们不能思考我们无法用语言来表达的事物。

人们不仅靠手指记数，很多文明还发展出了用身体的其他部位来记数的方法。他们使用身体的不同部位来表示不同的数字，或者用不同身体部位之间的距离来表示一个序列，最终发展出了用身体部位的名称代表数字的文化。比如，"从鼻子到大拇趾"可能意味着 34。巴布亚新几内亚的早期居民使用包括手、臂、肘、肩、颈和脸上的五官在内的 18 个身体部位进行记数。在非洲地区，还有用 27 个身体部位进行记数的。人们还用手指形成的手语来表示不同的数字，这在阿尔及利亚和中国的民间买卖中常常可以见到。

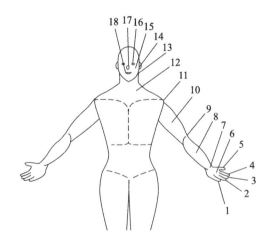

用 18 个身体部位进行记数

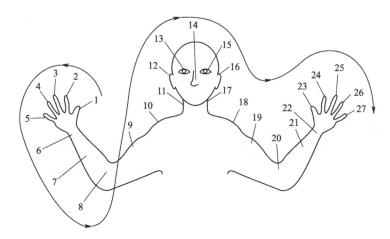

用 27 个身体部位进行记数

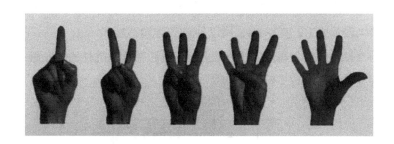

用手指表示数字

　　利用小石头、小木棍或刻在洞穴墙上的简单记号记录较小的数字是可行的，但当数量越来越大时，这种方法就变得十分麻烦和难以使用了。在学会使用数字进行更复杂的记数前，人们需要一种一目了然的简单的记数方法。记数系统就这样应运而生了。

　　《莱因德纸草书》是现今保存不多的古埃及数学文物，它可追溯到大约公元前 17 世纪。大英博物馆保存了已发现的大部分纸草书，位于纽约市的布鲁克林博物馆也收藏了几小块。另外，位于莫斯科的普希金国家艺术博物馆也收藏了一小块被认为是公元前 19 世纪到前 18 世纪的纸草书。尽管这些罕见的文物残缺不全，但还是能够让我们对古埃及的数学有一定的了解。

　　所谓纸草书是一种类似于厚纸的材料，在古代用来书写。它是用一种植物经过处理而制成的，成为早期书籍的一种形式。纸草书最早在古埃及开始使用，因为制作纸草书的植物曾经遍布尼罗河三角洲。古埃及人还用这种材制料制造垫子、绳子、凉鞋和篮子等物品。

我们从这些文物中得知，最早的记数系统开始于一系列重复排列的符号，比如用"III"或者"。。。"表示3。公元前3400年，古埃及人发明了一种十进制记数系统。他们用一道杠表示1，两道杠表示2，以此类推，直到9。不过当数字大了以后，这种表示方法就变得十分烦琐而不直观了，所以古埃及人又发明了特别的符号来表示10，100，1000，一直到100万。这种有规律的、统一的简单表示方法让数字易于识别。古埃及人还能表示简单的分数。比如，为了表示1/2，他们先画两道杠表示2，然后在这两道杠的上面画一个椭圆；为了表示1/3，他们先画三道杠表示3，然后在这三道杠的上面画一个椭圆。他们怎么表示3/4呢？聪明的古埃及人把3/4表示成1/2加上1/4，所以他们先画两道杠表示2，然后在这两道杠的上面画一个椭圆，接着再画四道杠表示4，然后在这四道杠的上面画一个椭圆，这样组合起来就表示3/4。

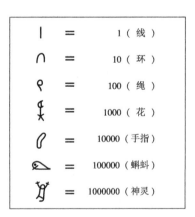

	=	1（线）
∩	=	10（环）
?	=	100（绳）
?	=	1000（花）
?	=	10000（手指）
?	=	100000（蝌蚪）
?	=	1000000（神灵）

古埃及数字

公元前2006年，阿摩利人推翻了乌尔王朝，建立了巴比伦王国，在位于今天阿拉伯半岛东部的底格里斯河和幼发拉底河流域安了家。两河流域肥沃的土壤和高度发达的文明为阿摩利人的文化注入了新鲜的血液，他们创造了更加先进的文

明。古巴比伦曾用过两种记数系统。一种是楔形文字，线条笔直，形同楔子，笔
画大都是带有三角形的线条，刻画在泥板上。T 形的楔形文字表示 1，而形如 "<"
的楔形文字表示 10。另一种是曲形文字，用圆形代替带有三角形的线条。这两种
方法用于不同目的的数字记录。楔形文字用来表示年数、动物的年龄和酬劳，而
曲形文字则用来表示已经支付的酬劳。

罗马始建于公元前 753 年。当时，该地区居住着不同的人，其中伊特鲁里亚
人的文明最先进。古罗马人也承认，他们大部分文明的基础是伊特鲁里亚文明。
罗马位于伊特鲁里亚人领地的南缘，覆盖了意大利中北部的大片区域。早期的罗
马数字就是伊特鲁里亚数字，后来经过不断演化，到文艺复兴时期基本上形成了
今天的形式。这个系统中的数字用拉丁字母的组合来表示，现代用法采用 7 个符
号，每个符号都对应于固定的整数值，没有表示零的符号。1 表示为 I，5 表示为
V，10 表示为 X，50 表示为 L，100 表示为 C，500 表示为 D，1000 表示为 M。
其他所有的数字都用这 7 个符号的不同组合来表示，比如 4 表示为 IV（5 减 1），
6 表示为 VI（5 加 1）。

在中国出土的公元前 5000 年至前 3000 年仰韶
文化时期的陶器上面已刻有表示 1，2，3，4 的符号。
到原始社会末期，人们开始用文字符号取代结绳记事。
《易·系辞》记载道："上古结绳而治，后世圣人易之
以书契。"甲骨文卜辞中有很多记数的文字，从一到
十以及百、千、万都有专用的记数文字，共有 13 个
独立符号，记数用合文书写，其中有十进制记数法，
出现的最大数字为 3 万。

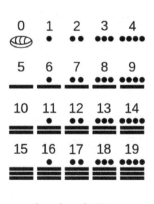

中美洲的玛雅文明可以追溯到公元前 1000 年。
在玛雅人给我们留下的一些雕刻中，我们发现他们经
常使用一种现在叫作"点和画"的记数方法。一个点
表示 1，而一条竖线表示 5。玛雅人使用了一套包括
零在内的相当完整的数位记数系统。在玛雅文明中，

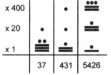

玛雅数字

早在公元前 36 年就开始使用零了。他们表示零的符号看上去像一个贝壳。玛雅记数系统基于五进制和二十进制，而不是我们现在使用的十进制。遗憾的是，玛雅文明在 16 世纪西班牙殖民者的入侵中被彻底摧毁，完全消失了。

随着象形化记数系统向编码化发展，记数方法变得越来越抽象，人们必须通过学习才能认识更大数字的表示符号。这让数字开始变得神秘起来，知道这些数字符号的人常常具有更大的权力，成为"数学贵族"。在许多文化中，数字越来越密切地相关于宗教、魔法和神，神秘的数字帮助维护宗法的权威。

数位系统

在我们今天使用的十进制记数系统中，数字的意义由它所在的位置所决定，同样的数字出现在个位、十位和百位上时表示不同的意义。最早的数位系统产生于公元前 3000 年到前 2000 年间，出现在美索不达米亚文明（又称两河文明）中。美索不达米亚是古巴比伦所在地，位于今天伊拉克境内。这种数位系统是一种基于十进制和六十进制的复杂系统。由于那个时候零还没有被发明出来，因此数位系统模棱两可，令人困惑，分清 24，204 和 240 并不是一件容易的事情，而 3，30 和 300 更是难以区分。

当时在欧洲的雅典流行古希腊的两种记数系统，其中一种使用希腊字母表示数字，α 表示 1，β 表示 2，以此类推，一直到 9。另外，用单独的字符表示 10 的倍数和 100 的倍数。三个数字就用三个字符表示，四个数字就用四个字符表示。当数字超过 900 时，希腊字母就不够用了。所以，这样的大数字就不再用这种方式来记录了。对于超过 900 的数字，古希腊人发明了一种在数字右边加一个粗记号的方法，说明这个数字是 1000 的一个倍数。为了区分表示的是数字还是文字，他们在数字的两边加上竖杠作为隔离符号。古希腊哲学家们不仅认为他们特别需要这些大数字，而且这是他们用来反对那些认为大数字并不真正存在而无法表示的观点的一种方法。

第一个完美的数位系统产生于印度，最初印度人用一个点表示空位，后来他们发明了数字零。这就催生了我们现在广泛使用的印度－阿拉伯数字系统。我们今天广泛使用的阿拉伯数字来自西方，但追根溯源，它来自两千年前的印度山谷文明，最早出现在佛教的铭文中。

用一道竖杠表示 1 没有什么可奇怪的，它简单直观，在许多文明中都不约而同地出现过。中国人使用横杠来表示 1，但其他数字的表示方法就不同了。在印度碑文中最早发现的数字是 1，4 和 6，可以追溯到公元前 3 世纪。后来，人们发现公元前 2 世纪的铭文里出现了 2，7 和 9，进一步发现了 3 和 5。

古印度数字系统

塞维鲁·塞博克特是叙利亚的一名学者和基督教的主教，他生于尼西比斯（今叙利亚的努赛宾），是亚里士多德的哲学老师。他被认为是第一个把印度数字系统引入阿拉伯的叙利亚人。他曾这样写道："印度人在天文学上的微妙发现以及他们超越描述的宝贵计算方法比希腊人和巴比伦人更巧妙。我只希望说，这种计算是通过 9 个符号完成的。那些因为说希腊语而认为自己已经到了科学极限的人应该阅读印度文本，他们会相信还有其他人知道一些有价值的东西。"

阿拉伯人阿尔－奇夫提记载了一个印度学者如何把一本书送给住在巴格达的哈里发曼苏尔。"一个来自印度的人在当年（公元 776 年）向曼苏尔展示了自己的才干。他精通与天体运动有关的历书计算方法，并且有办法根据半弦（本质上是正弦）以半度求解方程 …… 这一切都包含在一部作品中。在他声称已经采取了半弦计算方法 1 分钟后，曼苏尔就下令将这本书翻译成阿拉伯语，并根据译文编写一部著作，从而为阿拉伯人计算行星运动奠定了坚实的基础。"从这个时候起，阿拉伯人就开始翻译用印度数字系统书写的文本，并把印度数字系统带入了阿拉伯地区。

智慧宫和阿拉伯数学家

公元 750 年，阿拔斯王朝取代了倭马亚王朝。公元 762 年，曼苏尔建造了巴格达，并将其作为帝国的首都。巴格达的位置和国际化的人口使它成为了一个稳定的商业和知识中心。为此，曼苏尔修建了以萨珊帝国图书馆为模板的宫殿图书馆，并为在那里工作的学者提供经济和政治支持。他还邀请印度和其他地方的学者代表团分享他们关于数学和天文学的知识。著名的智慧宫由此得名。在那个时期，许多外国作品被从希腊语、中文、梵文、波斯语和叙利亚语翻译成阿拉伯语。

印度数字系统传入中东的证据被智慧宫出版的两部非常重要的著作进一步证实。其中一部是波斯数学家阿尔·花拉子密在公元 825 年撰成的《印度数字算术》，另一部是阿拉伯哲学家、数学家阿布·阿尔－金迪撰写的四卷本《关于印度数字的使用》。这两部著作对印度数字系统传入阿拉伯地区产生了非常重要的影响。

智慧宫

在智慧宫里工作的早期学者之一有花拉子密，他的全名是穆罕默德·伊本·穆萨·阿尔·花拉子密。他曾被任命为天文学家和智慧宫的掌门人。他在天文学、算术、三角学和地理方面出版了许多著作，但他最为数学家们所铭记的是他关于代数的贡献。

花拉子密

　　印度数字在阿拉伯地区得到了发展和普及。它的特点是用笔画中所含角的多少表示数字 1 到 9。1 用笔画中含有一个角的符号表示，2 用笔画中含有两个角的符号表示，以此类推，9 就用笔画中含有 9 个角的符号表示。印度数字通过简单地添加笔画的形式变成了我们今天广泛使用的印度−阿拉伯数字（也简称阿拉伯数字）。零意味着没有，所以被写成一个不含任何角的圆形。

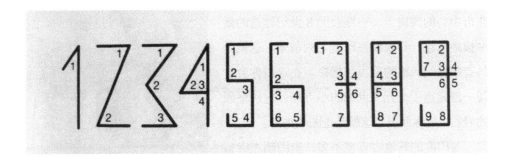

印度−阿拉伯数字的特点

　　阿拉伯数学家还发明了由数字所在的位置表示大小的进制方法，从而抛弃了印度数字系统中表示十、百、千、万的符号。不久以后，新的印度−阿拉伯数字通过西班牙人传入欧洲。

传入欧洲的印度-阿拉伯数字最早出现在公元 976 年西班牙出版的《维命拉努斯抄本》中。1202 年，曾在阿尔及利亚的布贾亚学习的意大利数学家斐波那契出版了《计算之书》一书，在欧洲推广了印度-阿拉伯数字系统。然而，直到印刷术推广以后，该数字系统才在欧洲得到广泛应用。随后，印度-阿拉伯数字被传播到世界各地，逐渐成为世界上应用最广的数字系统。即使许多国家在自己的语言中都有自己的记数系统，但印度-阿拉伯数字广泛用于商业和数学，成为公认的国际数学符号系统之一。

数字零的由来

数字零其实长期在数字系统中没有表示，因为它意味着什么都没有，所以并不需要一个符号来表示。但当记位数字系统出现后，作为位置符的零就产生了。最早有许多表示零的符号，比如用一个点或者空位来表示。在玛雅文明中，零用一个贝壳状的符号来表示。零进入现代数字系统也起源于印度。印度文明是如何创造出这个对数学乃至现代世界都至关重要的符号的呢？

瓜里尔是印度中部的一个人口稠密的城市。在市中心的高岗上，一座公元 8 世纪建造的堡垒拔地而起，其规模在印度名列前茅。这就是具有中世纪风格的瓜里尔堡垒。在这里你会发现一座建造于公元 9 世纪的小寺庙，它从坚硬的岩石中雕琢而出。这就是查图胡杰寺。

与印度的其他古寺差不多，查图胡杰寺似乎并没有什么特别之处。不过有一点，这里是数字零的起点。在寺庙墙壁上雕刻的铭文中，有一个清晰可见的数字 270。这座寺庙因此而

查图胡杰寺

闻名，这是世上发现的最为古老的书写数字 0。

　　印度著名神话学家帕塔纳伊克讲述过一个关于亚历山大大帝到访印度的故事。据说，这位征服者在印度看到了一位修行者，一个赤身裸体的智者。他坐在岩石上盯着天空看。亚历山大大帝就问他："你在做什么呢？""我在感知虚无。你在做什么呢？"修行者回应道。"我在征服世界。"亚历山大大帝说。他们都笑了，彼此都觉得对方是在荒废生命的傻瓜。

　　早在查图胡杰寺的墙上铭刻那个最早的 0 之前就有了这个故事，不过修行者对虚无的冥想也的确和这个数字的发明有关。与其他文化背景的人不同，印度人早就在哲学上对虚无这个概念敞开了思想。瑜伽等活动的发明也是为了激励冥想，清空和净化心灵。佛教和印度教都将虚无这个概念作为其教义的一部分。

　　荷兰的一位名叫彼得·戈贝兹的博士研究了数字零的起源。他在一篇关于零的发明的文章中指出："数字零（在梵语中读作 shunya）可能起源于同时代的虚无哲学，又称 shunyata（一种让观感和思想从人的想法中解脱出来的佛教教义）。"

　　其实，印度人很早以前就开始对复杂的数学着迷。早期的印度数学家沉迷于庞大的数字。当古希腊人只能计算到 1 万时，印度人已经能计算到数万亿了。可以说，两个地方的人对无穷大的概念完全不同。

　　印度天文学家和数学家阿耶波多出生于公元 476 年，婆罗门笈多出生于公元598 年，他们都被认为是最早正式描述现代小数位值系统的人，并最早提出了符号零的使用规则。长期以来，人们一直以为瓜里尔是第一个把零写作圆圈的地方，不过在一部称为《巴赫沙利手稿》的古老印度卷轴中出现了一种占位符点标记。最近对其进行碳–14 年代测定，发现它可以追溯到公元 3 ~ 4 世纪。现在，这个符号被认为是最早有历史记录的零。

　　牛津大学数学教授杜·索托伊说："作为一个独立的数字，零从《巴赫沙利手稿》中的占位符点标记演变而来，可谓是数学史上最伟大的突破之一。现在知道早在公元 3 世纪印度数学家就已经埋下了这个影响现代世界的伏笔。研究结果显示，几个世纪以来印度次大陆上的数学研究是如此充满活力。"

《巴赫沙利手稿》（局部）

同样有趣的是，为什么零没能在别的地方出现呢？一种理论认为，一些文化对虚无概念持负面看法。在欧洲基督教历史的早期曾有一段时间，宗教领袖禁止使用零，因为他们觉得上帝代表一切，因此代表虚无的符号一定属于魔鬼。

也许印度就是有一种能力产生关于零的相关创意，创造出冥想和数字零的印度智慧对现代世界产生了深远的影响。因此，学者们普遍认为，零始于印度，始于虚无。

最早在文字中出现的零发现于公元 458 年出版的《罗克维巴伽》。这是一份根据古老的印度宗教对宇宙及其成分（如生物、物质、空间、时间等）的形状和功能进行描述的文本，最初由迪甘巴拉的僧侣萨尔瓦南丁创作，在后来的梵文翻译中留存了下来。

印度数学家和天文学家婆罗门笈多的《婆罗门体系》是第一部为零和负数的算术操作提供规则的著作，它将零视为一个数字，而不是像巴比伦人那样在表示一个数字时只是用它作为占位符，或者像托勒密和罗马人那样将其作为非数量的象征。

智慧宫的掌门人花拉子密把零介绍给了阿拉伯人。1494 年，威尼斯数学家卢卡·帕乔利在他出版的算术书里第一次使用数字零，这成为零进入欧洲的最早记录。

　　然而，历史学家们一直不接受将零作为历史年代序列中的一个表示点。所以，至今整个世界历史中都没有零年，而是被划分为从公元前 1 年开始向前推展的时间和从公元 1 年开始向后推展的时间这两个编年序列。

古代意大利数学家斐波那契

　　当然，在印度 – 阿拉伯数字传入欧洲之前，罗马数字统治欧洲长达 500 年之久。随着罗马帝国的壮大和发展，需要使用越来越大的数字。罗马人曾经把数字符号写在一个三面或四面的方框里来表示千位或万位，比如在 II 的里面写入 V 时表示 5000。这样的表示方法既不明确又不便于进行计算。比如，38 + 19 = 57 用罗马数字表示时就变成了如下形式：

$$\begin{array}{r} \text{XXXVIII} + \\ \underline{\text{XIX}} \\ \text{LVII} \end{array}$$

　　印度 – 阿拉伯数字提供了一种对于计算来说十分简捷有效的表示方法，在商人和会计中开始流行起来。尽管如此，印度 – 阿拉伯数字系统还是经过了几个世纪才逐渐被欧洲人完全接受。而罗马数字也并没有因此而完全消失，直到今天还用在一些地方，比如钟表和一些电影电视节目的版权记录时间。

　　到此为止，印度 – 阿拉伯数字成为了世界上通用的数学语言符号的一部分。斐波那契在 1202 年写道："用 9 个印度数字 9，8，7，6，5，4，3，2，1 和符号 0 可以表示任何一个数。"但是数字的表示方法并没有因此而结束。在过去的一个世纪里，各种不同用途的数字表示方法依然层出不穷。比如，在很多 LED 数码显示器上，0 被加入一个斜杠来表示，以便和字母 O 相区分。计算机条形码也是一种新型的数字表示方法。中国有用文字表示数字的方法，这种表示法不仅有一、二、三、四、五、六、七、八、九和十这种简写写法，而且有壹、贰、叁、肆、伍、陆、柒、捌、玖和拾这种大写写法。数字的手语表示方法和在不同的进制中用英文字母表示数字的方法更是多种多样。

斐波那契

斐波那契是意大利古代的数学家。他出生于比萨，是意大利商人和海关官员古列尔莫的儿子，常常陪父亲一起到中东地区旅行。斐波那契在地中海沿岸的旅行中经常与许多商人会面，了解到了他们使用的算术系统。他很快就意识到印度–阿拉伯数字系统具有许多优点。与当时使用的罗马数字不同，这种数字系统允许使用进制进行简单的计算。1202 年，斐波那契回到了自己的家乡，把他在中东地区的旅行中学到的数学知识加以扩展写成著名的《计算之书》，为家乡的人们提供了计算和商业上的帮助。

在《计算之书》中，斐波那契介绍和推荐了印度–阿拉伯数字系统，提倡使用数字 0 ~ 9 和进位记数的方法。该书通过将数字应用于商业簿记、权重转换、度量、利息计算、货币兑换等方面，展示了印度–阿拉伯数字系统的实际用途和价值，在整个欧洲受到好评，对欧洲人的思想产生了深远的影响。

该书的第一部分介绍了印度–阿拉伯数字系统，并将该系统与其他数字系统进行了比较，取代了罗马数字系统。此外，这本书还介绍了古埃及乘法和使用算盘进行计算的方法，使计算变得轻松快捷，促进了欧洲银行业和会计业务的发展。

　　这本书的第二部分解释了印度－阿拉伯数字在商业中的应用，例如不同货币的兑换以及利润和利息的计算。这对不断发展的银行业来说非常重要。书中还讨论了无理数和素数，并且包含了大量数学问题，其中一些问题的描述非常有趣。比如，一棵树的三分之一位于地下，如果地下部分的长度为 1.5 米，那么整棵树的长度是多少？再如，如果一头狮子需要 4 小时吃掉一只羊，一头豹子需要 5 小时吃掉一只羊，一头熊需要 6 小时吃掉一只羊，那么它们一起吃掉一只羊需要多久？另一类问题则关系到级数。比如，7 个老妇人去罗马，每人带 7 匹骡子，每匹骡子驮 7 个袋子，每个袋子里有 7 个面包，每个面包中有 7 把刀，每把刀有 7 个鞘，那么一共有多少件东西？这是一个关于 7 的指数问题。

　　当然，该书中最著名的问题是所谓的兔子问题，因为它揭示的数列在描述自然界中生物的生长和比例时一再出现。这个问题是这样的：假设一对兔子每月生一对小兔子，这对小兔子从第二个月开始生兔子，而且每对兔子都是一雌一雄，试问一对兔子一年能繁殖多少对兔子？

兔子问题

从表面上看，这不过是一项像智力游戏一样的中学数学测验，解答过程也不复杂。开始时只有一对兔子，一个月后还是一对兔子，但雌兔已经怀上了一对小兔子。两个月后有两对兔子，三个月后有三对兔子，四个月后有五对兔子，五个月后有八对兔子。以此类推，到年底就会有 144 只兔子。就这么简单，最笨的办法就是在纸上一个月一个月地用笔写下来可能的繁衍情况。但如果进一步观察产生的这个数列，你就会发现数列里从第三个数字开始的每一个数字都是前两个数字的和！出乎意料吧？这个神奇的数列现在叫作斐波那契数列。人们发现在花的形状以及其他自然和艺术的很多形式里这个数列都在发挥着令人惊讶的作用。

斐波那契也因此被认为是中世纪最有才华的西方数学家。19 世纪，在意大利的比萨，人们还专门建造了一座斐波那契雕像。今天，它被移到了坎波桑托的西部画廊。有许多与斐波那契数列相关的数学概念以斐波那契命名，更有用他的名字命名的小行星和摇滚乐队。

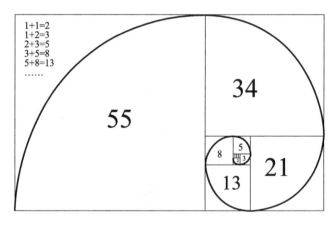

斐波那契数列

数学运算符号和毕达哥拉斯学派

在最早用英文出版的数学书籍里，英国数学家罗伯特·雷科德撰写的关于算术的《艺术的基础》最为著名，产生了深远的影响。该书以一位学者和主人对话的形式讲解算术的各种规则，通俗易懂，据说连孩子都能学会。雷科德是一个拥有传奇人生的英国数学家和医生。1531 年，他从牛津大学毕业后当选为全灵学院的研究员，后来到剑桥大学攻读数学和医学博士学位。他还担任过爱尔兰的矿业和货币主审计长。从爱尔兰回到伦敦后，他担任爱德华六世和玛丽女王的御医。在卷入宫廷斗争后，他被一个政敌以诽谤罪起诉，又因为负债被捕，最终死在了监狱里。

　　雷科德发明了一些数学运算符号，比如加号、乘号和等号。乘号来自他的乘法算法讲解。比如，在计算 8 乘以 7 的积时，他把 8 和 7 分别写在一个交叉线左边的两个顶点旁，而在交叉线的右边，他用 10 分别减去左边的数字，得到 2 和 3。这样，在交叉线上，8 减 3 和 7 减 2 都等于 5，而 3 乘以 2 等于 6，所以答案就是56。这条交叉线后来就成为了乘号。而他发明的等号由 6 个我们现在使用的等号连接而成，后来被简化为单一符号"＝"。不过，这个长长的等号的使用时间可比我们现在用的等号还长。

　　在古代文明中，人们对数字充满宗教般的迷信。据说古希腊数学家毕达哥拉斯视数字为神圣之物，认为自然界的万物都能用整数来描述。他有许多追随者，还建立了一个秘密的数学家协会，目的是揭示数字中蕴藏的绝对真理。想加入他的这个协会可不是那么容易，比今天成为科学院院士还难。首先能够加入协会的都是经过精挑细选的特殊人物，然后还要举行一个秘密的仪式。不仅如此，入会以后还必须遵守一系列纪律，谨言慎行。比如，"必须寻找精确的计算来避免引起痛苦"，还有"必须言语仁慈，努力工作方有用处"。他把

毕达哥拉斯

一个数学家协会弄得像一个神秘的宗教地下组织。

　　毕达哥拉斯学派将每一个数字都看得很神圣，充满宗教意味。在他们的那些奇奇怪怪的教条中，白色的小公鸡被视为神物，而豆子是绝对不能触碰的。也因为如此，毕达哥拉斯在逃避他的敌人时被抓获，因为在他逃亡的路上，一片豆地挡住了他的去路，他宁死也不愿意践踏这些作物，拒绝穿过这片豆地。他的敌人就这样抓到了他并把他杀死。

毕达哥拉斯学派

　　据说曾经有一天，毕达哥拉斯路过一个铁匠铺，铁匠们叮叮当当打铁时发出的和谐声音启发了他。他发现，当铁锤的重量减轻一半时，发出的声音的音调就会高八度。于是，他通过各种实验来测量物体的尺寸和重量与音调的关系，第一次通过数学解释一种自然现象——声音。毕达哥拉斯相信，音乐的和谐在宇宙里反映出数字的绝对真理，数字及其之间的关系可以解释万物。

　　该学派的一名成员希帕索斯指出，如果直角三角形的两条直角边的长度为 1，则斜边的长度为 $\sqrt{2}$。2 的平方根是一个无理数。这不仅对毕达哥拉斯的权威带来了极大的威胁，而且摧毁了他的哲学观。因此，有传闻说，一次毕达哥拉斯邀请这个多事的希帕索斯共同乘船去垂钓，可回来的时候，只有毕达哥拉斯一个人上岸，希帕索斯从此就再无踪影了。于是有人猜测，一定是毕达哥拉斯在没有人的时候，趁希帕索斯不备，将他推下船去，杀死了他。这个传说也成为了一个著名的旷世谜案。

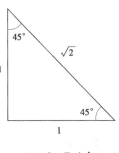

其实，历史上毕达哥拉斯这个人是真的存在还是后来被虚构出来的，至今无从考证。没有任何直接史料可以证明这个人真实存在，关于他的一切都来自几百年来人们的记述，真伪难辨。

无理数 $\sqrt{2}$ 的表示

各式各样的数字和进制

虽然 0 是最晚被人们发明出来的数，但它是一个非常有意思的数，因为它是数的开始，从无到有，独一无二。另外，当 0 作为位置符时，它可以让"前面的数字"跳跃式地增大，也可以让"后面的数字"跳跃式地减小。

数字 1 不只是人类记数的开始，而且没有 1 就没有后面的所有数字。今天仅靠 0 和 1 就足以把我们人类迄今为止的一切知识、一切智慧和一切历史记录表示清楚，因为现代电子计算机里面除了 0 和 1，没有其他更多的数字。

数字 2 从很多角度来说也一样有意思。它是最小的素数、典型的偶数、现代成功婚姻所需的人数、氦元素的原子序数、一个人的呆萌数。数字的意义被不断发现。

593 这个数看似平常无奇，但它是 9 的二次方与 2 的九次方的和，所以它是一个莱兰数，即可以表示为 x^y+y^x。它的名字来自英国数学家保罗·莱兰。当然，莱兰数还有 8，17，32，54，100 等。x，y 都要大于 1，如果没有这个条件，每个正整数都可以写成 1^x+x^1 而成为莱兰数。由于加法交换律，通常也要加上 $y \leqslant x$ 这个条件，避免重复列出同一数字。

还有 9814072356 这个数字，千万不要认为它又长又乏味。它是最大的全数平方数，也就是最大的包含所有十进制数字且每个数字只出现一次的平方数，而数字 2520 则是完全可以被从 1 到 10 的所有数字除尽的最小数字。

1917 年，英国数学家哈代搭乘了一辆牌照号码是 1729 的出租车去看望病中的数学家拉马努金。闲聊中，他说他那天乘坐的出租车的牌照号码是 1729，既不是 6666，也不是 8888，好无趣的一个数字呀！拉马努金却说："你开玩笑吧？你以为我不知道，1729 是能用两种方式写成两个立方数之和的数字！"两人同时哈哈大笑，从此 1729 就被称为哈代－拉马努金数。

当然数字中也有最枯燥无味的数，那就是随机数，因为随机数就是没有任何规律、没有任何意义的数。

印度－阿拉伯数字系统是基于十进制的数字系统。关于进制，自古以来就有许多不同的系统。常见的进制系统有二进制系统、六进制系统、十二进制系统、十六进制系统和六十进制系统。比如，我们在计时时使用的是六十进制。1 小时为 60 分，1 分钟为 60 秒。但是，我们在日期上使用的是十二进制，一天为 24 小时（两个 12 小时），一年为 12 个月，12 年为一个轮回。中国古代关于重量的计量系统采用十六进制，所以有半斤八两这样的成语。我们今天使用的计算机系统基本上都采用了二进制（在计算机系统中八进制和十六进制也是十分通用的表示方法），其实在中国古代的《易经》中，阴阳八卦就是一个二进制系统。当然，数学中的二进制系统是由德国数学家莱布尼茨发明的。

最早的位置记数进制法出现在 5000 年前的古巴比伦，古巴比伦人使用的是六十进制。他们用楔形芦苇秆在湿泥板上写字，然后将其烘干成坚硬的泥板。为什么他们一开始就使用六十进制，现在已经无从得知。这大概是因为 60 可以被 1，2，3，4 和 5 整除，而 10 则不可能被许多数字整除；也可能是因为 60 是分数计算中的特殊数字，是可以被 10，12，15，20 和 30 除尽的最小数字。另外一种说法是，古代埃及人和古巴比伦人使用的十二进制和六十进制数字系统源于我们的手。每只手的关节数之和（不包括拇指）是 12。十进制数字系统也被认为源于我们自身，因为它使我们很容易发现人有 10 根手指和 10 根脚趾。

很多进制系统的产生还和文化有关。火地岛和部分南美地区的土著人习惯使用三进制和四进制。这可能是因为摆成一排无须去数就让人一目了然的东西的数量最多是 4 个。也由于类似的原因，从牧羊的数量到囚犯在监狱里囚禁的时间，五进制也得到了广泛应用。

在古罗马，头四个孩子都有适当的名字，比如马可波罗、朱利叶斯，而从第五个孩子开始就使用数字来"命名"了，比如昆塔斯第五、塞布提摩斯第六。

时间的由来

关于时间，我们简直太熟悉了。除了有时觉得时间过得太快或太慢以外，我们似乎从来没有想过为什么一天是 24 小时而 1 小时是 60 分钟。为什么一天的小时数不是其他数字，比如 28 小时或 16 小时？

24 小时通常被分为两部分：白天 12 小时，夜晚 12 小时。我们还知道 1 小时包含 60 分钟，1 分钟包含 60 秒，然而 1 秒被分成 1000 毫秒。这似乎是一种相当奇怪的做法。其实，这一切的答案是文明的影响。

一天 24 小时的概念来自古埃及人。他们用影子时钟等设备将一天分成 10 小时，然后在每端添加 1 小时（一个 1 小时表示黄昏，另一个 1 小时表示黎明）。后来，古埃及人制作了一个 T 形日晷，经过校准，将日出和日落之间的时间分成 12 部分。

然而，由于夜晚没有阳光，人们很难把夜晚的时间分开。怎么办呢？他们也很聪明。没有太阳时，星星就出现在了夜空中。夜晚时间的划分可以基于对星星的观察呀！在那些古老的时代，没有复杂的技术可用，古埃及人选择了 36 个星座，称之为"德肯斯"。随着地球旋转，它们相继在地平线上升起。一个星座在日出前升起，标志着一个为期 10 天的周期开始了。总共有 36 个星座，所以一年有 360 天。从黄昏到次日黎明，其中 18 个星座是可见的。然而，黄昏和黎明时分各分配了其中的 3 个星座，在完全黑暗时段留下了 12 个星座。因此，每个星座的出现标志着 1 小时，所以每夜包含 12 小时。

但是在当时，小时没有固定的长度。古希腊天文学家试图在恒星和星系中寻找答案，但发现很难用统一的方法来计算。希帕克斯提议把一天分成 24 个相等的小时。即便如此，在很长的一段时间里，人们一直使用季节性变化的小时数。14 世纪，当机械时钟投入使用时，欧洲人才开始使用这个系统，直到今天。

古希腊天文学家在平均划分了 24 小时后，为了遵循古巴比伦的六十进制系统进行天文计算，他们进一步将1小时分成60分钟，把1分钟分成60秒。古代没有毫秒的概念，它的出现是相当晚的事情。由于我们已经广泛采用了十进制系统，所以把1秒划分为1000毫秒似乎也就顺理成章了。

希帕克斯还把圆分成360度，每1度分成60分，并以此作为三角学的基础，创立了基于希腊几何学原理的天文学。希帕克斯被认为是古代最伟大的天文学家之一。他利用古巴比伦人和古希腊人等几个世纪以来积累的观察成果和数学技术，首先为太阳和月亮的运动建立了定量和精确的模型。他发展了三角学并编制了三角数表。凭借他的太阳和月亮运动理论以及三角学，希帕克斯成为了第一个开发出可靠的方法来观测日食的人。他还编纂了西方世界的第一个综合性恒星目录。

希帕克斯出生在尼卡亚（希腊语 Νίκαια，在今天的土耳其）。他的模样其实不为人知，因为当时没有肖像，现在看到的他的画像完全出自后人的想象。他的作品也很少被保留到现在。虽然他被认为至少写了14本书，但只有一本被后来的抄写者保存了下来。关于他的一切都源自后来人的记述。

中国古代数学的发展

算筹是中国古代的计算工具，相应的计算方法称为筹算。算筹的产生年代已经不得而知，但可以肯定的是筹算早在春秋时期以前就已经有了，因为在春秋时期它的应用已很普遍。古代的算筹实际上是一根根同样长短和粗细的小棍子，长度为13 ～ 14厘米，直径为0.2 ～ 0.3厘米，多用竹子制成，也有用木头、兽骨、象牙、金属等材料制成的。270多根为一束，放在一个布袋里，供人们系在腰间随身携带。需要记数和计算的时候，就把它们取出来，放在桌上、炕上或地上都能摆弄。用算筹记数，有纵、横两种方式。表示一个多位数时，采用十进制，各位值的数字从左到右排列，纵横相间，其法则是"一纵十横，百立千僵，千十相望，万百相当"，并以空位表示零。算筹为加、减、乘、除等运算建立起良好的条件。

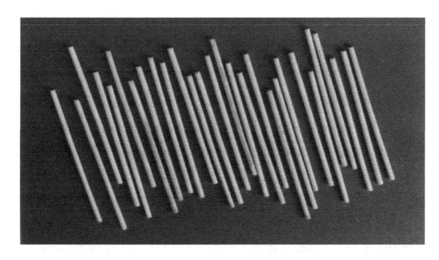

算筹

　　算筹后来进一步演变成今天很多人还习惯使用的算盘。一般的算盘多为木制。在一个长方形木框内，排列有一串串等数目的、可以自由上下移动的算珠，称之为档。木框中有一道横梁把算珠分隔为上下两部分，上半部每一串有两个算珠，每个算珠代表5，而下半部每一串有 5 个算珠，每个算珠代表1。每串算珠从右至左代表十进制的个、十、百、千、万等数位。通过一套描述手指拨珠规则的运算口诀，就可以飞快地进行各种复杂的运算。

算盘

　　据甲骨文的记载，商代中期已产生一套十进制数字和记数法，其中最大的数字为3万。与此同时，殷人用 10 个天干和 12 个地支组成甲子、乙丑、丙寅、丁卯等 60 个名称来记录 60 天的日期。在周代，人们又把以前用阴、阳符号构成的八卦（表示 8 种事物）发展为六十四卦（表示 64 种事物）。

　　战国时期的百家争鸣也促进了数学的发展。名家认为经过抽象以后的名词概念与它们原来的实体不同，他们提出"矩不方，规不可以为圆"，把"大一"（无穷大）定义为"至大无外"，"小一"（无穷小）定义为"至小无内"，还提出了"一尺之棰，日取其半，万世不竭"等命题。墨家不同意"一尺之棰"的命题，提出一个"非半"的命题来进行反驳。该命题为：将一条线段一半一半地无限分割下去，就必将出现一个不能再分割的"非半"。这个"非半"就是点。

名家的命题论述了有限长度可以被分割成一个无穷序列，墨家的命题则指出了这种无限分割的变化和结果。名家和墨家关于这些数学定义和命题的讨论，对中国古代数学理论的发展来说是很有意义的。

成书于东汉初年的《九章算术》是对战国和秦汉时期数学进展的总结，它排除了战国时期在百家争鸣中出现的名家和墨家重视名词定义与逻辑的讨论，偏重于与当时生产、生活密切相关的数学问题及其解法，是世界古代数学名著之一。

《九章算术》的原作者已无从知晓，一般认为它是经历代各家增补修订而逐渐成为现今定本的。西汉的张苍、耿寿昌曾经做过增补和整理，使它大体成为定本，最后成书大约在东汉前期。现今流传的大多是在三国时期魏元帝景元四年（公元263 年）刘徽（约公元225—约295）为《九章算术》所作的注本，包括分数的四则运算、今有术（西方称三率法）、开平方与开立方（包括二次方程的数值解法）、盈不足术（西方称双设法）、各种面积和体积公式、线性方程组的解法、正负数的加减法则、勾股形的解法等，体现了当时世界的最高水平。其中，方程组的解法和正负数的加减法则在当时的世界上是遥遥领先的。它形成了一个以筹算为中心、与古希腊数学完全不同的独立体系。

《九章算术》有几个显著的特点：一是它采用按类分章的数学问题集的形式；二是算式都是从筹算记数法发展起来的；三是它以算术和代数为主，很少涉及图形的性质；四是它重视应用，但缺乏理论阐述。

《九章算术》在隋唐时期曾传到朝鲜、日本，并成为这些国家当时的数学教科书。它的一些成就（如

刘徽

十进制、今有术、盈不足术等）还传到印度和阿拉伯地区，并通过印度和阿拉伯地区传到欧洲，促进了世界数学的发展。

隋唐时期的中国也出现了像智慧宫那样的学术机构。当时随着科举制度的确立与国子监的设立，数学教育有了长足的发展。公元 656 年，国子监设立算学馆，设有算学博士和助教，学生为 30 人。由太史令李淳风等编纂注释的《算经十书》作为算学馆学生使用的课本，明算科考试亦以这些算书为准。这在保存数学经典著作、为数学研究提供文献资料方面是很有意义的。他们给《周髀算经》《九章算术》以及《海岛算经》所作的注解，对读者来说也是有帮助的。隋唐时期，由于制定历法的需要，天算学家创立了二次函数的内插法，丰富了中国古代数学的内容。

由于南北朝时期的一些重大天文发现在隋唐之交开始融入历法编制中，唐代历法中出现了一些重要的数学成果。公元 600 年，隋代的刘焯在制定《皇极历》时在世界上最早提出了等间距二次内插公式，这在数学史上是一项杰出的创造。唐代的僧一行在其《大衍历》中将其发展为不等间距二次内插公式。

在古代中国，数学家层出不穷。赵爽，又名婴，字君卿，东汉末期至三国时期吴国人。他是我国历史上著名的数学家与天文学家。据记载，他研究过张衡的天文学著作《灵宪》和刘洪的《干象历》，也提到过"算术"。他的主要贡献是在约公元 222 年深入研究了《周髀》。该书是我国最古老的天文学著作之一，唐初改名为《周髀算经》。他为该书写了序言，并作了详细的注释。他解释了《周髀算经》中的勾股定理，将勾股定理表述为："勾股各自乘，并之，为弦实。开方除之，即弦。"他还给出了新的证明方法："按弦图，又可以勾股相乘为朱实二，倍之为朱实四，以勾股之差自相乘为中黄实，加差实，亦成弦实。""又""亦"二字表示赵爽认为勾股定理还可以用另一种方法证明。

刘徽是魏晋时期的大数学家、中国古典数学理论的奠基人之一。他是中国数学史上的一位非常伟大的数学家，他的杰作《九章算术注》和《海岛算经》是中国最宝贵的数学遗产。他也是中国最早明确主张用逻辑推理的方式来论证数学命题的人。

杨辉是南宋杰出的数学家、数学教育家，其生平不详。我们只知道他是钱塘（今浙江杭州）人，曾担任过南宋地方行政官员，足迹遍及苏杭一带。他在总结前人数学成就的基础上，推出了自己的乘除捷算法、垛积术和纵横图。垛积术是杨辉继沈括的隙积术之后关于高阶等差级数求和的研究成果。纵横图即所谓的幻方，汉代郑玄的《易纬注》及《数术记遗》中就记载有"九宫"（即三阶幻方）。千百年来，幻方一直被人们披上神秘的色彩。杨辉创造了纵横图，他在所著的《续古摘奇算法》中给出了多种图形。杨辉不仅给出了这些图的编造方法，而且对一些图的一般构造规律有所认识，打破了幻方的神秘性。这是世界上对幻方最早的系统研究和记录，他因而成为世界上第一个排出丰富的纵横图并讨论其构成规律的数学家。他与秦九韶、李冶、朱世杰并称"宋元数学四大家"，曾著有数学著作 5 种 21 卷。《杨辉算法》在朝鲜、日本等国均有译本出版，并流传世界各地。

宋代是中国古代数学发展的高峰，历史文献中载有这个时期大量的实用算术书目，其数量远比唐代多，还出现了算法改革。穿珠算盘在北宋时期可能也已出现。宋代数学家不胜枚举，如沈括、贾宪、杨辉、秦九韶等，人才济济。他们共同创造了中国数学史上的辉煌，也被世界数学史研究者所承认。

小数、分数和负数

数字的出现和人们生活中的具体事物密切相关，基本上是在正整数范围内。慢慢地，人们开始学会使用负数来表示消失了的事物的数量，使用分数来表示不足一个单位的片段或部分。在税收系统中，越来越大的数字也不断出现。更进一步，人们创造出了表达想象中的数字——复数的方法。

负数并不直接关联物理世界的客观事物，我们无法数出两头没有的牛或三只不存在的羊。但是负数的概念迅速被用来表示数量的减少或债务，并进一步用来表示度量的一些情况，比如温度在达到冰点后就开始用负数表示。负数最早出现在中国的数学古籍《九章算术》之中。在稍晚些时候，印度的古籍中也有使用负数的情况，后来负数传入欧洲。用负号"—"表示负数的方法最早于 1489 年出自德国数学家约翰尼斯·威德曼之手。

整数，无论正负，表示的都是一个完整的数字，并且能以 0 为界向两个方向无限扩展下去。0 和正整数又称为自然数，具有特殊的意义，因为它们关联着存在于现实世界的独立事物，比如一只羊、一本书和一亩地。数字中的无穷大来自大到无法具体说明的数字，因为无论你给出一个多么大的数字，总可以加 1 而得到比它更大的数字。1655 年，英国牧师、数学家约翰·沃利斯在他的《圆锥部分的论文》一书中引入了无穷大的符号"∞"。

一些事物是不可分的，比如我们不可能和三个半人聊天，但有些事物可以被分成比一个完整的单位更小的部分，比如我们可以把一块面包分成 4 份。分数的概念和应用由此而来。整体的一部分可以用一个数字除以另一个数字表示，也就是比率。这样的数字又称为有理数，因为它们确实有存在的道理，和现实中的事物相关联。分数也可以用小数来表示，但小数不一定都可以用分数来表示。那些不能用分数来表示的小数称为无理数，因为它们似乎没有什么道理存在，很难对应于现实世界中的事物，让早期的数学家大伤脑筋。

用一条横线来区分分子和分母的分数写法来自印度人把分子和分母上下罗列起来的表示方法。阿拉伯数学家在上、下两个数字之间添加了一条横线，这成为了沿用至今的分数表示方法。斐波那契是欧洲数学家中第一个使用这样的分数表示方法的人。

在公元前 2800 年的印度，小数出现在记录系统中。阿拉伯数学家使用小数的记录出现在阿布·哈桑·阿尔 – 乌格利迪西的著作中。12 世纪，波斯数学家阿尔 – 马格里比提供了如何用小数给出无理数近似值的系统方法。小数很晚才传入欧洲。1492 年，意大利数学家弗兰西斯科·佩洛斯写了《数字艺术》一书，其中使用小数点来表示十的分数，但并没有进一步表示他对小数的精确理解。直到 1530 年，德国数学家克里斯托夫·鲁道夫才在他的代数教科书中详细地介绍了小数和小数的用法，并使用分数而不是小数点来表示小数。1585 年，荷兰数学家西蒙·斯蒂芬写了一本 35 页的小册子《十进制》，书中提到了单位分数和埃及分数的概念，在欧洲产生了广泛的影响。不过，他的记号相当笨拙，如 5.912 被他写成了 5 ⓪ 9

① 1 ② 2 ③。

法国数学家弗朗索瓦·维埃特也曾经试图使用各种不同的方法表示小数，但都无果而终。最早在印刷出版物中使用小数点的人是一个名叫乔瓦尼·马吉尼的意大利制图师，他还是一名天文学家，是开普勒的朋友。尽管如此，他所产生的影响并不大。直到发明了对数的英国数学家约翰·纳皮尔在 20 年后将小数点应用在他的对数表里，才最终确认了用小数点表示小数的方法，前前后后花了很长的时间。

分数和小数提供了表示很小很小的数字的方式，但科学的发展同时需要有表示很大很大的数字的方法。用 10 的次方来表示很大或者很小的数字是一种科学表示法，例如 10^9 表示 1 后面有 9 个 0，是 10 亿的缩写。同样，10^{-9} 则表示小数点后面有 9 个 0，是一个非常小的数字。有了科学记数法，我们在表示很大或很小的数字时就有了比较简单、直观和统一的方法，不至于由于冗长和繁杂的不同表示方式而产生困惑和造成麻烦。

据说，当年亚里士多德的论文里出现的最大数字比可以填满整个宇宙的沙粒数量还大。所谓填满整个宇宙的沙粒数量出自阿基米德。阿基米德曾经写过一本名叫《数沙者》的书。在这本不同寻常的书中，他计算了填满整个宇宙所需的沙粒数量不超过 1000 个他创造的第八级单位。他创造的第一级单位叫"米亚德"，相当于"亿"；第二级单位叫"欧克泰德"，相当于"兆"，如此等等。阿基米德为了表示自己的这个巨大的数字，他不得不使用希腊数字加上他自己发明的方法。当然，阿基米德认为的宇宙大小远不及我们今天对宇宙的估计，他给出的可以填满整个宇宙的沙粒数量也不过就是 8×10^{63}。

在科学研究和数学证明中需要表示更大的数字，即使科学记数法也变得不那么方便和高效，于是一些更专门的表示法应运而生，比如使用 ^ 或 → 表示次方的次方，更有用多边形表示次方的方法。1976 年，美国计算机科学家和数学家唐纳德·克努特提出了用 ^ 表示次方，$n \wedge m$ 代表 n 的 m 次方；$n \wedge\wedge m$ 代表 n 的 n^m 次方；$n \wedge\wedge\wedge m$ 代表 n 的 $n \wedge\wedge m$ 次方。这样，十分巨大的数字也可以很简单地表示出来，比如 $3 \wedge\wedge 3$ 就是 $3 \wedge (3 \wedge 3) = 3^{27} = 7625597484987$。随着符号 ^ 的增多，表示的数字越来越难读。美国数学家约翰·康韦提出用 → 表示符号 ^ 的数量，例如 n ^^^ 4 可以写成 $n \to 4 \to 3$。当然，表示大数字的方法还有很多，它们大都用在专门的领域里，发挥着特定的作用。这里就不一一介绍了。

目前，在理论数学问题中出现的最大的数字是格雷厄姆数，它是以美国数学家罗纳德·格雷厄姆的名字命名的。他在与科普作家马丁·加德纳的谈话中用这个数字来简化解释他正在研究的问题的上限。1977 年，加德纳在《科学美国人》杂志上把这个数字介绍给了公众，该数字成为有史以来在已发表的数学证明中使用的最大的特定正整数。这个数字很大，以至于不可能把它完整地写出来，据说就是把宇宙中所有的物质都变成墨水来写这个数字也是远远不够的。格雷厄姆用字母 G 来表示这个数字，并给出了计算它的方法，那就是 $G = g^{64}$。这里，$g^1 = 3 \uparrow \uparrow \uparrow \uparrow 3$，$g^n = 3 \uparrow^{g^{n-1}} 3$。上箭头的上标表示有多少个箭头。在数学中，上箭头表示法是一种用于表示非常大的整数的方法，由唐纳德·克努特在 1976 年发明。1980 年，吉尼斯世界纪录把格雷厄姆的这个数字收入其中。由于有一个递归公式来定义它，数字的序列可以通过简单的算法计算出来，最后的 12 位数字是 262464195387。

现在，我们有了表示大数字和小数字的各种方法，可以进一步了解数字是怎么为人类服务的了。纯数学研究数字本身的特性，而应用数学研究数字在不同领域里的应用。人类对数学的认识和发展是从认识数字和数字的特性开始的。纯数学研究为应用数学奠定了基础，土地测量、建筑、税收、贸易和天文学都离不开应用数学，它们也是数学在记数的基础上最早发展起来的领域。而应用数学的发展又离不开纯数学，所以，让我们从数论开始进一步了解人类数学发展的历史吧。

第2章 ▶▶▶
让数工作

> 数学家们都试图发现素数序列的一些秩序，而我们有理由相信这是一个谜，人类的心灵永远无法渗入。
>
> ——欧拉

记数是我们应用数字的开始，但更专门的应用需要对数字进行计算。最简单的算术包括加减乘除，出现在最初的人类生活和生产之中。而当这样应用数字时，人们开始发现数字中蕴含的一些规律和模式。数字似乎有它自己的生命和魔力，时常让人们惊异于它们的特性。我们把一个两位数的个位和十位上的两个数字相加（结果不超过 9 时），然后把相加得到的数字放在这两个数字之间，我们就可以得到与把这个两位数乘以 11 时一模一样的结果，例如 $63 \times 11 = 693$（6+3=9，把 9 放在 6 和 3 的中间，得到 693）。这种方法简单、优美而神奇，不能不让我们叹为观止。

数论，包括算术在内，就是研究数字的这些特性的一门数学理论。古代的人们认为数字具有一种魔力，因此数字成为了迷信和魔法的中心。现代数学家们则认为这是数字之美，是大自然的神奇规律。德国数学家卡尔·弗里德里希·高斯说："数学是科学的女王，数论是数学的女王。"数论研究整数、素数和整数值函数的属性。数论的较老术语是算术。20 世纪初，"算术"才被"数论"一词取代。现在一般用"算术"一词表示基本运算。

计算法则给了古人使用数字的简单方法。但当数字越来越大的时候，简单的计算法则就会让计算变得十分复杂和繁重，于是人们开始探索计算的机械化方法，运用工具来完成复杂的加减乘除运算，并最终发明了计算机这种非常专门高效的计算工具。

计算方法的起源

最早期的计算工具就是用于记数的石子、打结的绳索、签子、贝壳和珠子之类的物品。西非的鲁巴人使用玛瑙和贝壳来表示数量，他们以 5、20 或 200 为一组进行记数。不同地区的古代文明都用过类似的计算工具。中美洲的印加文明由于没有文字，就采用结绳的方法来记录数字。

结绳记事实际上非常复杂，甚至比现代的文字更加烦琐。他们用不同的颜色和材质来表达不同的含义。人们至少可以使用 7 种色彩以及黑白两色，共 9 种颜色。绳子的粗细和经纬也常有不同，从而能构成几百个基本的绳结词汇，组合起来能够进行完整有效的记载。比如，某个部落打败了另一个部落，这个部落获得了 30 只羊、40 只鸡、20 个男性俘虏和 30 个女性奴隶，怎么记载？取一根横向的粗绳，将其涂成红色（假设红色表示成功、喜庆的意思），下面是另外 4 根绳子。第一根是用羊毛编制的绳子，绳子上端打上 3 个小结代表"三"，末尾打上一个大结代表"十"。第二根绳子用麻编制，编制的时候把鸡毛绑在一起，然后在上端打上 4 个结表示"四"，末尾打上一个大结表示"十"。第三根绳子用男人的头发混合麻编制成中等粗细，象征男人，上端打上两个结表示"二"，末尾打上一个大结表示"十"。第四根绳子较细，用女人的头发混合麻编制而成，象征柔弱的女性，上端打上 3 个结，末尾打上一个大结。

结绳记事

中国古代文献对结绳记事也有记载。《周

易·系辞》中记载有"上古结绳而治"。《春秋左传集解》中也有"古者无文字，其有约誓之事，事大大其绳，事小小其绳，结之多少，随扬众寡，各执以相考，亦足以相治也"的说法。

　　用来查找计算结果特别是乘法运算结果的数表有着上千年的使用历史。用黏土烧制成片的乘数表可以追溯到公元前 1800 年的美索不达米亚。古巴比伦的数学家把他们的工作记录在黏土片上，其中常常包括乘积、二次方、三次方和开平方的数学计算。

美索不达米亚的黏土片

　　一些文明创造出了独特的工具和系统来进行计算，其中我们最熟悉的就是算盘。算盘不仅出现在古代中国，在其他古代文明中也出现过。算盘的确切来源至今仍不得而知。今天的算盘通常由木框（或竹框）以及可以在框内的一根根滑竿上滑动的珠子构造而成，但最初的算盘使用豆子或石头，它们在沙槽或用木头、石头或金属制成的片子上移动。

公元前 2700 年到前 2300 年间，美索不达米亚首次出现算盘，这是一种连续列表，划定了不同属性的数字系统的连续数量顺序。古巴比伦人发明了沙盘算盘，使用一块覆盖着沙子的板子或石片，把数字排列或写在上面进行计算。清代数学家梅启照等人认为，中国的算盘应该起源于东汉和南北朝时期。在世界上的各种古算盘中，中国的算盘是最先进的珠算工具。

早期的一些阿拉伯数学家从印度的计算中发展出了算术运算法则。大约公元950 年，阿拉伯数学家阿布·哈桑·阿尔 – 乌格利迪西开始使用纸笔运用算术运算法则进行计算，而不再使用算盘。

随着科学特别是天文学和地理调查的进一步发展，人们对大的数字、分数和小数的需求不断增长，计算变得越来越复杂，耗时越来越多。由于早期的计算基本上都是靠手工进行的，这常常需要花费几天甚至几个月的时间。许多数学家敏锐地意识到了计算问题，并致力于减轻从业者的计算负担，寻求更有效的方法来进行计算。

数学家约翰·纳皮尔和他发明的对数

最具有创新精神和持久影响的发明是 17 世纪初苏格兰数学家约翰·纳皮尔的对数方法。1550 年，纳皮尔出生于爱丁堡。他的父亲是一位爵士，他的母亲是一位有名的政治家和法官的女儿。年轻的时候，他曾留学欧洲大陆，21 岁返回家乡苏格兰，成为了一名地主。这让他有大量时间从事他所喜爱的数学和神学研究。

纳皮尔在神学上的兴趣让他几乎变了一个神秘人物。据说，他在当地经常被视为会巫术的魔法师。他出门旅行时总会带着一个装有一只黑蜘蛛的小盒子。另外，他还有一只用来捉贼的黑公鸡。一次，纳皮尔怀疑仆人们偷他的东西，于是他让仆人们轮流走进一个黑暗的房间中去抚摸一只被涂成黑色的公鸡，声称公鸡能够知道偷东西的人。当仆人们出来时，纳皮尔检查他们的手，如果谁的手不黑，就说明谁因为心里有鬼而不敢去碰公鸡。

约翰·纳皮尔

纳皮尔的另外一个行为对当地人来说也似乎很神秘，那就是纳皮尔可以把偷吃谷物的鸽子从庄园里移走。其实纳皮尔抓鸽子的方法十分简单，他在谷物里拌上酒精，鸽子吃了拌有酒精的谷物后就会醉得飞不起来，于是被他抓住弄走。

纳皮尔对数学的兴趣更多地在于研究如何简化复杂的算术计算。他发明过一种被称为"纳皮尔骨"的数学工具。这是一种人工操作的计算装置，由一组10根巧妙的编号棒组成。棒子用金属、木头或象牙制成，每根棒子正面的顶端分别刻有0到9这10个数字，每根棒子自上而下刻有逐渐增大的乘积，这些乘积都用对角线的形式表示。当把这些棒子一个挨一个地放进一个框子里之后，就能够读出乘积。使用

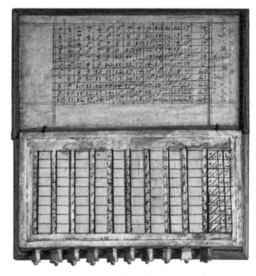

纳皮尔骨

者只要按计算需要摆弄这些棒子，然后把每一位上的数字加起来就能得到最后的乘积。这样，乘法就变成了加法，除法就变成了减法。纳皮尔的这个发明让他以协助解决计算问题而闻名。纳皮尔认识到了数学的最新发展，特别是使用三角公式进行近似乘法和除法的算法、十进制分数和符号索引算法的发展。

1614 年，纳皮尔出版了《奇妙的对数定律说明书》，书中借助运动学，用几何术语阐述了对数方法。他取名的 logarithmorum（对数）来自希腊语中 logos（推理）和 arithmos（数字）两个单词的合成。纳皮尔的想法是，把所有的数字都看成某个数字的乘方，当然这里的乘方不一定是整数。比如，$5^2 = 25^1$，那么 $25^{0.5} = 5$。

对数给出了一种计算大数乘法和除法的快捷方法，它把乘除运算变成了加减运算。对数是求幂的逆运算，正像除法是乘法的逆运算一样。一个数字的对数是另一个固定数字（底数，也称为基数）的指数，而底数可以是任意数。比如，$\log_2 8 = 3$，因为 $2^3 = 8$。对数还给寻找指数和根数提供了一种简便方法。想求得一个数的平方，只要把它的对数乘以 2，然后查表就可以找到结果；而想求得一个数的根数，只要把它的对数除以 2，然后查表就可以找到结果。

在大学里教书的英国数学家布里格斯听说了纳皮尔的对数方法后十分兴奋。他研究了纳皮尔的《奇妙的对数定律说明书》，感到其中的对数用起来烦琐，还是不太方便，因为它们基于 $1-10^{-7}$（即 0.9999999）的乘方。于是，他两次跑到苏格兰去见纳皮尔，与纳皮尔讨论，确定了 1 的对数为 0，10 的对数为 1，这样就得到了以 10 为底数的常用对数。由于所用的数字系统是十进制，因此它在数值计算上就具有了很大的优越性。

1624 年，布里格斯出版了《对数算术》一书，公布了以 10 为底、包含 1 ～ 20000 及 90000 ～ 100000 的 14 位常用对数表。这个对数表成为了使用起来极其方便的工具，科学家和工程师们使用了 250 年左右的时间，直到 20 世纪 70 年代便携式计算器发明以后才不再使用。使用对数表计算数的乘积时，只需在对数表里找到该数字对应的对数，然后相加，再从反对数表里根据相加的和查找到结果。除法则是对数相减。在数学上，最常用的是以常数 e 为底数的自然对数，这种对数可以用来描述各种自然变化的量。

对数的应用

对数大大节省了计算大数乘除的工作量，虽然编制对数表并不是一项简单的工作，但它一经完成，就会让众人受益，而不必每个人都重复进行计算。另外，相对于常规的线性计算，对数算法在处理大数时更为简捷清晰。比如，在测量溶液的 pH 时，需要计算溶液里氢离子浓度的对数。氢离子的浓度在强酸中接近 1.0 摩尔 / 升，而在强碱中则只有 0.00000000000001 摩尔 / 升，二者之比接近 100000000000000。这样的数值让人眼花缭乱，实难分辨。而在使用对数的 pH 表里，取值范围被简化为 0 ~ 14，变得非常直观清晰。

人们最熟悉的对数尺度之一就是里氏震级表。里氏震级表由美国地震学家查尔斯·里克特在 1935 年编制而成，用来衡量地震强度。他采用了每增加一个单位就代表地震能量变为原来的 10 倍的对数方法。所以，里氏震级表中的 5.0 级地震的能量是 4.0 级地震能量的 10 倍，是 3.0 级地震能量的 100 倍。

根据对数运算原理，1622 年英国数学家威廉·奥特雷德发明了使用两根可以相互滑动的比例尺来执行乘法和除法的对数计算方法。300 多年来，对数计算尺一直是科学工作者特别是工程技术人员必备的计算工具，直到 20 世纪 70 年代才让位给电子计算器。尽管作为一种计算工具，对数计算尺让对数表不再重要了，但是对数的思想方法仍然具有生命力。

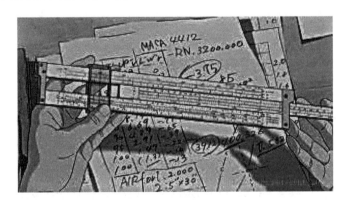

对数计算尺

今天，我们已经有了电子计算器和电子计算机，对数似乎已经可以退出历史舞台了，其实不然。2011 年，日本以东的海域发生了 9 级地震，地震引发的海啸不仅摧毁了日本东海岸邻近的地区，造成 2.5 万人丧生，而且破坏了一座包括 6 个核反应堆的大型核电站。虽然核反应堆及时停止运转了，但它们的制冷系统需要持续工作来防止核燃料熔化。可是因为海啸，电力完全中断。没有电，制冷系统无法运转，一些核反应堆变得越来越热，产生了核泄漏。紧急关头，一些事关重大的问题必须及时得到解决。比如，多少核原料被泄漏，造成了哪些类型的污染，它们会在环境中存在多久，哪些地方会受到危害。回答这些问题都离不开对数。

一个关于核辐射的公式是 $N(t) = N_0 e^{-kt}$，它表示在时刻 t 的辐射级别为 N。一个方便衡量辐射存在时间的物理量是半衰期。这个概念是在 1907 年提出的，说的是从一个初始级别 N_0 开始衰减到其一半的水平所需要的时间。在计算半衰期时，我们通过在两边取对数的方式，把公式 $\frac{1}{2}N_0 = N_0 e^{-kt}$ 变换成 $t = \ln 2/k = 0.6931/k$。因为 k 是一个经验常数，所以我们就能很方便地计算出所需时间来。这只是对数在核辐射衰减方面的一个应用而已，更多的对数应用今天依然活跃在很多学科中，特别是很多技术得益于对数思想。

图表、计算尺和笔纸一起为计算提供了良好的工具，但科学特别是天文学的出现让计算变得十分复杂，贸易、金融、导航也越来越需要更方便快捷的计算工具，计算机器因此开始出现。

计算机的出现

西班牙国家图书馆坐落在西班牙的首都马德里，它的前身是宫廷图书馆，由菲利普五世建于 1712 年。图书馆建筑庄重典雅，雕塑林立，馆内藏书量达 800 万册。1967 年的一天，在图书馆里工作的科学家们像往常一样正在对馆藏图书和资料进行分类整理和研究。突然，两份夹杂在其他资料中的手稿引起了大家的注意。从陈旧发黄的程度上看，这两份手稿至少有上百年的历史。当他们小心翼翼地仔细研究这两份手稿时，竟惊讶得手足无措。他们无意中发现的是达·芬奇的两份遗失的手稿。这个惊人的发现轰动一时，引起了全世界达·芬奇研究者的浓厚兴趣。这两份手稿随即被命名为《马德里手稿》。

这两份手稿中的一份创作于 1503—1505 年，详细描述了一台机械式计算装置。这让美国商业机器公司（IBM）格外重视。1968 年，IBM 重金聘请世界上著名的达·芬奇研究专家罗伯特·古泰里博士按照达·芬奇的手稿复制了这台装置。

该装置由 13 个相互锁定的轮子组成，每个轮子有 10 个面，分别表示从 0 到 9 的数字。当第一个轮子转到 9 时，第二个轮子就会被带动，以此类推，形成进位关系。在达·芬奇生活的年代，还没有任何机器可以有这么多互相关联的运动部件，更没有人想到发明这样一台可以进行加法运算的机器。因此，它成为了世界上第一台机械加法器，达·芬奇也成了世界上发明第一台机械加法器的人。

第一台商业用途的计算机器是由法国数学家、发明家布莱斯·帕斯卡在 1642 年发明的。他的父亲是鲁昂地区的一个税务员，整天辛苦地从事各种税收计算。为了减轻父亲的工作负担，从小就对数学怀有浓厚的兴趣和天生才华的他经过三年的努力，研制了 50 个原型，终于发明了一个由齿轮传动机构构成的便携式机械装置，可以方便地进行加减运算。那年，帕斯卡还不满 19 岁。他发明的计算机器领跑了随后 400 年机械计算机的历史。不幸的是，由于他的计算机器过于复杂和昂贵，在当时只是成为了欧洲富人的时髦玩具。他在接下来的 10 年里只建造了 20 台这样的计算机器，但这并没有影响他成为那个时代法国最著名的数学家、物理学家和发明家。

布莱斯·帕斯卡

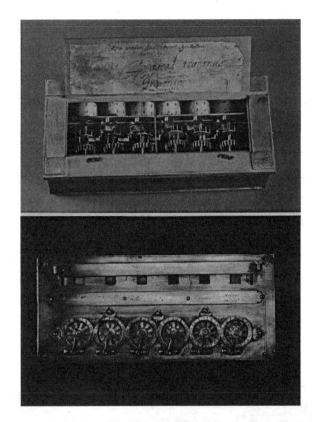

帕斯卡发明的计算机器

　　帕斯卡的数学天赋让他成为了一个神童。16 岁那年，他把自己发现的一个数字排列现象写成了一篇论文，把这种排列称为帕斯卡三角，把这种排列所展示出的数字规律称为帕斯卡理论。他把自己的论文寄到了巴黎，让他认识的法国数学家马林·梅森转交给当时在这方面是专家的另外一名法国数学家笛卡儿。但笛卡儿以为这是帕斯卡父亲的研究成果，完全不相信它出自一个孩子之手。幸好有马林·梅森的担保和证明，笛卡儿才不得不惊叹道："我并不为这样先于前人的发现而感到惊奇，但这样的发现出自一个 16 岁的孩子的确出乎我的意料。"

　　计算机器最早的发明者还有一位，他是德国天文学家威廉·施卡德。早在1623 年他就发明了计算时钟，以减轻天文表的艰巨计算任务。这种机器可以进行六位数字的加减运算，并通过振铃指示容量的溢出。不幸的是施卡德的样机在一次大火中被烧毁，心灰意冷的他后来放弃了这个发明。幸运的是，他的设计图纸在 20 世纪被发现，1960 年他设计的计算时钟被复制了出来。长期以来，关于谁先发明了机械计算器一直是个有争议的问题。施卡德的设计按时间来说出现得较早，但从未被使用过，而且似乎有严重的设计缺陷。帕斯卡的设计稍晚一些，但功能非常出色，并在当时被制造出来得到了使用。达·芬奇的设计更是在很长时间里鲜为人知。

德国伟大的数学家、微积分的发明者莱布尼茨在帕斯卡的计算机器的基础上，加入自动乘法和除法运算功能，发明了可以进行四则运算的计算机器。他和帕斯卡一样，也是一名神童，8 岁就学会了拉丁语，19 岁就荣获了两个博士学位。1673 年，他发明了一种被称为莱布尼茨转轮或阶梯鼓的、带有不同长度的凸齿的圆柱形装置，其齿长为增量长度，通过耦合到计数轮来进行计算，成为机械计算器的核心部件。

莱布尼茨发明的计算机器

18 世纪可以说是一个计算机械化的世纪，基于帕斯卡和莱布尼茨的计算机器工作原理的各种计算装置层出不穷，但它们中的大多数因为机械设计的复杂性和局限性而没有得到广泛应用。第一个在商业上成功的机械计算器是法国发明家和企业家查尔斯·德科尔马设计制造的四则计算器。在 1820 年到 1930 年间，这种机器共制造和销售了 1500 台。

巴贝奇和他的分析机

作为现代计算机的先驱和雏形，英国数学家查尔斯·巴贝奇设计制造的分析机是一种由蒸汽机驱动的大型计算机。它可以通过编程计算复杂的数学函数、对数，编制天文和航海数表。分析机的前身是巴贝奇设计的被称为差分机的大型计算机。

巴贝奇

巴贝奇的父亲是一位银行家，给他留有一笔丰厚的遗产。巴贝奇长着一个宽阔的额头、两片薄薄的嘴唇和一双目光锐利的眼睛。他愤世嫉俗，但又不失幽默，给人一副极富深邃思想的学者形象。童年时代的巴贝奇就显示出了极高的数学天赋。考入剑桥大学后，他发现自己掌握的代数知识甚至超过了老师。巴贝奇毕业后留校工作，24 岁时他受聘担任剑桥大学路卡斯数学教授席位。这是一个很少有人能够获得的殊荣。

18 世纪末，法国启动了一项宏大的计算工程——人工编制数学用表。这种数学用表对于天文和航海等很多领域都有极大的帮助，然而法国动用人工编制的数学用表错误百出。这让巴贝奇萌生了研制计算机来完成宏大计算的构想。

他从法国纺织机械师雅卡尔发明的提花织布机上获得了灵感，设计出了一台差分机。这台差分机的运算精度达到了 6 位小数，可以演算出好几种函数表，非常适合编制航海和天文方面的数学用表。在此基础上，巴贝奇奋笔上书英国皇家学会，要求政府资助他制造第二台运算精度为 20 位的大型差分机。英国政府看到巴贝奇的研究有利可图，破天荒地与科学家签订了第一份合同。财政部慷慨地为这台大型差分机的研制提供 1.7 万英镑的资助，当年这笔款项的数额无异于天文数字。

　　然而，出乎意料的是这台差分机的研制异常艰难。按照设计，这台差分机大约有 2.5 万个零件，主要零件的误差不得超过 0.025 毫米，即使采用现在的加工设备和技术，要想造出这种高精度的机器也绝非易事。巴贝奇把差分机交给了英国最著名的机械工程师约瑟夫·克莱门特所属的工厂进行制造。第一个 10 年过去了，全部零件只完成了不足一半的数量，参加试验的同事们再也坚持不下去了，纷纷离他而去。巴贝奇望着那些不能运转的机器零件发愁。又一个十年过去了，苦苦支撑的巴贝奇终于感到自己也无力回天了。

巴贝奇的差分机

　　1842 年冬天，英国政府宣布断绝对他的一切资助，巴贝奇的心情落入冰点。一天清晨，巴贝奇蹒跚地走进制造车间。偌大的作业场空无一人，只剩下满地的滑车和齿轮，一片狼藉。他呆立在尚未完工的机器旁，深深地叹了口气，无奈之下只好把全部设计图纸和已完成的部分零件送进皇家学院博物馆供人观赏。

　　然而困难和挫折并没有打垮巴贝奇，早在大型差分机研制受挫的 1834 年，巴贝奇就已经提出了另一项更大胆的设计———一种通用的数学计算机。巴贝奇把这种新的设计叫作分析机，它能够自动解算有 100 个变量的复杂算题，每个数可达 25 位，速度可达每秒钟运算一次。

巴贝奇首先为分析机构思了一种齿轮式的存储库，每一个齿轮可储存 10 个数，总共能够储存 1000 个 50 位数。分析机的第二个部件是所谓的运算室，其基本原理与帕斯卡的转轮相似，但他改进了进位装置，使得 50 位数加 50 位数的运算可完成于转轮的一次转动之中。此外，巴贝奇也构思了送入和取出数据的机构，以及在存储库和运算室之间传输数据的部件。他甚至还考虑到如何使这台机器执行依条件转移的动作。巴贝奇的分析机异常复杂，包括 2.5 万个不同的零件，重达 15 吨，高达 2.4 米。

分析机超前的设计理念和复杂的机械结构在当时的技术条件下实在难以实现。直到 1989 年，他的分析机才最终被后人制造出来，成为伦敦科学博物馆的一件藏品。他的设计对后来现代计算机的发明产生了重大而深刻的影响。一个多世纪后的今天，现代计算机的结构依然几乎就是巴贝奇分析机的翻版，不同的是它的主要部件被换成了今天的大规模集成电路，可以说巴贝奇是当之无愧的计算机系统设计的开山鼻祖。

现代计算机的出现

康拉德·楚泽是一名德国土木工程师、计算机先驱、发明家和商人。他发明了世界上第一台可编程计算机 Z3，并于 1941 年 5 月投入运行。Z3 被认为是第一台可实现过程控制的计算机。为此，他创办了最早的计算机公司，生产了世界上第一台商用计算机。从 1943 年到 1945 年，他还设计了第一种高级编程语言 Plankalköl。然而，他的计算机依然只能实现部分编程。第一台完全可编程控制的计算机是由英国工程师汤米·弗劳尔斯在第二次世界大战期间设计并制造的，以帮助处理加密的德语信息。

1941 年初，英国工程师汤米·弗劳尔斯第一次接触战时密码破译工作。当时，大名鼎鼎的英国数学家阿兰·图灵请他到伦敦西北 80 千米的布莱奇利庄园工作。图灵希望弗劳尔斯为基于继电器的机器设计一个解码器。图灵已经开发出了这种机器来帮助破译德国的密码。弗劳尔斯探索了如何在电话交换中使用电子技术，他确信全电子系统是可以实现的。开关电子学背景成为他设计计算机时至关重要的因素。

弗劳尔斯设计的电子计算机被命名为巨无霸，使用电子真空管执行布尔运算和计数操作。尽管它通过开关和插头接线编程，而不是由存储的程序编程，但依然被认为是世界上第一台可编程电子计算机。原型机马克 1 于 1944 年 6 月 1 日首次投入运行，正好赶上诺曼底登陆 D 日。在战争结束时，11 台巨无霸已经投入使用。利用布莱奇利庄园中的这些机器，盟军从截获的德军无线电信号中获得了大量高级军事情报。

马克 1 型计算机

直到 20 世纪 70 年代中期，这些巨无霸一直处于保密状态。这些机器和建造这些机器的计划在 20 世纪 60 年代被销毁，作为保密工作的一部分。当然，这也剥夺了大多数与这些巨无霸有关的人员在其一生中参与研制电子计算机的功劳。2008 年，英国计算机史学家托尼·塞尔和一些志愿者进行了马克 2 的功能重建，并在位于布莱奇利庄园的国家计算机博物馆中展出。

在英国设计巨无霸的同时，美国也在和英国科学家合作开发自己的计算机。1944 年夏季的一天，正在火车站候车的大名鼎鼎的美国数学家冯·诺依曼巧遇戈尔斯坦中尉。当时，戈尔斯坦是美国弹道实验室的军方负责人，他正参与当时主要由英国科学家担任的 ENIAC 计算机的研制工作。在交谈中，戈尔斯坦告诉冯·诺依曼，ENIAC 计算机证明电子真空技术可以大大提高计算能力。不过，ENIAC 计算机存在两大问题：一是它没有存储器，无论是计算过程还是计算结果都无法保存在计算机里，每次运算都要从零开始；二是它用布线接板进行控制，搭接工作甚至需要几天才能完成，计算速度的优势也就被这一工作抵消了。他们正在寻找解决这两个问题的方法，想尽快着手研制另一台计算机。

冯·诺依曼当时正在参与原子弹的研制工作。在对核反应过程的研究中，要对一个反应的传播做出"是"或"否"的回答。解决这一问题通常需要几十亿次数学和逻辑运算。为此，他所在的洛斯·阿拉莫斯国家实验室聘用了 100 多名女计算员，利用台式计算机从早到晚进行计算，然而还是远远不能满足需要。无穷无尽的数学和逻辑运算如同无底洞一样把人们的智慧和精力消耗殆尽，这让冯·诺伊曼大伤脑筋。具有远见卓识的冯·诺依曼听到戈尔斯坦中尉的介绍以后，他的眼前突然一亮。他意识到这项计算机研制工作不仅可以帮助自己解决计算问题，而且具有重大意义。

冯·诺依曼很快就由戈尔斯坦中尉介绍参加了 ENIAC 计算机研制小组。1945 年，在他的领导下，研制小组发布了全新的存储程序通用电子计算机方案（Electronic Discrete Variable Automatic Computer，EDVAC）。在此过程中，冯·诺依曼显示出了他雄厚的数理基础，充分发挥了他的顾问作用以及探索和综合分析问题的能力。冯·诺依曼以《关于 EDVAC 的报告草案》为题，起草了长达 101 页的总结报告，广泛而具体地介绍了制造电子计算机和设计程序的新思想。这份报告是计算机发展史上的一份具有划时代意义的文献，它向世人宣告：电子计算机的时代开始了。

EDVAC 方案明确了新机器由 5 部分组成，包括运算器、控制器、存储器、输入设备和输出设备，并描述了这 5 部分的功能和相互关系。在报告中，冯·诺依曼对两大设计思想做了进一步的论证，为计算机的设计树立了一座里程碑。

设计思想之一是二进制。他根据电子组件双稳态工作的特点，建议在电子计算机中采用二进制。该报告提到了二进制的优点，并预言二进制的采用将大大简化机器的逻辑线路。冯·诺依曼提出的第二个设计思想是基于存储程序和程序控制的处理过程的计算机基本工作原理，这奠定了现代电子计算机的基础。他因此成为了"电子计算机之父"，但他一再说自己发明的电子计算机的核心概念除了来自巴贝奇的一些预见，其余全部来自图灵。

冯·诺依曼和他的第一台电子计算机

1903 年 12 月 28 日，冯·诺依曼生于匈牙利布达佩斯的一个犹太家庭。他的父亲是布达佩斯的一名银行家，母亲是一位善良的家庭妇女，贤惠温顺，受过良好的教育。冯·诺依曼从小就显示出数学和记忆方面的天赋。从孩提时代起，冯·诺依曼就有过目不忘的本领。6 岁时，他就能用希腊语同父亲开玩笑，能做 8 位数除法的心算。他在 8 岁时掌握了微积分，在 10 岁时花费了数月时间读完了一部 48 卷的世界史，并且可以对当前发生的事件和历史上的某个事件做出对比，讨论两者的军事理论和政治策略。12 岁时，他就读懂和领会了数学家波莱尔的大作《函数论》。

在布达佩斯大学求学期间，他注册为数学系的学生，但他并不听课，只是每年按时参加考试，考试成绩都是 A。那时，他常常跑到柏林大学去听课。1923 年，他进入瑞士苏黎世联邦工业大学学习化学，并在那里获得了化学工程学士学位。通过在每学期期末回到布达佩斯大学参加课程考试，他获得了布达佩斯大学数学博士学位。

1930 年，他首次赴美，成为普林斯顿大学的客座讲师。善于汇集人才的美国政府不久就聘请他为客座教授。1933 年，普林斯顿高级研究院正式聘请他为教授。当时该研究院聘有 6 名教授，其中包括爱因斯坦，而年仅 30 岁的冯·诺依曼是他们当中最年轻的一位。

1955 年夏天，X 射线检查出他患有癌症，这多少可能和他参加原子弹研制工作有关。随着病情的发展，他只能在轮椅上继续思考、发表演说及参加会议。在病中，他接受了耶鲁大学西里曼讲座的邀请，但在准备讲座期间，他的身体太虚弱了，没法到现场。到他去世时，讲稿也没有完成。1957 年 2 月 8 日，他在医院里逝世，享年 53 岁。冯·诺依曼死后获得了极高的评价，他的过人才能和众多成就让他成为人类迄今为止屈指可数的几位伟大科学家之一。

图灵和他的图灵机

说到现代计算机设计思想就不能不提图灵，他是计算机科学和人工智能的奠基人。图灵于 1912 年 6 月 23 日出生在伦敦的一个家境殷实的知识分子家庭。在他出生的时候，他的父亲正远在印度任职，后来他的母亲也因为工作不得不常常在英国和印度之间跑来跑去，只好把他和他的一个兄弟托付给亲戚照看。

1926 年，14 岁的图灵考入伦敦著名的谢伯恩公学，受到了良好的教育。他在中学期间对自然科学表现出极大的兴趣，并显示了敏锐的数学头脑。年仅 15 岁的图灵为了帮助母亲理解爱因斯坦的相对论，特意写了一份通俗易懂的简介给母亲，表现出了他非同凡响的数学水平和科学理解力。

图灵对自然科学的兴趣使他在少年时期两次获得他的一位同学的父母设立的自然科学奖，获奖论文中的一篇题为《亚硫酸盐和卤化物在酸性溶液中的反应》。他还受到了政府派来的督学的赞赏。他的数学能力使他在念中学时获得了国王爱德华六世数学金盾奖章。

图灵从小聪明绝顶，正直清高，思维独特。据说他去英国剑桥大学入学报到的时候，他的父母为了避税，正带着全家人定居在法国。他只好从法国跨越英吉利海峡去英国。可是那天渡轮到岸的时间太晚，去学校的班车已经没有了。他二话不说，从行李里拿出随身携带的自行车，买了张地图，一路骑行赶往学校。然而"车不作美"，自行车中途坏了两次。100千米路程，他走了一夜，中途还在一家五星级酒店休息了一下。事后，他把这家五星级酒店的发票寄给父母，证明自己既没有说谎也没有乱花钱。

图灵是一位科班出身的数学家。在他生活的那个年代，研究数学基本上就是靠脑袋加纸笔。他一直在想，既然数学是一门严谨而富于逻辑的学问，那么能不能发明一种机器代替纸笔进行数学运算，进而帮助人们解决一切用数学和逻辑可以解决的问题。一天，他又躺在学校的草坪上仰天冥想，突然一个简单的机械装置浮现在他的脑海中，这就是后来被称为图灵机的虚拟计算装置。

图灵机是一种简单得不能再简单的装置。它由三部分构成：一条无限长的纸带，上面有无穷多个格子，每个格子里可以写1或0；一个可以移动的读写头，每次可以在当前指向的格子中读写1或0；一个逻辑规则器，可以根据在当前位置上读到的是1还是0，结合逻辑规则，指示读写头向前或向后移动一个格子，或在当前的格子里写入1或0。图灵证明了他的这个装置和计算理论中的丘奇演算以及哥德尔递归函数等价，从而证明了这个简单装置的无限计算能力。

图灵机

　　什么是丘奇演算？哥德尔递归函数说的又是什么呢？丘奇是一位美国数学家。他提出的丘奇演算又叫 λ 演算，是一套用于研究函数定义、函数应用和递归的形式系统。这种演算可以用来清晰地定义什么是一个可计算函数。

　　λ 演算可以被看成最小的通用程序设计语言。它包括一条变换规则和一种函数定义方式，任何一个可计算函数都能用这种形式来表达和求值。λ 演算强调的是变换规则的运用，而非实现它们的具体机器。我们可以认为这是一种更接近软件而非硬件的方式。它是一个数理逻辑形式系统，使用变量代入和置换的方式来研究基于函数定义和应用的计算。而图灵用了一幅简单的物理装置图实现了它，所以说图灵机等价于它。

　　递归函数是一类具有可计算特性的数论函数，这个概念最初是由美籍奥地利数学家哥德尔于 1934 年提出的。有了图灵机，我们就可以把原来纯数学和逻辑的东西与物理世界里的装置联系起来，函数变成了规则控制下的纸带和读写头，其伟大之处自不待言。

　　今天的电子计算机实际上就是图灵的这个虚拟计算装置的一个具体实现。所以，"电子计算机之父"冯·诺依曼一直都说他的思想来自图灵机，其核心内容就是存储程序的结构，一个被编码的图灵机就是所存储的程序。因此，很多人认为计算机科学起源于图灵。1936 年，图灵发表了一篇题为《论可计算的数》的文章，他在文章中正式描述了图灵机，成为了人类文明的一个具有划时代意义的里程碑。

　　然而，图灵的聪明才智并没有让他的人生辉煌，他在个人生活中一直深受困扰，而且官司缠身。当时的英国政府不但没有因为他在战时从事密码破译工作的贡献而保护他，反而吊销了他的安全许可，这意味着他从此没有办法在此领域中工作。1954 年 6 月 7 日，他被发现死在自己家中的床上，年纪还不到 42 岁。关于他的死因，至今众说纷纭。

　　为了纪念和表彰图灵对计算机科学的贡献，美国计算机学会于 1966 年设立了图灵奖。这是被公认的计算机科学界的诺贝尔奖，是计算机科学和人工智能领域里的最高奖项。自图灵奖设立以来，已经有 70 多位科学家获奖，奖金高达 100 万美元，被誉为"人工智能之父"的很多大咖都是这个奖项的得主。

2009 年 9 月 10 日，图灵死后 55 年，在英国民众的强烈呼吁下，时任英国首相布朗面向全国民众正式向图灵致歉。布朗说："我很骄傲地说，我们错了，我们应该更好地对待你。"

2013 年 12 月 24 日，英国女王伊丽莎白二世签署对图灵的赦免令。司法大臣克里斯·格雷林说，图灵应当被"记住并认可他对战争无与伦比的贡献"。

图灵是个伟大的天才，他生时平凡，死时阴暗。像很多伟大的人物一样，图灵所有的荣誉和地位都是在死后获得的。今天，在英国的曼彻斯特公园里，图灵雕像的基座上刻着著名逻辑学家罗素的一句话："数学不仅有真理，也有最高的美，那是一种冷艳和简朴的美，就像雕像。"

图灵被认为是人类历史上最伟大的 12 位哲学家之一，和亚里士多德齐名。他的事迹还被好莱坞拍成了电影《模仿游戏》，该影片获得第 87 届奥斯卡金像奖的 7 项提名。也许伟大和光荣并不重要，重要的是"真"和"美"；也许你是谁并不重要，重要的是你为人类做过什么。没有图灵，人类在计算机科学和人工智能领域里就没有今天这样的成就。

个人计算机的出现

个人计算机的出现可以追溯到 1958 年美国电气工程师杰克·基尔比开发的微处理器芯片。1958 年在德州仪器公司工作期间，他与另外一名物理学家一起开发了第一块集成电路。他于 2000 年获得了诺贝尔物理学奖。微处理器芯片，又称集成电路，就是把一个复杂电子系统的所有电路通过光刻技术集成在一小块硅芯片上，从而将过去庞大的计算机电路浓缩在一小片硅晶体上。

微处理器芯片导致了第一台手持计算器的诞生和随后个人计算机的出现。1971 年，英特尔公司开发出了 4004 微处理器芯片。这是第一款把所有计算机功能集于一体的芯片，带来了计算机革命。芯片制造技术的不断提高，让芯片中的指令数每年成倍地增长。今天，英特尔公司最新的芯片上已经集成了 17 亿个以上的硅晶体管，每秒可执行 1000 亿条指令。微处理器芯片无处不在，控制着我们的飞机、汽车、手机、电视机、游戏机、电冰箱、洗衣机、机器人等，甚至出现在我们的生日贺卡中。

采用超大规模集成电路的电子计算机的运算速度和计算能力已经到达了让我们瞠目结舌的程度，可以轻松地完成把人送上太空的计算任务，更让我们的智能手机成为比我们自己还聪明能干的万能帮手。随着网络的普及和发展，今天的计算已经不只是在单一的计算机上完成，而是通过网络实现大规模、高效率的协调计算，可以提供每秒 10 万亿次以上的运算能力。借助这么强大的计算能力，我们可以模拟核爆炸，预测气候变化和市场发展趋势。

谈到个人计算机，有两个人和两家公司不能不说。这两个人就是比尔·盖茨和史蒂芬·乔布斯，这两家公司就是微软公司和苹果公司。虽然微软公司和比尔·盖茨长期以来都没有研制和开发个人计算机（微软公司近年来才开始开发个人计算机和游戏机），但可以说没有比尔·盖茨和他的微软公司就没有个人计算机的普及和应用。他独具慧眼，与 IBM 合作，为其生产的个人计算机配置操作系统和应用软件。这不仅使微软一举成为个人计算机软件行业的巨无霸，而且让个人计算机走进千家万户。

"苹果之王"乔布斯更是一位传奇人物。1974 年，在只过了 18 个月的大学生活后，乔布斯就辍学来到了一家电视游戏机公司，做起了一名技术员。乔布斯一边上班，一边和他的小伙伴一道在自家的小车库里琢磨自己开发个人电脑。1976 年，他们在旧金山的威斯康星计算机产品展销会上买到了计算机的核心器件微处理器芯片，开始在车库里组装他们的第一台个人计算机。

1976 年 4 月 1 日，21 岁的乔布斯和同伴在车库里成立了苹果公司。那时他刚从俄勒冈州的一个苹果园游玩回来，在兴致勃勃之余，索性把公司的名字叫作苹果，而他们开发的计算机则被追认为苹果 1 型。

乔布斯的一个邻居回忆说，一天穿着大裤衩、光着脚的乔布斯在街边见到他，非要拉着他去车库里看看他搞出来的个人计算机。当时是大型计算机的天下，个人计算机是个什么东西？他好奇地走进车库，想看看这位神神叨叨的年轻邻居能搞出什么玩意儿来。他看到桌子上有一块插着一块芯片的电路板和一台电视机，还有一台松下磁带机和一个键盘。乔布斯告诉他，这就是他们开发的苹果计算机。这位从斯坦福大学毕业的博士邻居几乎笑掉了大牙。"你开玩笑呢！这也是计算机？"然而，乔布斯完全不在乎邻居的看法，整天坐在厨房中的台子前四处打电话游说投资人和买家。今天，苹果个人计算机已经成为极致、文化和科技的象征。

苹果 1 型计算机

素数之谜

长期以来，人类一直执迷于数字的魔力和它所展现的神奇规律。数学家很早就意识到了数字中的一些秘密，这些秘密经常用在宗教仪式和魔术表演之中。数字的这些神奇的特性成为数论研究的核心。

素数是整数中的一类十分特殊的数字。素数是指在大于 1 的自然数中，除了

1 和它本身以外不再有其他因数的自然数，也称为质数。虽然随着数字的增大，素数的出现变得稀疏，但依然十分普遍。即使在 100 万以上的数字中，素数出现的频率仍为 1/14。人们研究素数有上千年的历史。早在公元前 300 年，古希腊数学家欧几里得就证明了素数的个数是无穷的。欧几里得在他的《几何原本》里使用反证法证明了这样的结论。具体证明过程如下：假设素数只有有限的 n 个，从小到大依次排列为 p_1, p_2, $\cdots$, p_n，再设 $N = p_1 \times p_2 \times \cdots \times p_n$，那么 $N + 1$ 是不是素数？如果 $N + 1$ 是素数，则 $N + 1$ 要大于 p_1, p_2, $\cdots$, p_n，所以它不可能出现在那些假设的素数集合中。

虽然素数听上去好像除了不能被其他数字整除外没有什么特别的地方，但围绕它而产生的一些有趣现象让它成为数论的中心。如何判断一个数是不是素数长期困扰着人们。当数字很小的时候，我们不难判断哪些数是素数，但随着数字变大，寻找素数就越来越困难。

公元前 250 年，古希腊数学家埃拉托色尼发明了一种寻找素数的埃拉托色尼筛选法。寻找一个表示所有素数的通项公式（或者叫素数普遍公式）是古典数论中最主要的问题之一。他的方法很简单，就是画出一个方形的网格图，把从 1 开始到你希望寻找素数的范围内的所有数字按顺序一一填入网格中。首先把 1 划掉，因为它不是素数。2 是一个素数，所以把 2 写到你的素数表中，然后把 2 的所有倍数全部划掉，因为它们不可能是素数。接下来是 3，它是一个素数，所以把它写入你的素数表中，然后划掉 3 的所有倍数。4 不是素数，4 的倍数自然也不是素数，所以把它们统统划掉。然后是 5，它是素数，所以你应把它写入你的素数表中，再把 5 的所有倍数划掉。以此类推，直到你希望寻找素数的范围内的最后一个数字。

埃拉托色尼是阿基米德的朋友，出生在利比亚，但生活在埃及，直到去世。他曾发明过类似于中国古代的浑天仪的所谓臂球。这是一个光滑的球体，由以地球或太阳为中心的环球形框架组成，代表天球的经度和纬度以及天文学上的其他重要特征（如黄道），用来演示和预测天体的运动。他的这个发明一直在欧洲用作天文仪器，直到 18 世纪。

　　埃拉托色尼还开发了一个测量经纬度的系统，为绘制世界地图提供了手段。据说他由此计算出了地球的周长，而他计算出的地球到太阳的距离和今天的结果只相差百分之一，应该说以当时的科技水平来看这已经是相当精确的了。

　　数论试图预测素数出现的频率。1798 年，法国数学家勒让德认为，素数的数量在一个给定的数字 x 下大约是 $x / \ln x - 1.08366$。这里的 $\ln x$ 是 x 的自然对数。也就是说，一个数字可能是素数的概率为 $1 / \ln x$。由此可以得出，一个大约等于 100 万的数字可能是素数的概率为 1/13.8，因为 100 万的自然对数是 13.8。

　　双素数，又称为孪生素数，是一对大小相差 2 的素数。显而易见的例子就是 3 和 5，5 和 7，11 和 13，17 和 19。那么双素数是不是无限多呢？1849 年，法国数学家波利尼亚克提出了孪生素数猜想，他猜测存在无穷多对孪生素数。孪生素数猜想成为了数论中和哥德巴赫猜想一样的世界难题，至今没有得到最终证明。

　　在数论中，一个完美数是一个整数，它等于其整除数的总和，但不包括该数字本身。例如，6 的整除数有 1，2，3，并且 1 + 2 + 3 = 6，因此 6 是一个完美数。28 也是一个完美数，因为它可以被 1，2，4，7，14 整除，并且 1 + 2 + 4 + 7 + 14 = 28。欧几里得还证明了当 $2^p - 1$ 是素数时，$2^{p-1}(2^p - 1)$ 就是一个超完美数。例如，前 4 个完美数如下。

　　当 $p = 2$ 时，$2^1(2^2 - 1) = 2 \times 3 = 6$。

　　当 $p = 3$ 时，$2^2(2^3 - 1) = 4 \times 7 = 28$。

　　当 $p = 5$ 时，$2^4(2^5 - 1) = 16 \times 31 = 496$。

　　当 $p = 7$ 时，$2^6(2^7 - 1) = 64 \times 127 = 8128$。

　　17 世纪的法国数学家梅森曾经提出一个猜想：当 $2^p - 1$ 中的 p 是素数时，$2^p - 1$ 也是素数。他验算出：当 $p = 2$，3，5，7，17，19 时，所得代数式的值都是素数。后来，欧拉证明 $p = 31$ 时，$2^p - 1$ 是素数。当 $p = 2$，3，5，7 时，$2^p - 1$ 都是素数，但 $p = 11$ 时，所得到的 2047（即 23 × 89）不是素数。梅森去世 250 年后，美国数学家科尔证明 $2^{67} - 1$（即 193707721 × 761838257287）是一个合数。这是第九个梅森数。20 世纪，人们先后证明第 10 个梅森数是素数，第 11 个梅森数是合数。素数的排列杂乱无章，给人们寻找素数规律造成了困难。

迄今为止，人类仅发现了 49 个梅森素数。美国中央密苏里大学于 2016 年 1 月 7 日发现的素数是迄今所发现的最大的素数，同时也是一个梅森素数。由于这种素数罕见而迷人，它被人们称为"数学珍宝"。值得一提的是，中国数学家和语言学家周海中根据已知的梅森素数及其排列，巧妙地运用联系观察法和不完全归纳法，于 1992 年正式提出了关于梅森素数分布的猜想。这一重要猜想在国际上称为"周氏猜想"。

寻找亲和数

亲和数，又称相亲数、友爱数或友好数，是指两个正整数彼此的全部约数之和（本身除外）与对方相等。毕达哥拉斯曾说："朋友是你灵魂的倩影，要像 220 与 284 一样亲密。"人和人之间讲友情，有趣的是数与数之间也有类似的关系。

知音难觅，寻找亲和数更让数学家绞尽了脑汁。公元前 320 年左右，毕达哥拉斯最早发现 220 和 284 是一对亲和数。世界上有很多数学家曾煞费苦心地寻找亲和数，但面对茫茫数海，这无疑是大海捞针。公元 9 世纪，阿拉伯哲学家、医学家、天文学家和物理学家塔比·伊本·库拉发现了另一对亲和数——17296 和 18416，还提出了一条求亲和数的法则，但他的公式比较繁杂，难以实际操作，再加上难以辨别真假，所以他并没有让人们走出困境。这些已发现的亲和数也被人们遗忘了，后来被西方数学家重新发现。1636 年，法国数学家费马再次发现亲和数 17296 和 18416。他被认为是发现第二对亲和数的人。

在 17 世纪以后的岁月里，许多数学家投身到寻找新的亲和数的行列中，他们企图借助灵感与枯燥的计算发现新大陆。可是，无情的事实使他们陷入一座数学迷宫之中。正当数学家们感到绝望的时候，平地惊雷，1747 年年仅 39 岁的瑞士数学家欧拉向全世界宣布他找到了 30 对亲和数，后来又扩展到 60 对。欧拉不仅列出了亲和数的数表，而且公布了全部运算过程。欧拉采用了新的方法，将亲和数划分为 5 种类型加以讨论。欧拉凭借超人的数学思维解开了令人止步 2500 多年的难题，让数学家们拍案叫绝。

时间又过了 120 年，到了 1867 年，意大利的一个 16 岁的中学生帕格尼尼竟然发现数学大师欧拉的疏漏，他让眼皮下的一对较小的亲和数 1184 和 1210 溜掉了。这一个戏剧性的发现使数学家们如痴如醉。在此后的半个世纪里，数学家们在前人的基础上不断更新方法，陆陆续续找到了许多对亲和数。到 1946 年，已知的亲和数有 390 对。

在找到的这些亲和数中，人们发现随着数值增大，亲和数的个数越来越少，数位越来越多。同时，数学家们还发现，一对亲和数的数值越大，这两个数之比越接近 1。这是亲和数所具有的规律吗？人们企盼着最终的结论。

电子计算机的诞生结束了依靠笔算寻找亲和数的历史。有人在计算机上对 100 万以下的数逐一进行了检验，总共找到了 42 对亲和数，发现 10 万以下的数中仅有 13 对亲和数。截至 2020 年 1 月，已知的亲和数超过 1225063681 对，但发现新的亲和数的努力还在进行中。

形形色色的特殊数

多边形数是另外一种具有特别性质的数字，它们是可以排列成正多边形的整数。例如，10 可以排列成三角形，36 可以排列成正方形和三角形。

魔方图是一个 $n \times n$ 的正方形网格（其中 n 是每边的单元格数）。在每个方格内填入不同的正整数，并使每行、每列和对角线上的正整数之和相等。这个总和称为魔方图的常数。比如，把 2，7，6；9，5，1；4，3，8 按顺序填写在一个 3×3 的网格里，每行、每列中三个数的和都是 15。中国古代的龟背图就是这样的一幅魔方图。有关龟背图的传说记载于春秋时期的《尚书》中。远古的一天，一只大龟驮着一部"天书"出现在中国北方的洛河中。龟背图历来被视为神谕，象征天下太平。据说，这部"天书"后来成为《周易》最主要的来源之一。由于传说和数字排列的神奇性，龟背图被赋予了神话和宗教的神秘意义。当然，这幅图相继在古埃及和古印度也被发现过。

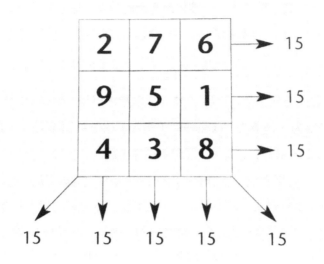

魔方图

　　魔方图大约有 4000 年的历史。最早的魔方图每边有 5 个或 6 个数字，在公元 983 年巴格达的阿拉伯文献中有所记载。欧洲最早的记载来自古希腊学者曼努埃尔·莫斯乔普洛斯。据说发明西方现代记账法的意大利数学家卢卡·帕乔利就是在研究了魔方图后才受到启发，从而发明了双列记账法的。

　　数学里有许多神秘而有趣的数字。π 是人们最早发现的这样一个数字，它定义了（确切地说是揭示了）任何一个圆的直径和周长的关系。π 是一个无理数。没有人知道这个数字最初是怎么被发现的，据记载可以追溯到古埃及。公元前 1650 年，古埃及人阿赫梅斯在纸草书中使用 $4 \times (8/9)^2 \approx 3.16$ 作为 π 的值。

　　阿基米德给出了早期最精确的 π 值，他通过理论计算得出 $223/71 < \pi < 22/7$ 这样一个范围，求出 π 的平均值为 3.1418。他知道这个平均值并不是十分准确。不过我们现在知道，他给出的 π 值的误差只有 0.0002，应该说相当精确了。中国古代数学家也在很早的时候就给出了 π 的估计值。1949 年，世界上第一台电子计算机花了 70 小时时间计算出了当时最长的 π 值，共 2037 位。今天任何一台个人计算机只需不到 1 秒就可以得到这样精确的数值。

e 称为自然常数，是另外一个神秘而有趣的数字，它表示所有整数在一定序列下的和，是一个无限序列的例子。瑞士数学家雅各布·伯努利在 1683 年研究复利时试图给出 $\lim\limits_{n \to \infty}\left(1+\dfrac{1}{n}\right)^n$ 的值，发现了 e。莱布尼茨和荷兰数学家惠更斯用 b 而不是 e 来表示自然常数。直到 1727 年，欧拉才采用 e 来表示自然常数并沿用至今，可能是因为 e 是英文 "exponent"（指数）这个单词的头一个字母。e 是一个无理数，它和 π 一样，也是一个无限不循环小数。

虚数 i 是 –1 的平方根，最初笛卡儿在 17 世纪称之为虚无的、想象中的数字，因为他认为这个数在现实中是不存在的或无用的。16 世纪的意大利数学家杰罗拉莫·卡尔达诺在尝试寻找三次方程的解时引入了虚数。但直到 18 世纪，虚数才被人们所重视，它和实数一起构成了复数系统。据说高斯是第一个以 "非常自信和科学的方式" 使用复数的数学家。挪威数学家卡斯帕·韦塞尔首先描述了复数在平面中的几何意义。

从几何角度来说，虚数可以表示在复平面的垂直轴上。查看虚数的一个方法是考虑一条标准数轴 x，它向右侧呈正增长，向左侧呈负增加。经过 x 轴上的原点，绘制 y 轴，用于表示虚数，其中向上为正方向。这条垂直轴通常称为虚轴。1843 年，爱尔兰数学家威廉·罗文·哈密顿将平面中虚轴的构想扩展到四维空间，其中三个维度类似于复杂场中的虚数。随着多项式环的发展，虚数背后的概念更具实质性。

欧拉神奇地创造了欧拉公式，这个简洁漂亮的恒等式为 $e^{i\pi} + 1 = 0$，把数学中最重要的 5 个常数（0、自然数 1、自然常数 e、圆周率 π 和虚数的基本单位 i）完美地联系在了一起。这个恒等式指出了复数的特征，即复数是普通的数（或者实数）与虚数的组合。

怎么证明这个恒等式是正确的呢？复数可以用平面坐标来表示，坐标系中的纵轴表示虚数，横轴表示实数。我们让一条线段从横轴开始绕着原点沿逆时针方向旋转，转过的角度为 x。旋转之后，该线段的一个端点的位置可以表示为 cosx + isinx，而这个公式也可以表示为 e^{ix}。如果转过的角度 x 为 180 度，也就是弧度为

π，则该表达式就变成了 $e^{i\pi} = -1$，即 $e^{i\pi} + 1 = 0$，其中充满了神奇、趣味和智慧，不能不让人赞叹不已。2004 年，《数学信使》杂志举行了一次读者投票，要求读者选出"数学中最完美的公式"，结果欧拉于 1747 年发明的这个公式以压倒多数的票数获胜。

"非法"数字可能听上去十分可笑，但历史上不乏其例。一些数字被宗教、当权者或数学家们认为是危险的而禁止使用，然而这些数字从来没有消失，只是走入了地下。毕达哥拉斯就不承认无理数的存在，并且禁止在他的学派里使用负数。他也知道他的禁止带来了一些问题，比如关于他的毕达哥拉斯定理，如果只承认有理数，那么考虑两条直角边的长度都是 1 的直角三角形的斜边的长度时就会遇到问题。为什么无理数不存在？毕达哥拉斯无法提供符合逻辑的解释。这就发生了我们在前面提到的那个故事，当希帕索斯和他理论 2 的平方根是一个无理数且客观存在时，毕达哥拉斯找机会邀请希帕索斯乘船游玩，并趁其不备，把他推下船淹死在河里。

当印度－阿拉伯数字被引入中世纪的欧洲时，也遇到了强烈的抵制。印度－阿拉伯数字让算术变得容易，而且十分具有吸引力，这威胁到了那些掌握数学知识的人的特权。如果数学变成每个人都能掌握的工具，那么那些数学家的地位和权威就会丧失。基督教会希望通过控制教育来垄断数字，并由于宗教原因反对从阿拉伯地区传来的数字系统。据说，一些使用印度－阿拉伯数字的人竟然被教会活活烧死。然而，商人和会计们还是希望使用印度－阿拉伯数字，因为它们用起来简单方便。

数字之战在欧洲持续了几个世纪。印刷术在欧洲的出现才最终让印度－阿拉伯数字在欧洲得以普及，成为了主流数字系统。当然，罗马数字并没有完全消亡，在一些领域一直沿用至今。在这场数字革命中，法国是最先被从传统中解放出来的。1789 年法国大革命以后，法国禁止在学校和政府部门使用传统的数字系统。

文艺复兴时期，负数在欧洲还没有被认可，数学问题的负数答案经常被忽略掉。虽然中国和印度的数学家们已经在处理债务等经济问题时使用负数，但欧洲的数学家们还是比较纠结，他们中的一些人固执地认为负数是十分可笑的。欧洲最早接受负数的人可能是法国数学家阿尔伯特·吉拉德。直到 19 世纪以后，负数才被欧洲的数学家们广泛接受。

666 是今天网络语言中十分流行的一个用语，但 666 曾经是数字中的怪兽。在早年的基督教里，罗马人使用一种太阳魔方图作为护身符。这个魔方图是一种 6×6 格式的数字组合图，数字按从 1 到 36 的顺序排列，使每行、每列和每条对角线上的数字加起来都是 111。这个魔方图里所有数字的和是 666。教堂里曾禁止使用魔方图，因为它代表了怪兽数，被认为是上帝的敌人，任何拥有它的人都必须死！

在美国，一个十六进制的 32 位代码被列为非法数字，因为谁掌握了它，谁就可以轻松地破解经过加密的光盘。不过，这样的秘密在今天又怎么能守得住呢？计算机黑客几乎可以轻松地破解任何一个这样的神秘数字。

数论发展知多少

数论从早期到中期跨越了一两千年的时间，主要是由费马、梅森、欧拉、高斯、勒让德、狄利克雷、黎曼、希尔伯特等人发展起来的。数论的内容以寻找素数通项公式为主线，开始由初等数论向解析数论和代数数论转变，产生了越来越多无法证明的猜想。如果能够找到一个素数通项公式，一些难题就可以由解析数论转变为初等数论。

到了 18 世纪末，历代数学家积累的关于整数性质的知识已经十分丰富了，但是仍然没有找到素数产生的模式。德国数学家高斯集前人之大成，撰写了《算术研究》一书，并在 1800 年将其寄给了法国科学院，但是法国科学院拒绝出版高斯的这部杰作。高斯只好在 1801 年自己出钱出版这部著作。

这本书开启了现代数论的新纪元。在《算术研究》中，高斯把过去人们研究整数性质时所用的符号标准化了，把当时现存的定理系统化并进行了推广，对要研究的问题和已知的方法进行了分类，还引进了新的方法。高斯在这一著作中主要提出了同余理论，并发现了著名的二次互反律（被其誉为"数论之酵母"）。代数数论发展的下一个里程碑是希伯尔特的《数论报告》。

黎曼在研究 ζ 函数时，发现了复变函数的解析性质和素数分布之间的深刻联系，由此将数论领进了分析的领域。这方面的主要代表人物还有英国著名数论学家哈代、李特伍德和拉马努金等，在中国则有华罗庚、陈景润和王元等人。

随着数学工具的不断深化，数论开始和代数几何深刻地联系起来，最终发展为当今最深刻的数学理论（如算术几何），将此前的许多研究方法和研究观点最终统一起来，从更高的角度出发，进行研究和探讨。

由于近代计算机科学和应用数学的发展，数论得到了广泛的应用。比如，在计算方法、代数编码、组合论等方面都广泛使用了初等数论的许多研究成果，数论的许多比较深刻的研究成果也在近似分析、差集合、快速变换等方面得到了应用，特别是由于计算机的发展，用离散量的计算去逼近连续量而达到所要求的精度已成为可能。

检验数字和它们的特性引起了许多人的兴趣，也受到了古希腊人的膜拜，但数字的意义更多地体现在数学的价值里。数字让我们可以进行丈量和计算，是制造、建筑和探索宇宙的工具。数学成为了一切科学的基础，在所有文明中都扮演了十分关键的角色。可以毫不夸张地说，没有数字就没有数学，没有数学就没有一切科学，我们整个人类的文明可能还在黑暗中徘徊。

第**3**章 ▶▶▶

事状物形

几何无王者之道。

——欧几里得

不是所有的事物都是可以计数的。一群牲畜可以数出有多少只，一块地上的草可以数出有多少棵，但有些事物是不能被这样简单地统计和衡量的。比如说，池塘里面的水就不能通过数数来确定多少，从一座山丘到大海的距离也很难通过简单的数数来测量。我们需要用不同于计数的方法来给出这些问题的答案。据说，当年阿基米德在洗澡时，从他的身体进入浴缸造成的水位变化中意识到他的身体浸入水中的体积应该等于浴缸中水的体积的变化。在兴奋之余，他竟然跳出浴缸，光着身子跑到街上，大声疾呼："我知道啦！我知道啦！"

几何，就是解决距离、面积和体积这类现实问题的方法，是和计数一样古老而重要的数学内容。其实，"几何"这个名词就是由古希腊语中的"测量"和"地球"两个单词合成的。

最早的几何也是在修建纪念碑、测量土地和建造宗教建筑这样的一些活动中产生的。发明度量单位是这些活动的第一步，也是从简单的计数跨越出的关键一步。测量以人为设定的单位成为连续计数的基础，让几何形状具有了数字意义，把计数推进了计算的新领域。

度量单位的产生

　　早期在处理土地划分和所有权以及修建一些简单的结构时，测量就是一个最基本的问题。早期的文明需要解决与距离、面积、体积以及时间有关的问题。虽然有些问题可以通过计数来解决，比如数出谷物的多少，但这毕竟太麻烦了，而用整体数量计数应该更方便可行。用什么样的单位作为整体衡量的标准，各个文明之间并不统一。即使在今天，我们依然有英制、公制等不同的计量单位，时间也有公历和农历之分。

　　早期的测量系统源于人类的身体和普通的物品。比如，中国古代用担或石来衡量谷物的质量，美国人到今天还在使用英尺来衡量距离，英尺在英文中就是脚的意思，即用脚来衡量距离。衡量钻石和宝石的常用单位是克拉，它来自阿拉伯珠宝商使用的豆角的籽，因为豆角的籽具有惊人一致的质量，非常适合衡量贵重的物品。肘是《圣经·旧约》里使用的一种长度单位，被诺亚用来丈量方舟，是古埃及人的尺度单位，就是从人的肘关节到指尖的长度。它也常被进一步划分为更小的单位，但都和人体的部位有关。

历史上的单位

　　然而，人体的大小并不一样。为了解决这个问题，必须有统一的标准。肘棒（不是吃的那个肘膀）就是古埃及统一使用的长度标准。它以一个长度为 524 毫米的黑色花岗岩条为基准，复制出来在测量中作为标准长度单位使用。这使测量具有了统一的标准。埃及吉萨大金字塔的长、宽均为 440 肘棒，其误差小于 0.05%，也就是说在 230.6 米的长度上，误差仅为 115 毫米。这在当时是一件十分了不起的事情。

　　罗马人把 1 英尺分成 12 英寸，尽管他们的脚大约只有 11.65 英寸。他们也有 1 掌的概念，1 掌是 1/4 英尺。更大的长度用弗隆（furlong）、里格（league）和英里来度量。1 弗隆等于 1/8 英里，1 英里等于 5000 英尺，1 里格等于 7500 英尺。这些度量单位和重量单位磅及盎司一起在欧洲广泛传播，并在百年之后被带到了整个世界。

　　罗马没落以后，度量单位在欧洲进一步发展和延续，但并不统一。各地英尺的长度和磅的重量都不相同，有时甚至取决于度量的对象是什么。1 加仑红酒的体积是 231 立方英寸，但 1 加仑啤酒的体积是 282 立方英寸。

　　标准化过程经历了几个世纪的时间。在美国沿用了英国古老的度量标准后，英国却改良了他们的度量标准，这让美国和英国之间的度量标准出现了差别。

　　使用磅和镑作为重量和货币的单位并不是偶然。货币最早是由贵金属制成的，重量非常重要，应和其币值相当。硬币可能是由中东地区早期的安纳托利亚商人发明的，他们通过在金属上刻印的方式表明其重量，避免每次使用时再称重。罗马人引入了磅的单位，并被欧洲在其后的两千年里广泛使用。1266 年，英国的亨利三世把 1 便士的重量定为 32 粒麦子，20 便士为 1 盎司，12 盎司为 1 磅，8 磅为 1 加仑。

　　世界科学组织现在使用国际单位制。第一个国际公制系统是在 18 世纪的法国出现的。1670 年，法国的一座修道院院长、数学家加布里·穆顿最早提出，采用一个简单统一和标准的度量单位系统是十分必要的。穆顿是法国里昂的一位神学博士，但他对数学和天文学的兴趣浓厚。他在 1670 年出版的一本书中提出了一个基于地球周长的自然长度标准，按十进制划分。这对在 1799 年采用公制单位颇具影响，但产生这样一个度量单位系统还是花费了 120 多年的时间。

1790 年，法国政治家和外交官查尔斯·莫里斯·德·塔利兰德再次推动了国际公制系统的发展。他是拿破仑的首席外交官，当时法国的军事胜利使一个又一个欧洲国家处于法国的霸权之下。然而大多数时间，塔利兰德在为和平而努力，以巩固法国取得的成果。他在多届法国政府中都担任高层公职，通常担任外交部部长和其他一些外交机构的职务。他的职业生涯跨越路易十六政权、法国大革命的岁月、拿破仑政权、路易十八政权和路易·菲利普政权。这使他非常具有影响力。

法国科学院还建议成立一支测量队测量从北极到欧洲的距离。首先测量沿着子午线从法国北部到西班牙巴塞罗那的距离。然而在路易十六批准后不久，法国大革命就推翻了路易十六的统治，让这个计划推迟了一年才得以实施，但依然困难重重。法国和西班牙之间的战争让测量工作花费了 6 年时间才勉强完成。1799年，国际公制系统才最终诞生。

当时，米的单位被定义为地球子午线长度的两千万分之一，1 克为 4 摄氏度下 1 立方厘米纯水的质量。千克是最后一个由实物制品定义的国际标准单位。直到 2018 年，国际质量和测量大会才批准用普朗克常数重新定义千克。

几何学的起源

几何涉及距离、角度以及线、面、体。几何最早期和最简单的形式是研究在一个平面上由线构成的形状，进一步的研究扩展到三维空间里的曲线和曲面以及多维空间里的超曲面，从而帮助我们认识千姿百态的宇宙。同时，这也促进了建筑学、天文学、光学、透视、制图和弹道学等的发展。

几何的出现早于数字书写系统。许多先人留下了他们认识几何形状的证据，其中一些文物可以追溯到公元前 25000 年。早期的建筑结构也证明了古人对简单几何形状的掌握。

巨石阵是位于英格兰威尔特郡的一座史前纪念碑。它由一圈立石组成，每块巨石高约 4 米，宽约 2.1 米，重约 25 吨。巨石阵的建筑历史跨越了从公元前 3000

年到公元前 2000 年的长达 1000 年的时间，表明那时的人们就已经有了空间中圆形的概念。凿刻出来的巨石显示了古人对圆弧的理解。东北方向上巨石的摆放角度和夏季太阳升起的位置吻合，对应于冬至的日落和夏至的日出时间。一些学者认为巨石阵具有一定形式上的日历意义。巨石阵从一开始就可能是一处墓地，但它意味着远古的人类在一定程度上已经有了几何概念。

英国的巨石阵

几何的应用问题出现在建筑之中远早于出现在文字记录里面。古埃及人、古巴比伦人和苏美尔人都掌握了几何在实际中的应用，能够计算距离、面积和体积。公元前 3100 年的文献揭示了古埃及人和古巴比伦人已经在土地调查和建筑规划方面形成了一些数学规则。埃及吉萨大金字塔大约修建于公元前 2650 年，展示了古埃及人对几何已经有了很好的掌握。

根据希腊历史学家的看法，尼罗河季节性的泛滥常常将土地的界线冲毁，古埃及人必须不断计算土地的面积。他们需要一定的标准和勘测技术来重新划分土地。古埃及人使用绳索进行几何丈量，这常常被称为"拉绳丈量法"。这样的方法也会应用在建筑等方面。

最早的数学记录是《阿赫梅斯数学纸草书》。它是由阿赫梅斯在大约公元前1650 年抄写的，内容大概来自此前 200 年的记录，而这些记录可能来自更久远的年代。这份纸草书高 33 厘米，长 5 米，包含 84 个数学问题，涵盖了算术、代数、几何等方面的内容，其中一些问题是以直截了当的方式给出的。比如，一个人问：一个直径为 9 khet（古埃及的测量单位）的圆的面积是多少？莫斯科博物馆收藏的数学纸草书中还有金字塔体积的计算方法。

由于纸草书非常脆弱，保存下来的很少。生活在两河流域的美索不达米亚人在陶片上记录他们掌握的知识，这些文物更容易保存下来。古巴比伦的陶片可以追溯到公元前 1800 年至前 1650 年，记录了直角三角形的计算方法。这些陶片还记录了计算长方形、三角形和圆的面积的方法。

和古埃及人不同，古巴比伦人更具有一般性的概念。对于给定类型，他们的一些数学方法在任何情况下都适用。例如，一块陶片上刻有一个正方形的对角线长度和边长的比例。古巴比伦数学家还推导出了 1 和 $\sqrt{2}$ 的比值，这意味着他们可能通过任何一个正方形的边长乘以 $\sqrt{2}$ 计算出它的对角线的长度。

然而，无论是古埃及人还是古巴比伦人都对精确缺乏认识。在一些情况下，他们的计算给出的是精确的结果，但在另外一些情况下，他们求得的面积只是一个大概，特别是在求多边形的面积时，他们的计算只能给出一个大概的结果。

古埃及和古巴比伦的数学更多地涉及具体的实际问题，后来的古希腊人却把注意力集中在抽象的纯数学问题上。古希腊人的祖先在公元前 2000 年左右进入希腊半岛，在公元前 800 年前后成为一支不可忽视的力量。他们与古埃及人和中东地区的人们有贸易往来，并向他们学习。

数学世界第一人

在泰勒斯和毕达哥拉斯之前，希腊数学并没有发展起来。传说中有希腊七贤第一人之称的泰勒斯大约在公元前 575 年把古巴比伦人的数学介绍给了古希腊人。据说他是第一个采用几何演绎推理并推导出了泰勒斯定理的人，所以他又被称为希腊的第一位数学家。泰勒斯定理说的是半圆中的任何内嵌角都是直角，也就是说圆的直径上的内接三角形都是直角三角形。其实，这个事实古巴比伦人早在 1000 多年前就知道了，他很可能是从中东地区的人们那里学来的。英语中的"数学"一词源于古希腊语，意思是"教学主题"。为了自身而研究数学，运用通用数学理论和证明，是希腊数学与其他早期文明中数学的重要区别。

泰勒斯

关于泰勒斯的所有传闻都来自他去世 900 年以后一个叫普罗克洛斯的希腊哲学家的记述。没有人知道，也没有证据证明普罗克洛斯笔下的泰勒斯的发明创造是否真实。据说他的记述基于更早期的罗得岛的欧德摩斯，后者被认为是第一位科学史学家。欧德摩斯是亚里士多德最重要的学生之一，但遗憾的是他的著作基本上遗失殆尽。不过，无论是欧德摩斯还是普罗克洛斯，他们都是在泰勒斯死后才出现的人物，所以他们的记述都只能作为参考，但也是我们今天唯一可以依据的参考资料。

泰勒斯以创新性地使用几何学而著名。据说，他根据自己的影子测得了自己的身高，并用这一方法测量了金字塔的高度。泰勒斯用同样的方法测量海上船舶的距离，所需要的只是三根直杆。具体方法是：将一根杆子垂直地立在地面上，第二根杆子水平放置，用第三根杆子去看船，然后计算杆子的高度和从插入点到视线的距离。

在几何学中，与泰勒斯有关的定理有两个。一个称为泰勒斯定理，可表述为：如果 A、B 和 C 是一个圆上不同的点，它们构成的三角形的一条边是圆的直径，那么 $\angle BAC$ 就是一个直角，见下图。另一个定理是截距定理。泰勒斯是第一个证明圆被直径一分为二的人。

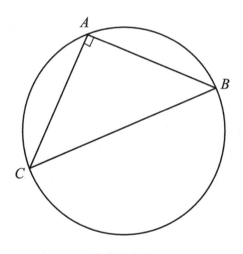

泰勒斯定理

另外，当两条直线相互切割时，对顶角相等。这个定理最初也是由泰勒斯发现的，后来欧几里得在《几何原本》中加以复述，并改进了原来的证明。泰勒斯还发明了反证法。他通过假设结论是错误的来推导出矛盾，从而证明结论只能是正确的。

他还是第一个知道并定义任何等腰三角形的两个底角相等的人。据说这个定理被称为"评估桥"。在中世纪的大学里，这个定理是学生们可以企及的最高深的学问。如果你能跨过这座"桥"，那么你就能掌握隐藏在这座"桥"后面的知识财富。普罗克洛斯把这些数学定理全部归功于泰勒斯。

虽然泰勒斯被称为希腊的第一位数学家，但"数学之父"的美名属于毕达哥拉斯，他比泰勒斯晚生 50 年。他可能是古希腊最知名的数学家。没有一个上过学的人在学习数学时没有学过毕达哥拉斯定理，也就是勾股定理。勾股定理早在古代中国就被刘徽发现，并被记述在《九章算术》中。该定理在希腊是被毕达哥拉斯学派的成员证明出来的，而不是毕达哥拉斯本人，但和泰勒斯定理一样，该定理以毕达哥拉斯之名命名。

"数学之父"毕达哥拉斯

大约公元 570 年，毕达哥拉斯出生在爱琴海东部的萨摩斯岛。当时，萨摩斯是一个繁荣的文化中心，也是爱琴海的主要贸易中心，商人从东方购进货物。我们几乎可以肯定这些商人也带来了东方的思想和传统。

毕达哥拉斯的父亲是一个宝石雕刻师或富有的商人。他的母亲在怀着他的时候得到预言，说她将生下一个极其俊美、睿智、有益于人类的男孩。毕达哥拉斯在埃及、巴比伦和克里特岛等地接受大部分教育。据说毕达哥拉斯在访问埃及或希腊时见过泰勒斯，并受到了这位年长他 50 岁的老师在数学方面的影响。尽管毕达哥拉斯以所谓的数学发现而成为今天最有名的历史人物之一，但历史学家们对他本人是否真的对该领域做出了重大贡献存在争议。

毕达哥拉斯创办有自己的学派，学派成员过着一种兄弟会般的神秘生活。学派成员都是毕达哥拉斯的信徒。为了追求宗教和特殊的仪式，以及研究毕达哥拉斯的宗教和哲学理论，他们都被毕达哥拉斯和彼此的誓言所束缚。成员们共享他们的所有财产并排斥外人。毕达哥拉斯的教义被称为"符号"。成员们发誓要保持沉默，他们不会向外人透露这些符号。不遵守学派规定的人会被驱逐出去，其余成员会为他们竖立墓碑，好像他们已经死了一样。

毕达哥拉斯学派学习数学完全出于神秘的原因，缺乏实际应用。他们相信所有的事物都是由数字构成的，比如数字 1 表示所有事物的起源，数字 2 表示物质，数字 3 是一个理想数字（因为它有一个开始、中间和结束，是可以用来定义一个平面三角形的最小的数），数字 4 表示四季和四种基本物质（水、土、火和空气），数字 7 也是神圣的，因为它是行星的数量和七弦琴上弦的根数，阿波罗的生日也是在每月的第七天。他们认为奇数是男性，偶数是女性；数字 5 代表婚姻，因为它是 2 和 3 的总和。10 被认为是完美的数字，毕达哥拉斯如此定义，并且从不举行超过 10 人的聚会。毕达哥拉斯还设计出了四行的三角形数字，它们加起来是完美的数字 10。毕达哥拉斯学派认为，这样的四分法是极其神秘的象征。

在音乐方面，毕达哥拉斯把音程的和谐与宇宙星际的和谐秩序相对应，把音乐纳入他的以数为中心、对世界进行抽象解释的理论之中。他关于弦长比例与音乐的和谐关系的探讨已经带有科学的萌芽，对五度相生律的发现有重大贡献。这来自他在铁匠铺里的发现和对铁锤敲击声的研究。在他看来，音乐是数学的。

古希腊的几何学

雅典在公元前 5 世纪达到了知识文化的顶峰，不过遗憾的是没有数学文献遗留下来。我们只有很少一些当时伟大的数学家关于数学问题的支离破碎的记录。尽管如此，我们还是能得到当时数学发展的一些线索。古希腊人相信自然的形成是可以通过数学来认识和理解的。对他们来说，人们缺乏对整个世界作为一个在法则控制下的和谐宇宙的概念，也缺乏对地球是一个在太空中运行的星球的概念，还缺乏数学证明的概念。古希腊数学家已经可以区分生活中使用的应用数学与作为逻辑和理论的纯数学。

古希腊数学家把几何问题分为三类：化圆为方、角度的三等分和体积的加倍。他们希望只通过直尺和圆规来解决所有此类问题，但最终证明这是不可能的。

据说阿那克萨哥拉是第一个考虑过求圆的面积的人。他是古希腊的一位哲学家。在小亚细亚被波斯帝国控制的时候，他出生在克拉佐梅纳，后来到了雅典。阿那克萨哥拉在他的家乡克拉佐梅纳拥有一定的财富和政治影响力，然而他放弃了这一切，因为他认为财富和权力会阻碍他寻求知识。他认为太阳是一块比希腊半岛还大的、燃烧着的巨石，太阳的光照亮了月亮。他因为拒绝承认太阳是神而坐过牢。在监狱中，他曾试图通过圆规和直尺来找到一种计算圆的面积的方法。

体积加倍问题出现在雅典大鼠疫期间。古希腊数学家和历史学家埃拉托色尼说，当时的人们得到了神谕，阿波罗要求他们必须把自己的神坛扩大 1 倍才能阻止鼠疫。于是，人们就把神坛的长、宽、高都增加了 1 倍。但这样下来，神坛的体积被扩大了 8 倍而不是 1 倍。阿波罗十分不满意，所以鼠疫继续蔓延，杀死了四分之一的人口。当时的工匠们没有办法达到阿波罗的要求，于是前去请教大哲学家柏拉图。柏拉图回答说，神谕的目的是羞辱你们不懂数学，特别是几何学。虽然柏拉图自己不是一位数学家，但他在雅典的学园是研究数学的中心，并且他帮助明确了纯数学和应用数学的区别。

德国数学家高斯后来指出，仅凭直尺和圆规不可能让体积加倍。1837 年，法国数学家皮埃尔·旺策尔证明了古代的几何问题是不可能只用直尺和圆规来解决的。

三分角度问题没有像另外两个问题那样神秘的历史传说。这个问题可能来自古埃及人希望在夜里通过对星星角度的测量来判断时间。当时的古希腊人已经掌握了一些机械的方法来三等分一些角度，但对问题的理论探讨一直是古希腊人的追求。

古希腊数学家并不情愿接受无理数，但如果所有的数字都只是有理数的话，几何学就不能解释所有的事情。若一个直角三角形的两条直角边的长度都是 1，那么它的斜边的长度就是一个无理数，这又怎么解释呢？这不是让毕达哥拉斯定理变得很尴尬吗？另外一个更棘手的问题就是芝诺悖论。假设一个人希望走到一条路的尽头。在到达尽头之前，他必须先走完这条路的一半。在他走完这条路的一半之前，他必须先走完这条路的四分之一。在走完这条路的四分之一之前，他必须先走完这条路的八分之一。如此一分为二地细分下去，他将永远无法到达尽头，因为这样的二分法可以无休止地进行下去。

无理数的存在和无限可分迫使古希腊数学家改变他们的认知。在毕达哥拉斯生活的年代，一个数字被认为是一个点，经常可以具体地用一块鹅卵石来表示。但到了欧几里得生活的年代，也就是 200 年后，以独立而分离的概念来表示大小被连续性所取代。关于离散数字的数学开始向几何度量方法转变。尽管古希腊数学家们不接受 $\sqrt{2}$ 作为一个数字，但它可以轻而易举地表示一条线段。

欧几里得和他的《几何原本》

客观上说，公元 4 世纪前古希腊数学方面的文献都没有被保留下来，但他们的成就并没有遗失。伟大的数学家欧几里得把古希腊数学方面的遗产都记述在了他的名作《几何原本》之中，该书成为数学史上最具影响力的作品之一。

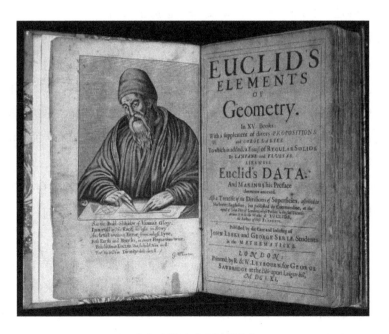

欧几里得的《几何原本》

大约公元前 300 年，随着托勒密一世权力的崛起，他成为埃及的统治者，数学活动开始向希腊帝国的领地埃及转移。托勒密一世在埃及的亚历山大创建了一所大学，使亚历山大成为当时希腊的文化中心，并持续了 800 多年。他还创办了著名的图书馆，藏书量超过 50 万册。这在当时是一个惊人的数量。亚历山大灯塔更是古代世界七大奇迹之一。

在亚历山大时期，第一位重要的数学家是欧几里得。他的名声来自他的几何学、光学和天文学著作，但他最被世人铭记的是他的几何学著作《几何原本》。这本书不仅创立了平面几何学，2000 多年来一直作为初等几何学教材，而且是发行量仅次于《圣经》的出版物。

其实，欧几里得出生和去世的情况都不得而知，关于欧几里得的少数历史记载是在他去世几个世纪以后所写的。阿拉伯作家曾给欧几里得写过一本详细的传记，但人们一般认为这本传记是虚构的。没有人知道是否确有欧几里得这样一个人，因为没有任何考古文物能够直接证明曾经有过这样一个人存在。一些专家认为，欧几里得是一群人的一个代称，是一个创造出来的人物，他的作品是由一个数学家团队撰写的。不过，无论如何，《几何原本》都是一部旷世的数学经典，得到了广泛认可。

《几何原本》作为演绎推理的范本，是在逻辑框架下对当时已知的几何知识的整理。该书从简单直观的初始公理和假设开始，通过逻辑演绎，系统地推导出一个个新的命题。虽然很多命题在历史上早已有之，但《几何原本》通过演绎推理的方式，重新把它们定义在了一个系统化的逻辑框架之下。

《几何原本》包括 13 部分，通常称之为"册"，虽然它们都书写在草纸卷上，而不是一册一册的。13 册内容在传统上被划分为三部分：平面几何、算术和立体几何。

从第一册到第六册是平面几何部分，一开篇就定义了像点、线和圆这样的基本概念，紧跟着就是一些公理和假设，使我们可以用直尺和圆规来完成一些几何图形的构建。比如，从任何一个给定点开始，可以画一条直线连接另外一个点，或者以任何一个给定的点为中心和任意长度为半径，可以画一个圆。在此基础上，欧几里得给出了关于如何构造一个等边三角形的第一个结果。他利用上面画圆的公理构建了两个圆，一个圆以点 A 为圆心，另一个圆以点 B 为圆心，两个圆都以

线段 *AB* 为半径。这样，这两个圆就有了两个交点 *C* 和 *D*。连接点 *A*、*B*、*C* 或者点 *A*、*B*、*D* 就可以得到一个等边三角形。欧几里得随后解释了为什么这样得到的三角形一定是等边三角形。在每一个步骤中，他都使用前面的定义或公理假设，从一个结论推出另一个结论。在第一册里，欧几里得还证明了角和定理（即三角形的内角和为 180°），同时证明了毕达哥拉斯定理。

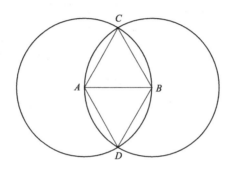

构建等边三角形

第二册包括关于各种矩形的讨论，比如构造一个矩形，使它的面积等于一个给定的三角形的面积。第三册介绍了圆的特性，比如泰勒斯定理。他还给出了关于圆内接四边形的对角和为 180 度的证明。第四册包括对圆内接多边形的讨论。第五册介绍了欧多克索斯（柏拉图的学生）提出的比例关系和穷竭法，这里考虑的是线段的比例关系。比如，如果 $a/b = c/d$，则有 $a/c = b/d$。第六册讨论了不同尺寸的类似的几何图形。

从第七册到第九册，欧几里得转而讨论起算术来。不过，他依然是通过几何的方式进行讨论的，比如数字的表达是用线段的长度来进行说明的。在关于算术的论述中，他讨论了奇数和偶数，还讨论了一个数是另一个数的因数表示什么意思，同时给出了被称为欧几里得算法的求两个数的最大公因数的系统方法。这部分还包括对素数的讨论。素数是算术的核心，因为任何一个整数都可以用几个素数的乘积来表示，比如 $126 = 2 \times 3 \times 3 \times 7$。在第九册里，欧几里得还证明了素数有无穷多个，这是整个数学中最著名的证明之一。

《几何原本》的最后三册是关于立体几何的，其中第十三册最引人注目。在这里，欧几里得进一步研究了柏拉图的 5 种正多面体。他最后得出结论说，这些是唯一可能的正多面体，不会再有其他形式的正多面体了。这是数学中第一个"分类定理"，完美地展现了这部旷世数学经典的伟大之处，为其画上了令人折服的句号。

欧几里得的《几何原本》不仅展示了古希腊的数学成就，而且将它们呈现在一个逻辑上连贯的框架中，使其成为一个严密的数学证明体系，在今天仍然是数学的基础。欧几里得的五大公设和五大公理涵盖了平面几何的重要主题，演绎出了上百个命题和定理。《几何原本》记述了现存最古老的大规模数学演绎证明，它对逻辑和现代科学的贡献直到 19 世纪才被超越。

虽然欧几里得最突出的贡献是在平面几何方面，但他也涉及了数论、代数和立体几何学。作为一部初级教科书，他的《几何原本》一书并没有涉及算法以及更复杂的曲线几何和圆锥曲线。这些内容由后来的阿波罗尼奥斯加以论述。欧几里得的五大公设是：（1）经过不同的两个点，能作且只能作一条直线；（2）一条直线可以任意地向两端延长；（3）以任一点为圆心，以任意长为半径，可作一个圆；（4）凡是直角都相等；（5）两条直线被第三条直线所截，如果同侧的两个内角的和小于两个直角的和，则这两条直线会在该侧相交。

第五公设又叫作平行公设，因为它等价于在一个平面内，过直线外一点，可作且只可作一条直线与此直线平行。这一公设并不像前四条公设那样显而易见。柏拉图认为，一条公设必须是简单和显而易见的，无须证明。欧几里得的前四条公设显然满足这个条件，但第五条就不是了。第五条算不算是公设？直到 19 世纪，人们才认为它并不能由前四条公设导出。

欧几里得的五大公理（也称为五大常见的概念）是：（1）与同一个量相等的两个量相等，即若 $a=c$ 且 $b=c$，则 $a=c$；（2）等量加等量，其和相等，即若 $a=c$ 且 $c=d$，则 $a+c=b+d$；（3）等量减等量，其差相等，即若 $a=b$ 且 $c=d$，则 $a-c=b-d$；（4）完全重合的两个图形是全等的；（5）全量大于分量，即 $a+b>a$。公理中的 a，b，c，d 均为正数。

欧几里得的《几何原本》写作于希腊时期结束以后，此时亚里士多德和亚历山大大帝都已经死去。亚历山大帝国瓦解，雅典失去了它作为文化中心的地位，知识分子开始聚集在埃及的亚历山大。亚历山大是当时埃及的首都，当埃及艳后的军队在亚克兴战役中失败后，它落入了罗马统治者的手中。所以，首先从欧几里得的《几何原本》中获益的是罗马人。但数学在当时的罗马学者看来用处不大，只有建筑设计师才需要几何、代数及载重方面的知识，商人也许需要算术，但数学作为一门学问，没有人关心它的发展。

到欧几里得生活的年代为止，希腊人已经发现了许多标准曲线，比如椭圆、抛物线、双曲线等；同时在采用穷尽法和求解球形及锥形的体积方面成为了探索微积分的先驱。

第一个丈量地球的人

古希腊数学家埃拉托色尼先在亚历山大学习，后来又在雅典待过几年。公元前 236 年，托勒密三世任命他为亚历山大图书馆馆长。公元前 240 年，他根据亚历山大和塞恩（现在埃及的阿斯旺）正午时分的太阳高线，利用三角学知识计算出了地球的直径。当然，他的计算方法以太阳足够远并将其光线看成平行光为前提。

埃拉托色尼知道在一年之中白天最长的是夏至日。在这一天的正午时分，太阳刚好出现在阿斯旺天顶的位置，因为他看到此时的太阳光直直地射入城内的一口深井中，井底的水面上出现了太阳的倒影。

他假设他的家乡亚历山大在阿斯旺的正北方（实际上亚历山大相对于阿斯旺偏西 1 度）。他在夏至日正午时分测量了亚历山大的一座方尖碑投下的影子的长度，计算出了这个时候太阳在亚历山大天顶以南 7 度。他推断出亚历山大到阿斯旺的距离一定是整个地球周长的 7/360。

他从商队那里知道这两个城市间的实际距离大概是 5000 视距。他以 700 视距为 1 度，从而得出地球的周长约为 252000 视距。虽然我们现时已经无法考证视距的确切长度（现在雅典的视距一般指 185 米），但是现在普遍认为他推断出的地球周长应该在 39690 千米到 46620 千米之间（经过两极的地球周长实际上是 40008 千米）。可见，他的计算误差应该在 0.8% 到 16.5% 之间，还是相当精确的。他还是"地理学"（geography）一词的发明者，表示这是研究地球的学问。

当德国的日耳曼部落在奥多亚塞的领导下控制了当今意大利的大部分地区后，数学在欧洲的发展进入了停滞期。与此同时，印度、中东和中国的数学却在大踏步向前发展。

三角学的起源

三角学是数学的一个分支，它涉及的是角度计算，特别是直角三角形的计算。在 16 世纪以前，三角学一直都是几何学的一部分，后来独立出来成为专门的学科。任何多边形都可以被分解成多个三角形。三角学让数学家可以研究这些由直线构成的区域及其面积。平面三角学处理平面上的区域、角度和距离等问题，球面三角学处理三维空间中的角度、距离等问题。天文学曾是数学发展的动力之一，早期三角学的发展也是天文现象研究的结果。三角学不仅用于土地丈量和大地测绘，更是为了满足天文学的需要。我们常常认为三角学用于定义直角三角形各边的比例，但事实上这并不是人们在数学发展的历史中认识三角函数的方式。三角函数起源于求圆的弦长的问题，也就是计算圆弧上两点之间的线段的长度，而通过直角三角形边长的比例来求三角函数的方法直到 18 世纪才出现。

古埃及人通过建造金字塔展示了他们所掌握的一些三角学知识。《阿赫梅斯数学纸草书》中就有一个通过金字塔的高和基底来求解斜坡的有关参数的问题。古埃及人在他们的三角学研究中并不是特别严格。像对待数学的其他领域一样，他们更关心三角学的应用而不是纯理论。早期的印度和中国的数学家都对三角学有一定的认识。在印度的数学文本《舒尔巴·苏特拉斯》中，描述神坛的部分就包括了计算 sin（π/4）的内容。中国古代的数学著作《九章算术》中也记载了勾股定理。然而，三角学的真正发展是在希腊。

埃及金字塔

希腊人把直线和圆作为几何学的基础，并由此发展了三角学。把一个圆规定为 360 度和 60 分为 1 度源自希帕克斯时期的希腊数学，这可能来自古巴比伦天文学划分黄道十二宫的做法，和一年中季节变化的周期 360 天相关。

平面三角形位于平面上，而球面三角形则位于球面上，这样的三角形是由三个相交的圆构成的。第一个球面三角形的定义出现在古希腊数学家梅内卢斯的著作中。他发展了欧几里得平面几何的原理，把其应用到了球面三角形中。球面三角形是天文观测和大地测量的关键。

一个平面三角形的所有内角之和是 180 度，但在球面上，一个三角形的内角和总是大于 180 度。当然，它们在本质上还有许多不同之处。大约 1250 年，波斯学者纳西尔·丁·图西对球面三角学进行了论述，而此前球面三角学一直是天文学的一部分。图西让三角学成为了一个独立于天文学的数学分支，成为了一门独立的学科。他是第一个在球面三角学中列出直角三角形的 6 种不同情况的人。他还描述了球面三角形的正弦定理，发现了球面三角形的切线定理，并为这些定理提供了证据。

希帕克斯是第一个编制三角函数表的人。他的兴趣是在一个想象中的完美球面上构建一个三角形，从而计算和预测天堂里行星的位置。希帕克斯认为每一个三角形都内接于一个圆中，并开发出了一个根据弦计算角度的系统。他编制三角函数表的方法类似于我们今天使用的正弦和余弦概念。他利用这个函数表测量了从地球到月亮和太阳的距离。

特殊角的三角函数值

三角函数 \ 角度	0度	30度	45度	60度	90度
$\sin\alpha$	0	$\frac{1}{2}$	$\frac{\sqrt{2}}{2}$	$\frac{\sqrt{3}}{2}$	1
$\cos\alpha$	1	$\frac{\sqrt{3}}{2}$	$\frac{\sqrt{2}}{2}$	$\frac{1}{2}$	0
$\tan\alpha$	0	$\frac{\sqrt{3}}{3}$	1	$\sqrt{3}$	无穷大
$\cot\alpha$	无穷大	$\sqrt{3}$	1	$\frac{\sqrt{3}}{3}$	0

随后，中国、印度和阿拉伯地区的数学家成为研究三角学的主体。阿拉伯学者翻译了希腊前辈们的著作，并迅速超过了他们。中国和印度的数学家基本上是在自己的传统中进行研究，完全独立于古埃及和古巴比伦的数学传统。

印度数学家首先开始使用我们今天所使用的正弦函数。早在公元 4 世纪或 5 世纪，印度的天文学著作中就有正弦函数计算。虽然残存下来的文字的年代不详，但据说是从公元前 200 多万年前的太阳神那里传承下来的。《阿里亚巴提亚》是印度的一部梵语天文学论著，是一部"万能"的作品。它出自印度数学家和天文学家阿耶波多，也是他唯一幸存下来的作品。书中概述了印度数学的发展，还包括一个正弦表。

第一个正切和余切表是由波斯天文学家哈巴什·哈西卜·马尔瓦齐在约公元 860 年编制的。叙利亚天文学家哈瓦里兹米给出了通过度量太阳的投影来确定太阳的高度的规则。他的投影表给出了从 1 度到 90 度每隔 1 度的余切值。他还计算出了地轴的倾斜角度为 23 度 35 分。

　　波斯数学家和天文学家阿布·瓦法·布兹贾尼在球面三角形方面做出了重要创新，使用切线解决直角球面三角形的有关问题。他还发现了球面三角形的正弦定理。他首次在中世纪的阿拉伯文本中使用负数，还以 15 分的间隔编译了正弦和正切表，介绍了分离函数和共生函数，研究了与弧相关的 6 条三角线之间的相互关系。为了纪念他的成就，月球上的阿布·瓦法陨石坑就是以他的名字命名的。

　　阿拉伯数学家出自天文学研究的需要，一直在不断地完善三角学和三角函学表。13 世纪，纳西尔·丁·图西把三角形学从天文学中独立出来成为一个专门的学科。图西说服当时的蒙古统治者胡列古汗建造了一个天文台，从而通过观察编制了精确的天文表。根据当时最先进的天文台的观测结果，图西制作的行星运行表非常精确，他的行星系统模型被认为是那个时代最先进的并得到了广泛应用，直到后来哥白尼提出日心说。

　　阿拉伯人在几何学和大地测量方面的卓越贡献源自宗教朝拜的需要。他们需要知道任何一个地方相对于圣地麦加的方向，从而让朝圣者能朝向圣城进行朝拜。阿拉伯的几何学家们采用立体投影的方式制作出了一个球面的平面图，后来托勒密和阿波罗尼奥斯用到了该图。

　　从 9 世纪开始，阿拉伯人喜欢使用星盘这种由古希腊人发明的天文仪器。它由一组金属圆环相互嵌套而成，分别表示太阳、月亮和行星的位置。通过简单地转动不同的圆环，就可以代替繁杂的计算来标示出天体之间的位置关系。星盘不仅可以用在天文学上，而且可以用来计时、导航、测量和三角定位。

　　希腊人和阿拉伯人关于几何学的知识在 11 世纪开始通过大量翻译成为拉丁文的阿拉伯著作传入欧洲。欧洲人更是对星盘充满热情，星盘成为他们主要的导航仪器，直到 18 世纪六分仪的出现为止。虽然中世纪的欧洲学者翻译了希腊人和阿拉伯人的三角学和几何学著作，但他们自己并没有什么创新。直到文艺复兴时期，三角学才得到进一步的发展。

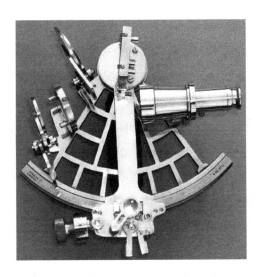

六分仪

普鲁士数学家约翰内斯·穆勒于 1533 年出版的《三角学大全》是第一部关于三角学的著作，它包括了所有关于平面三角形和球面三角形的知识，成为当时最具影响力的三角学著作。他的贡献对后来哥白尼创立日心说有很大的帮助。哥白尼的研究还得到了另外一位普鲁士数学家乔治·雷蒂库斯的帮助。雷蒂库斯摒弃了传统三角函数以圆的弦为基础进行研究的方法，让三角学完全建立在三角形之上。不幸的是，他没能完成自己的工作就去世了，他的一个学生最终代替他完成了这些工作。

古代朴素的宇宙观

古人通过对夜空简单直观的观察，产生了原始朴素的地心说，自然而然地把地球作为宇宙的中心，太阳、月亮和其他星体都围绕着地球旋转。在对夜空的观察中，人们首先发现了天体之间的相对位置大多是固定不变的，于是产生了星座的概念。人们还发现，虽然天体之间的相对位置大多是固定不变的，但整个星空在夜晚不停地移动着。唯一固定不动的星星就是北极星，它永远固定在北方的夜空中，一动不动。

在进一步观察和经验积累的基础上，古人还认识到太阳在天空中的位置十分重要。它会告诉人们什么时候耕种，什么时候下雨，什么时候收获。换句话说，太阳的位置标志着四季的变换。

但是，想观察到太阳和其他星星之间的位置关系十分困难，因为明亮耀眼的阳光把其他星光都遮挡住了。聪明的古代天文学家通过月食来判断太阳的运行轨迹。当太阳、地球和月亮在一条直线上时，月亮正好处于与太阳相对的位置上，所以，月亮的位置正好是 6 个月后太阳将会到达的位置。这样的认识让古代天文学家可以记录太阳在一年中不同时间的位置。经过对月食 700 年的观察和统计，人们得到了十分精确的太阳运动轨迹。

通过对太阳和星星运动的观察，古代天文学家发现有一些星星的位置并不是固定的，它们在不断移动。古希腊人把它们称为"漫行者"，这后来演化为"行星"一词。古代天文学家认为，既然太阳的位置对地球的影响巨大，那么这些绕着地球运动的"漫行者"也会或多或少地对地球产生一定的影响。于是，他们开始关注这些行星的运动轨迹，并试图了解它们与地球的关系。

他们在观察中发现这些行星并不是绕着地球在一个完美的圆形轨道上匀速运行。它们似乎经过一段时间就会慢下来，甚至还会退行而去。这让当时的天文学家大惑不解，成为亚里士多德提给当时的天文学家和数学家的一个难题。我们今天知道，这种现象的产生是因为其他行星和地球一样都在围绕太阳的椭圆形轨道上运行。它们相对于地球的位置不同，运动速度也不一样，因此，相对于它们运动的地球上的观察者就会看到它们时远时近、时进时退。

第一个对这一现象进行解释的是古希腊天文学家和数学家萨摩斯。他提出了第一个已知的日心说模型，将太阳置于已知宇宙的中心，地球围绕着它运转，其他行星根据到太阳的距离按顺序排列。萨摩斯生于公元前 310 年。他建议说，也许火星并不是绕着地球运转，火星和地球可能都是绕着太阳运转。这样，观察到的问题就完全可以解释了，但在当时没有人相信他。地球怎么可能绕太阳运转呢？那样的话，地球要以多么高的速度运行呀！可是我们为什么完全感觉不出来呢？所以，这是不可能的，地球是固定不动的，它是宇宙的中心。

古人的宇宙观

于是，人们开始另辟蹊径。最后，佩加的阿波罗尼奥斯找到了一个解释的方法。他认为，像火星这样的行星实际上在围绕地球的圆周上，以重复另外一个小圆周的方式不断地运行着，这就让我们觉得它好像时远时近，一会儿前进一会儿后退。他的奇思妙想在地心说的基础上勉强解释了观察到的现象，被当时的人们所接受。

观察到的另外一个无法解释的现象是四季的长度并不一致。古代天文学家知道夏至和冬至太阳的位置，这两个点正好处于圆形轨道上的相对位置，进而可以得到春分点和秋分点。季节就由这四个点划分而成。如果太阳围绕地球在一个完美的大圆形轨道上运行，那么四季的长度是一致的，但事实上不是这样。冬天较短，夏天较长，彼此相差四天有余。为了解决这个问题，一个办法是让地球的位置稍微偏离圆心一些，这样就使太阳在绕地球运转的过程中周期性地改变它到地球的距离。古希腊天文学家希帕克斯在研究这个问题时，试图计算出地球应该偏离圆心多少，从而发明了三角学这门用于计算弦长的学问。

取一个圆上的一段圆弧，如何得出这段圆弧两端所连直线的长度（即弦的长度）？这成为了三角学的基本问题。首先，我们需要确定如何衡量圆弧。根据古巴比伦的传统方法，我们可以用旋转的角度来衡量圆弧。古巴比伦人把圆分成360度，这大概是因为太阳绕地球一圈（现在我们知道其实是地球绕太阳一圈）大约需要 360 天。

中国古人的划分更为精确，他们把圆划分为 $365\frac{1}{4}$ 度，但这让计算圆周的各种问题变得有些复杂，所以 360 度的折中方法最终被广泛采用。

1 度被进一步细分为 60 分。"分"这个词来自拉丁语，意思是"一个小的部分"。1 分又被进一步划分为 60 秒。所以，我们今天关于时间的定义来自对圆弧长度的角度划分，也就是太阳在天空中移动的角度。

有了圆弧角度，我们要找出弦的长度，也就是一段圆弧所跨的线段的长度。这将决定于圆弧的半径是多少。不同的半径对应于不同的弦长。如果我们取一段 90 度的圆弧（一个圆的四分之一），那么这段圆弧所对应的弦长为半径乘以 $\sqrt{2}$。

找出弦长是三角学的起源，三角学就是研究这些弦长的学问。我们今天的正弦概念不是出自古希腊早期的三角学研究，古希腊人的研究对象是弦。正弦的概念来自印度，印度天文学家继承和发展了古希腊天文学家的三角学并形成了我们今天所熟悉的三角学。他们用半弦取代了整弦，并取名为正弦，并发展出一套正弦函数。正切的发明则是阿拉伯天文学家的贡献。希帕克斯不仅发明了三角学，还编制了第一个三角函数表。

托勒密的太阳运行理论

在希腊时期，托勒密是最伟大的天文学家，同时也是那一时期最伟大的数学家之一。他生活在公元 2 世纪。在希帕克斯研究的基础上，托勒密根据自己的研究成果写成了天文学大作《天文学大成》，这是一部可以和欧几里得的《几何原本》相提并论的天文学巨著。《天文学大成》从三角学和弦的预备知识开始，详细讲述了关于太阳运行的理论。他把太阳运行的轨道定义为圆形，但把地球定位在稍微偏离圆心的位置。托勒密还讨论了日食和月食，并指出恒星和宇宙确实是固定不动的。他给出了五大行星的轨道，还构造了一个行星周期，使得这些星体的运动可以满足一定的规律。然而，托勒密的模型被理解为计算模型而非实际模型，因为它并不总是与实际观察吻合。但用这一模型来重现行星运动在当时是最成功的一次尝试，而模型的误差在当时被认为是观察技术带来的误差，因而该模型被普遍接受，没人质疑。

托勒密

　　希腊天文学家托勒密进一步发展了希帕克斯的工作。在《天文学大成》中，他编制了更加完善的三角函数表，并以不太严格的方式定义了反正弦函数和反余弦函数。他给出了从 0 度到 180 度每间隔半度的值（精度达到了 1/3600），相当于一个正弦表从 0 度到 90 度每间隔 1/4 度的值。托勒密利用了欧几里得的公理系统，专注于平面三角形来开发他的围绕地球运行的天体模型。

　　自托勒密的《天文学大成》问世以来，以前的天文学著作都被人们抛诸脑后。阿拉伯天文学家更是把它翻译成阿拉伯语，并由阿拉伯语进一步翻译成拉丁语传入欧洲，其权威地位一直延续到 16 世纪。

　　托勒密的众多贡献之一就是他创建了一个精确到 1/4 度的正弦函数表，使人们可以通过圆弧的长度（角度）来查找其对应的弦长。这在当时是十分了不起的。他从一些比较容易计算的弦长开始。在计算弦长的时候，先要确定圆的半径，同时以度为单位度量弦长和弧长。在一个 360 度的圆周上，我们需要一个 360 被 2π 所除的半径，这大致对应于 57 度（准确地说是 57 度 17 分 45 秒）。但这样计算十分困难。于是托勒密把圆周的计算统一到分上，这样半径的值大约为 3438 分。托勒密知道 70 度的弦长的值，也知道 60 度的弦长的值，还知道如何在已知两个圆弧的弦长的条件下计算一个给定圆弧的弦长。这很类似于今天求角度和正弦函数的公式。这样，他就能求得（例如）12 度的弦长的值。用同样的公式，他就可以求出给定圆弧的弦长，求出这个圆弧的一半的弦长。例如，当知道 12 度的弦长时，他就可以求出 6 度、3 度和 3/4 度的弦长。

但是，这并不能让他得到 1 度的弦长。于是，他通过近似的方法，用非常小的圆弧去逼近 1 度的弦长。当得到 1 度的弦长后，他就能够得到 1/2 度的弦长。最终，他就建立起了一个依次相差 1/2 的弦长函数值表。我们知道，1/2 度的弦长对应于我们今天的 1/4 度的正弦值。托勒密就这样建立了最早期的精度为 1/4 度的正弦函数值表。

托勒密生活和工作在罗马帝国统治下的埃及的亚历山大，关于他的生平的记述并没有被保留下来。他关于三角学的著述是最早流行于欧洲的三角学理论，被沿用了许多世纪。他的地心说模型一直没有受到挑战，直到哥白尼日心说的出现。

印度的三角学

希腊天文学传播到印度后，极大地促进了印度天文学家的研究。印度人在继承了希腊三角学的基础上，把三角学发展到了一个崭新的阶段。奇怪的是，在流传到印度的希腊天文学著作中，似乎并没有托勒密的《天文学大成》。

印度的第一部伟大的天文学著作是《太阳语》，是在公元 4 世纪至 5 世纪用梵文写成的。它描述了计算各个行星和月球相对于各个星座运动的规则，并计算了各种天体的轨道。在第 2 章中，它还给出了计算弦值的方法。在这部天文学著作中，希腊人在三角学中使用的弦被半弦所取代，后来欧洲的数学家代之以正弦的概念。

印度天文学家同时也研究了余弦。

关于正弦名称的来源还有一段历史故事。最初，印度天文学家顺其自然称之为"半弦"，后来他们将其简称为"弦"，但意思是"半弦"。"弦"传到阿拉伯天文学家那里后，发音有些变化，书写成阿拉伯语后，西方人误认为是"乳房"。这显然太不雅观，于是他们决定用一块遮挡乳房的布来代替乳房的称呼。遮乳布在拉丁语中是 sinus，在英文中最终变成了 sine。

阿耶波多是出生于公元 476 年的印度天文学家和数学家。他生活在古普塔王朝时期，他所在的地方正是当时天文学研究的中心。虽然他并没有看到托勒密的《天文学大成》，但他同样使用半径为 3438 分的圆来研究三角学的弦值，同样达到了 1/2 度的精度。他的研究涉及一个十分重要的问题：三角内插法。如果你有一个数值表，那么你如何利用这个数值表获得一些中间值呢？一个自然的方法是，如果你有一个位于两个给定值中间的值，你就可以用这两个给定值的输出值的中间值作为那个中间值的输出值。

假设我们有一个数值表，当输入值是为 1，2，3，4 时，输出值为 1，3，7，13。如果我们有一个输入值是 $2\frac{1}{2}$，那么输出值是多少呢？$2\frac{1}{2}$ 是 2 和 3 的中间值，这意味着输出值应该是 3 和 7 的中间值，所以 5 就是逻辑结果。这就是所谓的线性插值法。我们假设这样的关系是在一条直线上发生的，通过进一步观察会发现输出值在不断增大。1 和 3 之间的差值是 2，3 和 7 之间的差值是 4，7 和 13 之间的差值是 6。这些差值本身也在不断增大。阿耶波多不仅研究了这些差值，而且注意到了这些差值之间的差值，进而改进了他的三角内插法。

我们进一步观察数值表后发现，随着输入值不断增大，输出值也越来越大。$2\frac{1}{2}$ 和 3 之间的数的输出值应该大于 2 和 $2\frac{1}{2}$ 之间的数的输出值。在输出值上，我们需要更大的差值。如何来确定输出值，使它们满足增大的幅度呢？这就引发出了二次插值的概念。现在在我们不再只是简单地考虑输出值应该线性增加多少，而应使用更加专业化的方法进行插值。这种方法来自另外一个印度天文学家和数学家婆罗门笈多。他向人们展示了如何对任一个函数使用二次插值法。这样，当你知道了数值之间的差值和这些差值之间的差值后，你就能够通过它们求出其他更进一步的数值之间的差值。

婆罗门笈多是一位非常重要的天文学家和数学家。公元 598 年，他出生于比拉马拉（今天印度拉贾斯坦邦的宾马尔）。当时，比拉马拉是古吉拉特的首都。古吉拉特是印度西部第二大王国，也是数学和天文学的研究中心。婆罗门笈多是那里的布拉马帕克沙学校的天文学家，该学校是印度天文学的四大学派之一。

公元 628 年，30 岁的他创作了《婆罗门历算书》。据说这是他对前人作品所做的一个修订版，但他在修订中大量融入了自己的独创性见解，增加了大量的新材料。这本书由 24 章组成，共 1008 节，其中关于数学的章节涉及代数、几何学、三角学和算法。他还是印度第一个知道如何使用零和负数的人。

三角学的进一步发展

三角学的进一步发展源自印度最后一位伟大的天文学家巴斯卡拉·阿查里雅。他生于 1114 年，死于 1185 年。他也对正弦和余弦函数表中的插值多项式感兴趣。他考虑了正弦函数的变化率，从而发明了寻找最佳多项式求正弦值的方法。他意识到了正弦函数和余弦函数之间的关系。如果你知道一个数的正弦值，同时也知道它的余弦值，那么你就可以进行二次估值。这为理解二次多项式提供了新的视角，因为过去人们都是通过计算面积来认识和理解二次多项式的。现在利用多项式进行插值，容易计算出数值表中缺失的那些数值，而一旦有了二项式方法，三项式以及多项式方法的出现就顺理成章了。

古希腊人在遇到三次多项式时就止步不前了，因为他们认为更高维度（四次方程、五次方程等）的事物在现实世界中是不存在的，因而没有进一步研究的必要。但插值法让人们看到了高维度在数学计算中的作用和意义。虽然当时人们还不知道这些不同次数的多项式是从何而来的，但它们似乎是发展关于一般次数（维度）的多项式的想法的一个重要来源。

天文学家和数学家们把巴斯卡拉·阿查里雅关于三角函数的基本思想发扬光

大，他们研究这些数值的变化率、它们的变化率的变化率以及变化率的变化率的变化率。像巴斯卡拉·阿查里雅当初提出二次多项式来求正弦函数的最佳估值那样，他们进一步提出了关于三次多项式、四次多项式以至更高次多项式的方法。这引发了后来的无限次多项式研究，今天我们称之为幂级数，这已成为数学分析中的一个重要概念。这些都源于 14 世纪的印度，但不幸的是这些研究后来都遗失了。当时印度的天文学家没有与外界交流他们的这些重要研究成果，以致到了 17 世纪，欧洲人重新研究它们。另外，他们求正弦函数值的精度已经超出了天文学的实际需要，因为天空中两个星体之间的度量精度不会超过 2 分。这也让当时关于多项式的进一步研究变得曲高和寡、无人问津，因此，许多研究成果渐渐遗失于历史长河之中。

当时，除了天文学外，人们还不知道如何在其他领域运用正弦函数和余弦函数。直到 19 世纪，英国考古学家才发现了几百年前印度天文学家的研究成果，意识到其实早在 14 世纪的印度，由三角函数开启的多项式研究就已经达到了相当高的水平，后来欧洲的数学家不过是把印度天文学家的研究重新进行了一遍而已。

三角学进入中国始于明代崇祯四年（1631 年），这一年徐光启等合编了我国第一部三角学著作《大测》。当时有一个叫玉涵（字函璞）的瑞士人，他在万历年间来到中国，崇祯二年在徐光启的推荐下参与合编工作。他们在编写《大测》时主要参考了德国皮提斯卡斯的《三角法》和荷兰斯泰芬的《数学记录》。这部著作在成书后被收入《崇祯历书》，后又被收入《古今图书集成·历法典》。清朝初年，数学家梅文鼎编写有《平三角举要》和《弧三角举要》各五卷，这是当时两部较好的三角学入门著作。

三角学和几何学的进一步发展开始涉及代数，并慢慢地发展出了代数几何学，从而向一个新的方向发展。这种本质上的变化让三角学变得更加理论化，从研究现实世界的形态转向研究抽象的几何形态，后来还涉及虚数和复数领域。与此同时，三角学的应用也有了蓬勃发展，精准的报时钟表、更加先进的导航方法、火炮以及在光学和天文学等方面的新应用比比皆是，也促进了三角学在新的方向上的发展。

　　三角形和圆在数学上密不可分地联系在一起，并且由于伽利略而引入了另外一种曲线——抛物线。圆、抛物线以及它们在空间中产生的各种有效形状把几何学从平面提升到了三维空间。我们将开始向无限进军，并最终将几何学从三维空间中解放出来，走进一个需要更加丰富的想象力的多维空间。

第 **4** 章 ▶▶▶

在圆之中

> 割之弥细，所失弥少。
>
> 割之又割，则与圆合体，而无所失矣。
>
> ——《九章算术》

我们所在的世界提供了推动数学发展的动力。地球是一个球体，地面上的天空就像一个倒扣的碗，这些都让圆和球面成为了早期几何学的核心。大自然的这些特点引出了人们在解释、描绘和构造我们身处的宇宙时所面对的挑战。我们如何在一个平面上展现三维空间？我们应该怎样把地球这个球面准确地描绘在二维图上？这些问题引出了关于维度和几何学的进一步的理论研究。尽管欧几里得几何学被人们接受已有两千年的时间，但人们也发现有时世界并不完全符合欧几里得几何学的描述。为了探索那些传统几何学所无法回答的问题，新的思维和模型打开了数学的新领域。

三角学建立在圆上

三角形和圆一起构成了天文几何学的基础，天文学问题通过在圆拱形天空上画出想象中的三角形来加以研究。伽利略的弹道模型给三角学带来了另外的曲线，引入了三角函数和圆锥曲线的联系。圆锥曲线是通过用平面切割一个锥体而得到的曲线。事实上，在早期几何学里，三角形和曲线一直密不可分。三角函数表最初都是通过在圆内的三角形利用直径和弦来定义的。角度也是通过在定义为 360 度的圆内旋转来度量的。

　　早期，圆具有神秘的宗教色彩。圆是完美无缺的，没有角，没有边，也没有开始和结束，被认为是最完美的形状，自然界里到处可见。几千年来，人们知道圆的直径和周长的比例是一定的，并给予了这个比例特殊的意义。现在人们公认圆周率的符号 π 来自瑞士数学家欧拉在 1737 年对圆周率符号的定义，但第一个使用它的人是 18 世纪的威尔士数学家威廉·琼斯。π 是一个无理数，是一个有无穷多位的小数。

　　古巴比伦人通过在一个圆内构造多边形去逼近圆求得 π 的近似值是 3.125。公元 3 世纪中期，魏晋时期的数学家刘徽采用类似的割圆术，为计算圆周率建立了严密的理论和完善的算法，求出 π 为 3.1416。阿基米德使用了一种更加专门化的方法，他用圆内的内接多边形和外切多边形来"内外夹击"，更加准确地逼近圆周率的值。他还发现圆的面积可以通过圆的半径的平方乘以 π 得到。中国、印度和阿拉伯数学家都独立地计算出 π 的近似值，但阿基米德的方法最先进。牛顿采用二项式定理把 π 计算到了小数点后第 16 位。

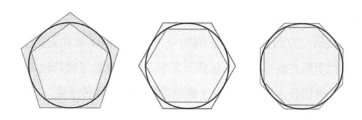

计算圆周率的逼近方法

　　今天，通过计算机已经可以把 π 值的精度提高到 10^{-12}。不过，高精度实际上并没有太大的意义，如果地球的周长用它的半径乘以一个精确到小数点后第 10 位的 π 值来计算的话，其结果的精度就可以达到 1/5 毫米。

　　要想化圆为方，那几乎是不可能的事情。化圆为方作为古希腊几何学的一道难题，长久以来一直困扰着数学家们，没有人能够用圆规和直尺来把圆变成正方形。

古埃及的一个叫阿赫梅斯的人给出过一种方法，利用这种方法几乎可以构造出一个面积与圆的面积近似的正方形。他用一个圆的直径的 8/9 作为一个正方形的边，从而得到一个面积和圆的面积相近的正方形，但这也只是近似而已。这个看似简单而无人能解的谜题，让许多数学家和数学爱好者痴迷不已，但整个 18 世纪都没有人找到解决这个问题的办法，也不明白为什么。直到 1880 年，德国数学家卡尔·刘易斯·冯·林德曼证明了 π 是一个超越数。

超越数是无理数中的一个特殊类型。一个超越数不能用代数式来表达，也就是说超越数不是有理系数多项式方程的根。超越数证明了一些数的小数部分的长度不仅是无限的，而且其形式是不可预测的。由此，他证明了不可能用圆规和直尺来化圆为方。

曲线和曲面

圆不是唯一的曲线。在圆和圆弧被作为第一种曲线来研究的同时，另外三种曲线也引起了几何学家的注意。它们就是抛物线、椭圆和双曲线。据说古希腊数学家米奈克穆斯是最早发现它们的人。因为它们都可以通过切割一个圆锥而得到，所以它们也被称为圆锥曲线。

在圆锥曲线研究方面首先产生影响的是古希腊几何学家和天文学家阿波罗尼奥斯。阿波罗尼奥斯在许多领域（包括天文学）的研究除了被其他人零星引用外，大部分著作都没有留存下来，只有关于圆锥曲线的论述流传至今。

他在年轻的时候来到亚历山大，和欧几里得的追随者们一起学习，后来就留在了那里从事教学与写作。从欧几里得和阿基米德关于圆锥曲线的理论开始，阿波罗尼奥斯把它们带到了解析几何出现之前的状态。他对椭圆、抛物线等概念的定义沿用至今。他的研究为把曲线定义为笛卡儿坐标系上的二次函数奠定了基础。例如，最简单的抛物线可以用代数方式描述为 $y = x^2$，这里 x 为横坐标，y 为纵坐标。1800 年以后，笛卡儿通过对照阿波罗尼奥斯关于移动点及其与固定线段之间的关系的定理来检验自己的解析几何学。

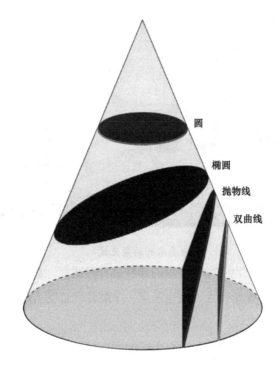

圆锥及其截面

　　阿拉伯和文艺复兴时期欧洲的数学家在研究锥体方面都受到了阿波罗尼奥斯的影响。虽然阿拉伯数学家找到了一些计算锥体体积的方法，但真正有所突破的是波斯数学家莪默·伽亚谟。在利用三次函数解决锥体问题方面，他在一定程度上配合了笛卡儿，把几何和代数结合在了一起。文艺复兴时期对阿波罗尼奥斯研究的重新发现，为光学、天文学、绘图学等许多应用科学的发展奠定了基础。

　　光学成为曲线和曲面研究及应用的一个主要领域。公元前 200 年，古希腊数学家狄奥克莱斯演示了抛物面镜可以将光线聚焦到一个点上，并提出了有可能获得具有相同属性的透镜，成为第一个证明抛物面的焦点属性的人。据说阿基米德根据这种光学属性制作出了可以会聚光线的镜子，用它来照射敌人的战舰引起燃烧，从而摧毁敌舰。抛物面的聚焦属性被用在了伊斯坦布尔的圣索菲亚大教堂的穹顶设计上，使得教堂内部在一天的任何时间都有光线照射进来。

阿基米德的聚光镜

一些阿拉伯科学家也对抛物面镜的属性进行过研究。数学家伊本·阿尔-海什木发现了凸面镜的光学特性，他也是第一个解释和证明人眼视觉产生于大脑而不是眼睛里的人。

同样的原理也适用于声音。北京天坛的回音壁、伦敦的圣保罗大教堂都利用了这些原理，一个人在一边喃喃自语，另一边的人就可以听到。当今卫星的天线、太阳能聚光板都利用了抛物面的聚光属性。在医疗手术中，同样的几何学原理被用来把微波聚焦到人体器官或结石上，实现定点操作。

天坛回音壁

伽利略对弹道的研究和开普勒对天体运动的研究都是早期对圆锥曲线的应用。开普勒发现地球的运行轨道是一个椭圆，而太阳位于这个椭圆的一个焦点上。

"现代科学之父" 伽利略

伽利略于 1564 年 2 月 15 日出生在意大利的比萨。年轻时，伽利略认真考虑过圣职，但在父亲的敦促下，他于 1580 年到比萨大学攻读医学学位。1581 年，他注意到了一盏摆动的吊灯，吊灯沿越来越大的弧线运动。在他看来，吊灯来回摆动的时间似乎相同，无论摆幅有多大。当回到家中后，他设置了两个长度相等的钟摆，让其中一个大幅摆动，让另一个小幅摆动，结果发现它们摆动的时间一致。伽利略一直有意远离数学，因为医生的收入比数学家高。然而，在意外地参加了一场关于几何学的讲座后，他请求他不情愿的父亲让他学习数学和自然哲学而不是医学。

伽利略

伽利略通过实验和数学的结合，为运动科学做出了原创性的贡献。伽利略的学生曾回忆说，为了观察和实验，伽利略从比萨斜塔上抛下用相同物质制作的不同质量的球，以证明它们的下落时间与质量无关。这与亚里士多德的观点截然相反。亚里士多德认为，重物下落的速度比轻物快，速度与质量成正比。不仅如此，伽利略还打破了当时以亚里士多德思想为基础的传统，当时的做法是对自然现象进行定性的解释而不是定量的描述。伽利略相信自然法则能够用数学语言来描述，在科学中应该全面应用数学。他的发现都基于精心设计的实验，他还将他的发现用数学公式来进行总结。他认为，落体的速度与下落的距离直接成正比。

伽利略进一步断言，在没有空气阻力和其他干扰的情况下，抛物线是理论上的弹射轨迹。他把飞行物体所受的力分解成垂直和水平两个方向上的力，为牛顿后来的研究奠定了基础。伽利略意识到他的这一理论并不完美，但他坚持认为火炮射程的计算误差以及弹道轨迹相对于抛物线的偏差都非常微小。这一研究进一步发展为后来的弹道学。

1638 年，伽利略出版了《关于两门新科学的对话》，虽然这时的他已经因为宣传"异端邪说"（日心说）而被软禁，但他的著作还是在荷兰得以出版。这部著作完整地收录了他用数学方法总结的物理定律。根据史蒂芬·霍金的说法，伽利略对现代科学的诞生可能比任何人都承担起了更多的责任。爱因斯坦更是称他为"现代科学之父"。

开普勒的天空

1571 年，开普勒生于德国的一个名叫韦尔德斯塔德的小镇。他在小时候看到的彗星和月食让他对天文学产生了浓厚的兴趣。天花给开普勒留下了弱视和手跛的毛病，但他还是成功地进入了大学深造。他学习了托勒密系统和哥白尼行星运动系统，后来成为哥白尼的辩护者。依靠自己的天赋和努力，他成为了杰出的数学家和天文学家，在 23 岁就做起大学教授来。

在教书期间，他因为对各种形状的镜面反
射感兴趣，就研究了古希腊人提出的圆锥曲线理
论。他意识到，正多边形是由一个内切圆和一个
外接圆按一定比例决定的。他由此推理说，这可
能是宇宙的几何基础。开普勒开始研究三维多面
体。他发现，在 5 个柏拉图正多面体中，每一个
都可以通过球体来嵌套。每个正多面体都被包裹
在一个球体中，彼此嵌套将产生 6 层关系，对应
于已知的 6 颗行星（水星、金星、地球、火星、
木星和土星）。通过有选择性地构造这些正多面
体，开普勒发现，球体可以按与每颗行星轨道的

开普勒

相对大小所对应的时间间隔来放置。开普勒据此在他的《宇宙的奥秘》一书中构
造出了一个嵌套柏拉图多面体模型，尝试用它来解释行星间的相对位置关系。最
外面的球面代表土星的轨道，球面的里面有一个立方体，立方体的内切球面给出
了木星的轨道，而最里面的球面则是水星的轨道。

丹麦天文学家第谷·布拉赫邀请开普勒做自己的助理，帮助计算行星运行的
轨道。第谷·布拉赫是丹麦国王的好友，国王赏赐给他一座小岛。他在岛上修建
了自己的天文台，进行了大量的天文观测。这些观测使他形成了一套介于哥白尼
日心说和传统地心说之间的天体理论。在研究椭圆和圆以及分析第谷·布拉赫的
大量天文观测数据的过程中，开普勒总结出了历史上最重要的科学推论之一——
行星运动定律。

开普勒的行星运动定律指出：（1）地球在一个椭圆形轨道上绕太阳运行，太
阳则位于这个椭圆的一个焦点上；（2）行星和太阳的连线在相等的时间里扫过相
等的区域（面积）；（3）一颗行星的轨道周期的二次方与其轨道半主轴长度的三次
方成比例。

开普勒把行星和太阳的连线扫过的区域看成一系列小三角形的累积。这种把
许多小三角形累加起来的数学概念是后来积分学的雏形。莱布尼茨和牛顿都是在

此基础上进一步发展出微积分理论的。

开普勒进一步分析第谷·布拉赫的天文观测数据，他发现日食和月食有一些无法解释的现象，如令人意外的阴影、月全食的红色以及日全食周围的异常光线。他在 1603 年暂停了其他工作，专注于光学理论研究，提出了平方反比定律。这个定律解释了光的强度、平面镜和曲面镜反射原理以及视差等。他还将光学研究扩展到人眼。神经学家普遍认为，他是第一个认识到图像投影倒置并呈现在视网膜上的人。

他还认为，如果允许圆锥曲线的焦点移动，几何形状将发生变化或退化，由一个变成另一个。这样，当焦点向无穷远处移动时，椭圆就变成了抛物线；当椭圆的两个焦点合并在一起时，就会形成一个圆；当一条双曲线的两个焦点合并在一起时，双曲线就变成了一对直线。他还假设，如果一条直线无限伸展下去的话，它的两个端点将在无穷远的一个点上相遇，从而具有一个大圆的属性。

尽管开普勒和伽利略是同一时代的人，但他们两人从来没有见过面。1597 年，开普勒把自己的著作《宇宙的奥秘》寄给了伽利略，但那个时候伽利略对公开支持哥白尼的日心说表示不安，并且他对开普勒本人似乎也并不友好。据说他拒绝赠送给开普勒一架望远镜和自己的著作。虽然以凸透镜作为物镜和以凹透镜作为目镜而组成的伽利略望远镜能够形成正像，但视场小，而且不易安装，瞄准困难，因此，它在天文观测中的用途不大。

开普勒深入研究并了解了望远镜的工作原理，对折射式望远镜做了重大改进，设计了开普勒望远镜。他以凸透镜作为目镜，能够获得较大的视场，也方便安装，容易瞄准。1613 年，他制造出了第一架开普勒望远镜。开普勒提高了天文望远镜的观察倍数，成功地观测到月亮的表面不是光滑的，月亮上有山脉和凹谷。他观测到金星与月亮具有同样的运行规律，而木星有它自己的卫星。他还观测到了土星环，土星环看上去像土星侧面鼓起来的两个圆盘。他由此设想土星是一个三体行星。开普勒望远镜到 17 世纪中叶已经被天文学家们普遍采用。开普勒关于望远镜的理论被他写入在 1611 年出版的《光学》一书中。

开普勒并没有像伽利略那样傲慢和自大，也没有公开挑战教会，所以没有受到教会的严厉迫害，得以比较自由地开展研究工作。只要不向宗教权威挑战，他就可以著书立说。开普勒是近代自然科学的开创者之一。在天文学领域，如果没有他，日心说的命运在当时就很难说。他的三大行星运动定律奠定了经典天文学的基石，为牛顿数十年后发现万有引力定律铺平了道路。开普勒对天文学的贡献几乎可以和哥白尼相媲美。

如同伽利略奠定实验力学的基础一样，开普勒奠定了近代实验光学的基础。他看到光从已知光源呈球状辐射出来，凭直觉提出了亮度随距离增大而降低的平方反比定律。

开普勒在几何学上的建树充分表现在他于 1615 年出版的《葡萄酒桶的立体几何》一书中。在这本书中，开普勒用无穷大和无穷小的概念来代替古老而烦琐的穷尽法。他的方法远远超过了阿基米德度量体积的方法。他设想一个由无数个三角形构成的圆，其中每个三角形的顶点都位于圆心，圆周由各个三角形无穷小的底边构成。同样，圆锥可以看成由大量具有共同顶点的棱锥所构成，圆柱由大量棱柱所构成。这些棱柱的底边构成圆柱的底边，它们的高就是圆柱的高。开普勒的方法为后来的积分学提供了基本思路。

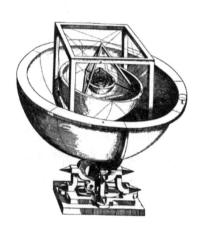

开普勒的宇宙模型

笛卡儿和解析几何

笛卡儿和费马在 17 世纪创建的解析几何为圆锥曲线研究进入现代时期铺平了道路。17 世纪以后，数学家不再用切割圆锥的方法来研究圆锥曲线，而是用代数函数的方法取而代之，让几何学进入了代数学的领域。

解析几何使用二维的平面直角坐标系来研究直线、圆、圆锥曲线、摆线、星形线等各种平面曲线，使用三维的空间直角坐标系来研究球面等空间曲面，同时

研究它们的方程，并定义了一些图形和
参数。因此，解析几何的灵魂是坐标系。
正是因为坐标系的出现，数学的两个分
支——几何与代数才第一次产生了联系。
数形结合思想的产生最终导致解析几何的
出现。那么坐标系是如何产生的呢？

笛卡儿

　　笛卡儿于 1596 年 3 月 31 日出生在法
国安德尔－卢瓦尔省的图赖讷拉海。他的
父亲是一位议员，负责立法等法律事务。
笛卡儿体弱多病，所以小时候他有一个健康孩子所没有的特权，那就是睡觉可以
睡到自然醒，然后再去上课，但他的天赋让他躺在床上也能掌握数学知识和技巧。

　　大学毕业后，笛卡儿继承父业，当了一名律师，然后又去从军。在军旅生涯中，
他保持了对数学的热爱，后来的很多数学思想都是在他当兵时产生的。他的名言
"我思故我在"就是一天夜里他在营地里梦到的。随着笛卡儿对数学研究得越来越
深入，他开始察觉到几何与代数之间的"隔阂"。代数总是受法则和公式的限制而
不直观，缺乏活力。笛卡儿想，有什么办法能使几何与代数之间产生联系，甚至
可以相互转化？既然古希腊的哲人们常常用图形来解决代数求解问题，那么有没
有通用的方法把代数和几何完美地结合在一起。只要空闲下来，他就会躺在床上
默默地思考这个问题。

　　据说，有一次笛卡儿躺在床上望着天花板发呆。他看到一只小小的蜘蛛从墙
角慢慢地爬过来，吐丝结网，忙个不停。小蜘蛛从东爬到西，从南爬到北，这样
一张网在蜘蛛的爬行过程中形成了，蜘蛛成了网上的一个动点。笛卡儿的脑中灵
光一现，他立即起身拿起纸和笔。他把蜘蛛看成一个在网格间运动的点，蜘蛛运
动的轨迹就是一条在网格上形成的曲线。怎么确定这个点离墙角有多远，离两边
的墙有多远？他不断地思考着。

　　功夫不负有心人。笛卡儿在不断的思索中找到了一种新的方法：假设有两
条互相垂直的直线，那么一个点就可以用它相对于这两条直线的不同距离来定

位，也就是说可以用两个数值（坐标值）来表示。于是，为了描述平面上的一个点，他用两条标有单位的相互垂直的直线（数轴）作为参照系，并将横轴命名为 a 轴（我们现在称为 x 轴），将纵轴命名为 b 轴（我们现在称为 y 轴）。笛卡儿坐标系统诞生了。通过这种方法就可以用数形结合的方式将代数与几何联系起来。

1637 年，笛卡儿出版了他的著作《几何学》，这本书共分三卷：第一卷讨论尺规作图；第二卷介绍曲线的性质；第三卷介绍立体和"超立体"的作图方法，但实际上这是代数问题，主要探讨方程的根的性质。后来的数学家和数学史学家都把笛卡儿的《几何学》作为解析几何发展的起点。《几何学》的中心思想是建立起一种"普遍"的数学，把算术、代数和几何统一起来。他想把任何数学问题转化化为代数问题，再把任何代数问题归结到求解方程式。

笛卡儿坐标系指出了平面上的点和实数对 (x, y) 的对应关系。x 和 y 的不同数值可以确定平面上许多不同的点，而这些点形成了坐标系统中的一条曲线，这样就可以用代数的方法研究曲线的性质。首先在平面上建立坐标系，使点的坐标与有序实数对相对应。然后，平面上的一条曲线就可以由一个带有两个变量的代数方程来表示了。这就是解析几何的基本思想。

解析几何又称为坐标几何或卡氏几何，早先叫作笛卡儿几何，是一种借助解析式进行图形研究的几何学分支。解析几何的出现同时也引入了一系列新的数学概念，特别是将变量引入数学，使数学进入了新的发展时期。这在数学发展历史上称为变量数学时期。

就在笛卡儿发明平面坐标系的同时，另外一位大名鼎鼎的法国数学家费马也独立发明了三维坐标系。1607 年，费马生于法国的一个商人家庭。他其实是一位训练有素的律师，数学只是他的一个业余爱好，而不是职业，但这并不影响他成为伟大的数学家。在当时的欧洲，很多数学家都是律师出身。他在解析几何、概率论、数论和微积分方面都做出了杰出的贡献。

费马在研究方程式的图形描述时，产生了和笛卡儿相同的坐标系思想。不过，他通过增加另外一条垂直于 x 轴和 y 轴的 z 轴，进一步把平面坐标系发展成为三维立体坐标系，为研究空间中的曲面提供了强有力的手段。他还在研究变化率的过程中思考了函数的最大值和最小值问题，成为微积分思想的先导。牛顿曾说过，他早期关于微积分的想法直接来自费马绘制切线的方式。

费马对古希腊数学家丢番图情有独钟。他在研究丢番图方程的过程中形成了自己的数论理论，并提出了著名的费马大定理这个世纪数学难题。据说，他和笛卡儿有过一些交流，但他常常对笛卡儿的研究持批评态度。

解析几何可以分为平面解析几何与空间解析几何。在平面解析几何中，除了研究直线的有关性质外，主要研究圆锥曲线（圆、椭圆、抛物线和双曲线）的有关性质。在空间解析几何中，除了研究平面和直线的有关性质外，主要研究柱面、锥面、旋转面以及二次曲面。

解析几何运用坐标法可以解决两类基本问题：一类是满足给定条件的点的轨迹，通过坐标系建立它的方程；另一类是通过方程的讨论，研究方程所表示的曲线的性质。运用坐标法不仅可以通过代数的方法解决几何问题，而且把变量、函数以及数和形等重要概念密切地联系了起来。

在解析几何出现之前，几何与代数是彼此独立的两个分支。解析几何的建立第一次真正实现了几何与代数方法的联姻，将形与数统一起来了。一个代数式可以转换成坐标系中的几何图形，坐标系中的几何图形也可以转换为代数式。这是数学发展史上的一次重大突破。解析几何的建立对微积分的诞生有着不可估量的作用。笛卡儿和费马是 17 世纪上半叶的两位最著名的数学家，他们分别独立地发展出了解析几何这门将代数和几何联系在一起的学科。

多面体与立体几何

立体几何就是关于三维实体的几何学，随着人类建造比小屋更复杂的建筑而成为需要。古典数学家面临的三大数学难题之一就是如何把一个立方体的体积扩大 1 倍，这就是一个立体几何问题。

立体几何涉及测量一个三维实体的周长和体积。在古巴比伦人和古埃及人的

记载中就有与金字塔和酒窖有关的计算问题。柏拉图曾
提出 5 种每个面都相同的正多面体。

　　从公元前 500 年到公元前 300 年，雅典成为了希腊
最重要的文化中心，产生了苏格拉底、柏拉图和亚里士
多德等许多著名学者。虽然在人们的印象中柏拉图并不
是一位数学家，但他和亚里士多德一起为希腊数学的黄
金时代奠定了基础。

　　公元前 387 年，柏拉图在雅典郊外的一个名叫阿卡
德摩斯的英雄的墓地上建立了欧洲历史上第一所综合性
学校，并将其命名为阿卡德摩斯，即柏拉图学院。后来
阿卡德摩斯就成为了"学院"一词的来源。随着时间的

柏拉图

变迁，这个词逐渐具有了更多的含义，可以翻译为学术院、研究院、学园、学会、
学苑、书院等。柏拉图在这里进行写作和研究，该学院很快就变成了数学和哲学
活动的中心。

　　柏拉图的著作《蒂迈欧篇》（柏拉图的对话录之一）表达了他对数学的兴趣，
其中包括对 5 种正多面体的讨论。这 5 种正多面体是正四面体（三棱锥）、正六
面体、正八面体、正十二面体和正二十面体。它们的每个面都是相同的正多边形，
每个角都是一样的。在对话录中，柏拉图把宇宙和他的正十二面体联系起来，并
把另外的四个正多面体与土、空气、水和火这四种古希腊人认为是构成物质的元
素相联系。他认为这 5 种正多面体是构成物理世界的元素。柏拉图声称，地球是
由正六面体的粒子、正四面体的火、正八面体的空气和正二十面体的水构成的。
欧几里得在他的《几何原本》中肯定了柏拉图关于 5 种基本正多面体的看法。柏
拉图多面体也因此得名。

　　柏拉图的《曼诺篇》是苏格拉底和梅诺两位主要演讲者的对话录。柏拉图在
书中描写了这样一个故事：苏格拉底在沙土上画了一个边长为 2、面积为 4 的正
方形，然后他问身边的一个男孩，如何画出一个面积是这个正方形面积 2 倍的正
方形。

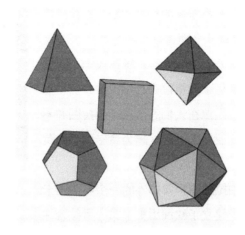

柏拉图多面体

这个男孩首先建议把苏格拉底画的正方形的每条边的长度都加倍，但这样得到的正方形的面积是 16 而不是 8。于是他又建议把每条边的长度由 2 变成 3，可这样画出来的正方形的面积是 9，比原来的正方形面积的 2 倍大。最后，聪明的孩子想出了一个办法，用原来的正方形的对角线作为新的正方形的边，这样得到的正方形的面积正好是原来的正方形面积的 2 倍，即面积是 8。

虽然柏拉图被认为是第一个定义了基本多面体的人，但事实上早在 4000 年前的苏格兰就有被刻成这些形状的石头。

像二维多边形可以被分割成一系列三角形一样，三维多面体通常也可以被分割成许多正多面体来计算体积。古埃及人已经掌握了计算立方体、锥体体积的方法，但一个不能被分割成正多面体的实体体积的计算十分困难。阿基米德曾经将一个不规则的实体浸入水中来计算其体积。

传统上，人们不认为球体是正多面体，因为它没有棱角、面和边。阿基米德最早证明了一个球体的体积和表面积是与其同高同宽的圆柱体积的 2/3。最早给出球体体积公式的人是中国古代数学家刘徽，祖冲之和祖暅指出一个球体的体积是 $\frac{4}{3}\pi r^3$（r 为球体的半径）。

自从建立了数学方法来计算正多面体的体积和通过把非正多面体分割成正多

面体的方式来求其体积以后，遗留下来的唯一问题就是如何求得那些不能被有效分割成正多面体的实体的体积。这个问题一直困扰着数学家，直到 17 世纪后期微积分的发明。

透视几何学与艺术

几个世纪以来，我们看待这个世界乃至宇宙的方法影响并激发着几何学的发展。几何学的发展不仅有助于我们观察物理世界的运行机制和理解光的作用，而且影响我们如何表达和构造我们所看到的物理世界。透视几何学主要研究物体和表示它们的方法的关系，源于研究物体的投影和人眼中物体距离的显现。

阿拉伯数学家伊本·阿尔－海什木在研究几何学时产生了他对光学的看法。他发展了欧几里得的研究成果，重新定义了平行线，并使用圆锥曲线来研究光的折射和反射。他获得了关于物体发光的十分精确的模型，描述了物体发出的光线如何散射出来，其中一部分可以被观察者的眼睛所捕捉。他还利用圆锥曲线来确定一个平面或曲面上的反射点。他的研究成果被翻译为拉丁文传入欧洲，并在文艺复兴时期对艺术的发展起到了革命性的作用，产生了线性透视法。

佛罗伦萨的建筑师和工程师菲利波·布鲁内莱斯基重新发现了早为古希腊人和古罗马人知晓的线性透视的建筑原理。他最著名的设计是佛罗伦萨大教堂的圆顶。这是自古以来一直难以实现的工程壮举。除了在建筑方面的成就外，布鲁内莱斯基也被认为是第一个描述线性透视精确系统的人。这一革命性的绘画技术为文艺复兴时期自然主义风格的形成开辟了道路。当从远处或不同的角度观察时，线条似乎会改变形状。他系统地研究了物体、建筑物和景观如何以及为什么会改变视觉效果。

布鲁内莱斯基在 1415 年至 1420 年之间进行了一系列实验，包括用正确的视角绘制韦奇奥宫的图画。他在实验中使用一块带有方形网格的画板和一块在眼睛的水平位置带有十字线网络和孔洞的木板。他透过孔洞和十字线网格观察目标对象的外观，然后一一对应地将其复制到带有方形网格的画板上。

佛罗伦萨大教堂的圆顶

　　利昂·巴蒂斯塔·阿尔贝蒂、皮耶罗·德拉·弗朗西斯卡和达·芬奇等艺术家进一步发展了布鲁内莱斯基的视角研究。按照布鲁内莱斯基等人研究的视角规则，艺术家们可以用十分准确的三维视角和现实主义风格来描绘想象中的风景和场景。这是 19 世纪以前艺术家们所遵循的标准绘画方法。

　　布鲁内莱斯基的早期研究主要是如何把有关建筑的应用数学和几何结构结合起来，而最早讨论如何在油画中应用透视法的是皮耶罗·德拉·弗朗西斯卡。出身于商人家庭的他对数学和绘画都怀有浓厚的兴趣，才华出众。他深受布鲁内莱斯基等大师的影响。皮耶罗对视角理论的研究及其对绘画的态度都充分体现在了他的作品中。1482 年，他完成了《论绘画中的透视》一书。在该书中，他把透视法的规则看成几何光学的一部分，而不仅仅是单纯的绘画技术。他认为，人眼是整个绘画的核心视点。绘画者的眼睛必须与油画的水平线等高，并聚焦在油画的没影点上。他还研究了立方体和柱体棱长的投影效果。

　　虽然透视法在他之前已经被应用在绘画之中，但他的研究把这种方法提高到了一个新的理论高度。正因为如此，很多人抱怨说他关于复杂图形的透视分析难以理解。此时，人们开始热衷于发明和使用各种观测仪器，以便在绘画时使用透视法来描绘物体。丢勒在他的《圆规直尺测量法》一书中展示了一些这样的观测仪器。这些仪器中的大部分用到了一根表示投影线的绳子，它与一个带有可移动的十字标志的金属线框相交。图像以点对点的方式画出。另外，他还介绍了一种带有四方格子的取景器，它可以起到坐标系的作用。这样的装置用于放大图像。

　　丢勒于 1471 年出生在现在德国的纽伦堡，他的父母都是匈牙利人。丢勒从小就显示出了非凡的艺术天分，开始学习绘画和雕塑。1523 年，他完成了《比例论》一书。由于书中的数学知识让很多读者望而却步，丢勒把它改写成了通俗易懂的《圆规直尺测量法》，并于 1525 年出版。这本书的大部分内容是关于平面几何学和立体几何学的，也包括作图法和透视法。该书的一个重要内容是关于立体图形的平面图和正视图的论述。这一分支现在称为画法几何学。

丢勒透视法

投影几何学与地图绘制

绘制地图需要使用不同的几何学技术。绘图员采用三角学的方法，通过三角测量来绘制地图。三角测量法首先由荷兰数学家弗里西斯于 1533 年提出。用三角形进行测量源自远古时期。大约在托勒密王朝建立前 250 年，古希腊哲学家泰勒斯就采用类似的三角测量法来估计金字塔的高度。他同时测量了金字塔的影子和自身影子的长度，并通过二者的比率求得答案。泰勒斯还根据这个原理推算自己与海上船只之间的距离，推算悬崖的高度。这种技术对古埃及人来说是熟悉的，1000 年前的纸草书就介绍了距离与斜坡上升高度的比率，即今天梯度的倒数。在中国古代，裴秀将测量直角和锐角确定为准确绘制地图的六项原则之一，这是准确确定距离所必需的。而刘徽则给出了上述计算的版本，用于测量测量者与不可接近的地点之间的垂直距离。

荷兰数学家弗里西斯在 1533 年首次描述了三角测量法。他首先建立基线，然后从基线的每一端用经纬仪获得两个夹角的大小，最后利用三角形绘制整个地区的地图。第一项大规模的地图测绘工作是由荷兰数学家威勒布罗德·范·洛伊恩·斯内尔负责的，他在荷兰完成了 130 千米范围的测量工作。在测量中，他使用了 33 个三角形。法国政府花费了 100 多年时间才完成法国国土的测量工作。英国在 1800 年到 1912 年间对印度进行了大规模的测量。

15 世纪中期，从葡萄牙人探索非洲海岸线开始，探险家不断发现新的土地，绘制新的地图。当测量在直线上进行的时候，绘图员需要用新的方法来绘制球面上更大范围的二维空间。天文学家使用的立体投影方法成为了绘制地图的新方法，不过天文学家使用这种方法绘制天球的内表面，而绘图员绘制地球的外表面。把球形的地球投影到平面上时，通常会产生一些失真。确定哪些因素产生的失真最严重，哪些因素可以改善失真的程度，成为绘图员最为关心的问题。一些方法也应运而生。等角投影法可以减小角度和形状上的失真，等积投影法可以保持相对的面积不变，等距投影法可以保持相对的距离不变。

新方法中最成功的是墨卡托投影法，又称为等角圆柱投影法。这是圆柱投影法的一种，由荷兰地图学家墨卡托于 1569 年发明，为地图投影方法中影响最大的一种。设想有一个与地轴方向一致的圆柱切于或割于地球，先按等角条件将经纬网投影到圆柱的侧面上，然后将圆柱的侧面展开为平面，得到平面经纬线网。投影后，经线是一组竖直的等距离平行线，纬线是一组垂直于经线的平行线。相邻纬线间的距离由赤道向两极增大，一点上任何方向的长度之比均相等，即没有角度变形，而面积变形随着远离基准纬线而显著增大。该投影法具有等角航线可被表示成直线的特性，故广泛用于编制航海图和航空图。

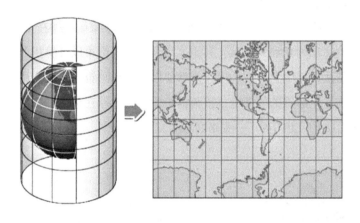

等角圆柱投影法

　　墨卡托就读于鲁汶大学，学习哲学、数学、天文学和制图学。他还精通雕刻和机械制造。作为一名宗教改革者，他曾被投入监狱，但因为证据不足，很快就被释放了。1552 年，墨卡托从鲁汶搬到杜伊斯堡。宁静的杜伊斯堡没有受到政治和宗教的影响，是他发挥才华的完美场所。1569 年，他在这里发明了墨卡托投影法，用以绘制世界地图。

　　经纬度对于绘制精确的地图来说十分重要。纬度与北极的等高线一致。为了确定纬度，人们利用太阳的位置，并用阳光和赤道的夹角的偏差来对纬度进行修正。然而，由于时差的原因，经度就比较难以确定了。为此，1675 年英国修建了格林尼治天文台。1767 年，皇家天文学家内维尔·马斯基林出版了《航海年鉴》，其中包含一年中每隔 3 小时的月亮位置表。这样，通过对太阳或恒星的观测来确定当地时间，然后计算当地时间与格林尼治标准时间的偏差，就可以给出航船所在地点的经度。不久，航海钟就被发明出来了，成为在海上确定经度的有效工具。

随着人们发现地球并不是一个标准的球体（地球是一个扁平的球体，它的两极比较扁平），投影法变得更加复杂。对于同样的1度，两极附近纬线的长度就比赤道附近纬线的长度小。由于地球引力，纬度不同时，加速度也不一样。钟摆的频率与重力加速度相关，因此，要使不同地区的钟表摆动得一样快，它们的摆长就不能一样。

关于地球不是标准球体的认识，促使人们去寻找一种不仅能处理平面和理想球面，而且能方便地处理一般球面的三角学。法国数学家勒让德在1799年找到了球面三角形的边和内角和的关系。利用这一公式，人们可以计算扭曲度，从而定义了新的投影法，其中之一就是现在依然使用的保形圆锥投影法。用这种投影法将地球投影到一个圆锥的侧面上，该圆锥的侧面和地球在标准纬度上衔接。把这个圆锥的侧面展开后就得到了一张平面地图。

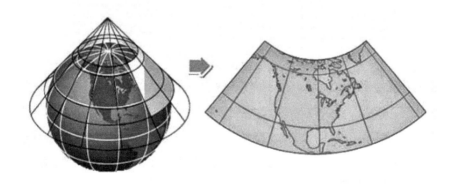

保形圆锥投影法

关于透视和投影的密集讨论反哺了数学，激发了人们对透视的普遍性质的讨论。最具意义的结果就是法国数学家和建筑师吉拉德·笛沙格奠定了投影几何学的基础，促进了19世纪投影几何学的发展。笛沙格发明了一种几何方法来构建一个实体的透视影像，他在1636年写了一本理论性很强的著作来阐述如何构建透视几何学，其中包括以他自己的名字命名的笛沙格定理，成为了投影几何学的雏形。

球面上的线段不再由长度定义，而是由它相对于球心的角度来定义。这个角度称为弧角，通常用弧度来度量。用弧角乘以球体的半径就得到了这条线段的弧面长度。在一个球面上，我们可以用两条线定义一个封闭的形状，比如说画出一个橙子的形状。但在平面上，我们就无法用两条直线绘出一个类似的形状。球面三角形的特性也完全不同于平面三角形。一个球面三角形的内角和永远大于 180 度，而大出多少取决于球面三角形的大小，也称为球面角超，用大写字母 E 表示，并用于计算三角形面积的大小，即面积 $S = E \times r^2$。这里，r 是球体的半径，E 是给定的弧度。这就是以吉拉德·笛沙格的名字命名的笛沙格定理。

笛沙格定理说的是，如果一个三维空间里的两个三角形具有这样的位置关系，它们可以从一个点上以投影的方式被看到，那么它们相应的边延长后就会交于一点，而且它们不同对边的不同交点就会在一条直线上。笛沙格的研究盛行了近 50 年，帕斯卡和莱布尼茨都阅读过他的大作。不过，他的研究成果后来被搁置了，直到 1864 年重新被发现和出版。

投影几何学的原理再次被法国数学家让-维克托·彭赛利在 19 世纪初发现。1812 年，彭赛利参加了拿破仑对俄国发动的战争，在克拉斯诺战役中被俘，后来被关押在伏尔加河畔的萨拉托夫。在狱中，彭赛利研究了投影几何学的有关问题。他发展了笛沙格的研究成果，致力于研究图形经过任意中心的射影的不变性，提出了交比的概念。他引入"无穷远"元素，并且做了系统的发展。他还研究了二次曲线和曲面的配极理论，并由此导出了一般的对偶原理。此外，他直观地讨论了一类图形在一定范围内连续变动时所保持的性质，并应用于虚元素。他的工作对 19 世纪数学的发展有重大的影响。

1822 年，彭赛利把他在战俘营中取得的成果写成《论图形的射影性质》一书出版，让投影几何学旧貌换新颜，使以前的难题现在很容易得到解决，成为了近代几何学的基础。

非欧几何学的诞生

欧几里得几何学为我们提供了平面几何工具，但完美的平面在现实世界中极其罕见。我们生活的地球是一个球体，而地球所在的宇宙更是一个三维空间。为了在平面上描述地球的表面或者我们所在的宇宙空间，我们必须对它们进行某种变形，而这些变形就是投影几何学所涉及的问题。

首先发展起来的非欧几何学是球面几何学，涉及球面的计算问题。一个和平面几何学中十分不同的问题就是两点之间的最短路径问题。在平面几何中，两点之间线段最短。但在一个球面上，两点之间的线段变成了大圆上的一段圆弧。这样的大圆被称为测地线。所以，直线变成了圆！这就是为什么跨洋国际飞行很少沿我们通常认为的两个地点之间的"直线"飞行。平面几何学中的概念在球面几何学里都发生了很大的变化。两条直线之间的夹角也变成了两个大圆之间的夹角。

早期的天文学家和测量学家在研究天空和大地时，就已经意识到欧几里得几何学应用于球面上的困难。尽管如此，新几何学的出现还是花费了几个世纪的时间。

曲面带来了两个非欧几何学，即椭圆几何学和双曲几何学。曲面上的直线和平面上的直线具有不同的特性，就像我们在球面几何学中看到的直线一样。欧几里得第五公设在这里并不成立。在欧几里得几何学中，如果两条直线和另外一条直线平行，那么这两条直线也相互平行。在一个曲面上，可就不一定如此了。在一个椭圆面上，这样的两条直线总会相交。一个完美的椭圆面是一个球面，球面几何学是椭圆几何学的一个特例，一种最简单的形式。

在一个双曲面上，两条平行于第三条直线的直线将会发散出去。如果曲率是90度的话，双曲面将会是球体的内表面，但在其他情况下，它会是一个大碗的表面。椭圆面和双曲面互为彼此的相反面，也就是说一个双曲面的反面会是一个椭圆面，而一个椭圆面的反面会是一个双曲面。

直线在曲面上的性质和欧几里得几何学规则相矛盾，这让数学家感到十分困惑。许多世纪以来，他们一直试图拒绝非欧几何学。意大利数学家乔瓦尼·吉罗拉莫·萨凯里试图证明非欧几何学是不存在的。他的研究应该受到了波斯数学家莪默·伽亚谟的启发。他把莪默·伽亚谟关于平行四边形的表述作为自己研究的起点。

　　萨凯里想通过反证法证明欧几里得的平行公理的有效性。为此，他假设平行假设是错误的，并试图得出一对矛盾。由于欧几里得的假设相当于认为三角形的内角和为 180 度，因此他考虑了角度加起来大于或小于 180 度的假设。第一个结论是直线是有限的，但这与欧几里得的第二个公理相矛盾，所以萨凯里只能拒绝它。然而，该原理现在被接受为椭圆几何学的基础。欧几里得公理的第二个和第五个假设也被拒绝了。事实上，他无法得出一对逻辑上的矛盾，所以无法否定非欧几何的存在；相反，他得出的许多其他结果成为了今天双曲几何学中的定理。

　　双曲几何学的再次出现是在 1830 年左右，由匈牙利数学家亚诺什·波尔约和俄国数学家尼古拉·伊万诺维奇·罗巴切夫斯基分别独立提出。他们的研究都源于高斯的思想。高斯应该是第一个系统地发展了非欧几何学的人。高斯认为，不应该把椭圆面和双曲面看成三维空间，因为虽然它们存在于一个三维空间里，但它们本身是二维的，只需要两个变量就可以定义其上的一个点。他展示了这样的一个曲面可以用角度和距离来完全描述，而无须涉及三维空间里的任何信息。

　　1777 年 4 月 30 日，高斯出生于德国不伦瑞克。他的父母都是贫穷的工人，母亲还是文盲，但高斯是一个神童。三岁时，高斯就常纠正他父亲犯的数学错误。7 岁时，老师让同学们计算从 1 加到 100 的总和。就在同学们老老实实地把一个一个数字不断地累加起来的时候，高斯已经举手说出了结果，

高斯

同学们都目瞪口呆。他的方法十分巧妙和简单。他把 1 加上 100，然后乘以 50，结果就这样出来了。1798 年，21 岁的他完成了巨著《算术研究》。尽管这本书直到 1801 年才出版，但这项工作巩固了数论作为一门学科的基础，并塑造了这个领域。

为了测量汉诺威的土地，高斯花了 10 个夏季的时间骑马旅行。在这个过程中，他提出了高斯曲率的概念，发表了表面的曲率可以完全通过测量表面的角度和距离来确定的定理。这也就阐述了曲率不取决于曲面如何嵌入三维空间或二维空间中。高斯虽然发现了创建非欧几何学的可能性，但他从未正式发表过自己的研究成果，只是在信件中模糊地讨论了平行线的问题。

罗巴切夫斯基于 1829 年发表的题为《关于几何原理》的论文被认为标志着非欧几何学的诞生。他阐述了欧几里得第五公设是不可证的，而且可以用另外一个公理取代欧几里得第五公设。罗巴切夫斯基意识到他所推导的定理与现实中人们普遍认同的概念相抵触，因此他把自己的发现称为"虚几何学"。他的研究引起了高斯的注意。高斯向哥廷根科学院推荐了罗巴切夫斯基，后者在 1842 年成为院士。但高斯并没有用文字的形式公开肯定罗巴切夫斯基的工作。据说这是因为高斯想显示自己的公正，不想因为赞扬罗巴切夫斯基而忽视了波尔约同时创建的非欧几何学，况且波尔约的父亲还是高斯的朋友。所以，高斯对罗巴切夫斯基的工作给予了肯定，但回避公开支持他的研究。

高斯不愿意承认波尔约和罗巴切夫斯基两个人的研究成果，这显得有些无理，同时也让这两个人非常失望，深受打击。波尔约和罗巴切夫斯基展示了一套用来处理双曲面的方法，但他们的研究并没有在他们生前被更多的人认识和理解。当时在曲面几何学上还没有一种模型可以和欧几里得平面几何学相媲美，直到 1868 年意大利数学家欧金尼奥·贝尔特拉米创建了一个空间模型（被称为伪球体或庞加莱盘）。

庞加莱盘是法国数学家庞加莱在欧几里得几何系统中构造出的一个罗巴切夫斯基几何公理系统模型，是一个 n 维双曲几何模型。几何中的点对应于 n 维圆盘（或球）上的点，几何中的"直线"（准确地说是测地线）对应于任意垂直于圆盘边界的圆弧或圆盘的直径。在这个庞加莱盘上，靠近边界的距离大于靠近中心的距离。贝尔特拉米用庞加莱盘证明了双曲几何学与欧几里得几何学的兼容性等价。

　　贝尔特拉米在他的《对非欧几何解释的尝试》中提出，非欧几何体可以在恒定负曲率的表面实现。对于贝尔特拉米的概念，几何线的图形由伪球体上的测地线表示，非欧几何学定理可以在普通的三维欧几里得空间内得到证明，而不是像罗巴切夫斯基和波尔约以前那样以公理方式推导出。这样，贝尔特拉米证明了二维非欧几何学与三维空间的欧几里得几何学一样有效。他是第一个通过在恒定曲率表面、伪球体和 n 维单位球体的内部对非欧几何体进行建模来证明非欧几何体的一致性的人。

黎曼

　　1826 年 9 月 17 日，德国数学家伯恩哈德·黎曼生于德国北部的布雷塞伦茨。在有着欧洲数学中心盛名的哥廷根大学获得博士学位后，他接替了高斯的位置做起了数学教授。作为黎曼的导师，高斯曾高度评价他说，他有一个充满活力、富于创造性和属于真正数学的灵魂，是一个天才。

　　黎曼开始研究基于凸面和椭圆面的几何问题，这种几何学里的三角形的内角和大于 180 度，直线也是弯曲的。和以往的几何学不同，直线的长度不是无限的，而是两端围绕着圆周弯曲相连。另外，椭圆几何学中并不包含平行线的概念。黎曼对高维几何学的兴趣浓厚。虽然三维以上的空间图形难以想象和用视觉展现，但依然可以用数学来描述和研究。高维空间里一样有角度、距离这样的问题，只是难于视觉化而已。黎曼还研究了曲面内曲和外曲的各种性质，提出了在这样的曲面上的距离的一般概念。

　　黎曼进一步发展了双曲几何学，把它推广到了不规则曲率上。他提出了一个只使用 10 个参数来描述一个三维空间里的曲面上的任何一点的曲率系统。黎曼发展出了他自己的高维度理论，将表面的几何体扩展到 n 个维度，并用微积分的数学分析方法来研究任何曲面的测地线，把数学分析与几何学结合在了一起，创立了黎曼几何学。

1854 年，黎曼发表了一篇富有启发性的论文《关于几何学基础的假设》，这篇论文实际上是他在哥廷根大学的就职论文。按惯例，哥廷根大学要求每一位新入职的教师写一篇论文。他的这篇论文用最通俗的语言阐述了把几何学构建为一门关于流形的学科。流形是带有坐标系以及定义了两点间最短距离度量公式的任意维的有界或无界空间（包括无穷维空间）。在三维欧几里得几何空间中，度量公式由 $ds^2 = dx^2 + dy^2 + dz^2$ 给出。这一公式是毕达哥拉斯定理的微分等价物。这些流形是空间本身，不带外部参考系。这样，任何空间的曲率完全由该流形的内在性质确定。对于黎曼来说，几何学在本质上由一个 n 维有序数组的集合与该集合上的特定规则构成。他拓展了空间的概念，认为变量间的关系都是"空间"。

一向谨慎的高斯第一次对别人（黎曼）的研究大加赞赏。根据黎曼几何学的观点，欧几里得几何学就是曲率为 0 的几何学，罗巴切夫斯基的几何学是曲率为 -1 的几何学，而球面几何学是曲率为 1 的几何学。黎曼几何学使多维空间的数学研究和探索宇宙空间奥秘的物理实验又上了一个台阶，他的研究为包括爱因斯坦的相对论在内的现代物理学提供了数学基础。黎曼关于高维空间的研究把微积分的概念扩展到了三维空间，开创了微分几何的新领域。在那里，点、曲线、面这样的几何对象可以用向量描述，并且可以使用函数及作用在函数上的算子来刻画速度、加速度以及能量等动力学概念，使微分几何成为一个在统一的框架下刻画物理系统的理想工具。正是采用了微分几何，英国物理学家詹姆斯·克拉克·麦克斯韦才得以表述他的电磁学。黎曼还在复分析的研究中开启了拓扑学这个几何中空间属性不因形变而改变的领域。

非欧几何学的探索极大地促进了人们对《几何原本》的审视。德国数学家莫里茨·帕施呼吁欧几里得几何学应以更精确的原始概念和公理为基础，并更加注意其证明上的逻辑演绎方法。他要人们注意欧几里得的《几何原本》中的一些尚未被注意的默示假设。他指出，数学推理不应援引对原始术语的物理解释，而应该完全依靠在公理基础上所做的证明本身。受此影响，德国数学家戴维·希尔伯特在 20 世纪初主张数学公理化和为推理证明提供坚实的基础，并为此付出了努力。

1899 年，希尔伯特出版了《几何基础》一书，把对欧几里得几何学的挑战推上了顶峰。希尔伯特把欧几里得的失败归结为古希腊的公理和假设都是从现实世界的特征中抽取出来的，而在数学实在中并没有被完全定义，在数学上也不够严格和正确。比如，把一个点放在一条直线上意味着要把这个点放在这条直线上的两个点之间。但"两个点之间"的概念其实是模糊不清的，没有精确的数学定义。

希尔伯特认为，几何学不是研究形状、点和线的性质的手段，而是关于这些符号的逻辑关系的主题。希尔伯特把几何学推向了一个更加抽象和形式化的层面。

拓扑世界多奇妙

关于曲面的几何研究开创了数学的一个新的分支——拓扑学。拓扑学成为数学在 20 世纪中期最重要的领域之一。虽然像高斯和黎曼展示的那样，它们存在于一个多维空间中，但它们本身只有二维。这样的曲面可以卷曲成各种形状，让它们看上去像是三维实体，产生"里外不分"的奇特的异常形态。因为拓扑学研究位置和扭曲背后的数学原理，所以它也被称为橡皮膜上的几何学。

其实，拓扑学的产生源于 18 世纪数学家欧拉的图论研究，不过早在 1676 年莱布尼茨就将其称为"关于位置的一门新几何学"。1736 年，欧拉的经典论文《格尼斯堡七桥问题》开启了对排列的相对位置、连接关系和组织机构的研究。受欧拉七桥问题的启发，拓扑学家们将所有的形状转换为节点和连接的网络，无论外形如何扭曲，形状的特征总是不变的。对于拓扑学来说，即使外形差别很大的形状在结构上也是相同的，用专业术语说，这叫形状的拓扑等价性。在拓扑学里，传统几何学所关心的距离、角度和度量都完全不重要了。一个鸡蛋和一个橄榄球没有什么区别，炸面包圈和人体在结构上也完全一样。想象一下，一个充气变形的人体不就是一个中空的"橡皮圈"吗？

一个更简单的例子是莫比乌斯带，又被称为莫比乌斯环，是一种只有一个面（表面）和一条边界的曲面。它是由德国数学家莫比乌斯和约翰·本尼迪克特·李斯廷在 1858 年分别独立发现的。将一条纸带旋转半圈，再把它的两端粘在一起，就轻而易举地制作出了这种结构。事实上，有两种不同的莫比乌斯带，它们互为镜像。如果把纸带沿顺时针方向旋转后粘贴在一起，就会形成一条右手性的莫比乌斯带，反之就得到了一条左手性的莫比乌斯带。

莫比乌斯带

莫比乌斯带本身具有很多奇妙的性质。如果从中间剪开一条莫比乌斯带，就不会得到两条较窄的带子，而是会得到一个把纸带的两端扭转两次后再粘在一起的环（并不是莫比乌斯带）。把刚刚得到的那个环从中间剪开，就会得到两个环。如果把纸带的宽度等分为三份，并沿着分割线剪开，就会得到两个环，其中一个是窄一些的莫比乌斯带，另一个是一个旋转了两次的环。如果将纸带旋转多次后再将其两端粘在一起，就会发现更有趣的现象。比如，将扭转了三次的纸带剪开后，会形成一个三叶结。剪开纸带之后再进行旋转，然后重新粘贴，则会得到数个莫比乌斯带。

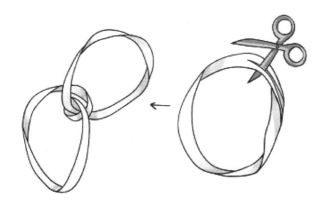

莫比乌斯带的变化

　　莫比乌斯带常常被认为是无穷大符号"∞"的创意来源。但是这是一个不真实的传闻，因为"∞"的发明比莫比乌斯带还要早。如果某个人站在一个巨大的莫比乌斯带的表面沿着他能看到的"路"一直走下去，他就永远不会停下来。

　　克莱因瓶是另外一个有趣的拓扑结构。它指的是一种无定向性的平面，比如二维平面就没有"内部"和"外部"之分。克莱因瓶的概念最初是由德国数学家菲力克斯·克莱因提出的。克莱因瓶和莫比乌斯带非常相似。

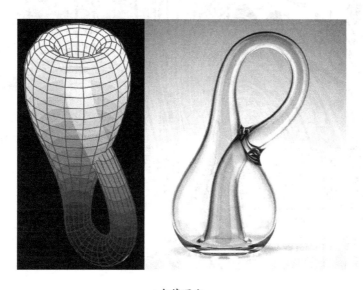

克莱因瓶

在想象克莱因瓶的结构时，可以先试着想象一个底部镂空的红酒瓶，然后将其颈部延长并向外扭曲，再将瓶颈伸进瓶子的内部，与底部的洞相连接。和我们平时用来喝水的杯子不一样，这个物体没有"边"，它的表面没有尽头。它也不像气球，一只苍蝇可以从瓶子的内部直接飞到外部而无须穿过表面（所以说它没有内外之分）。

作为纯粹数学理论，新兴的多维几何学和非欧几何学不仅应用于新兴的物理学，而且给艺术以及试图推翻传统思维模式的哲学运动以启迪。放弃欧几里得几何学，意味着为生命、宇宙和万物创造了一种新的透视法。

荷兰艺术家埃舍尔虽然没有受过什么数学训练，但他靠对数学的视觉体验和直观理解，创作出了具有很强的数学拓扑意味的艺术作品，其画笔下的一些世界都是围绕不可能的物体而构建的。埃舍尔描绘意大利和科西嘉岛的风景时所采用的不规则视角是在自然形态下无法实现的。他的作品《静止生命和街头》《楼梯之家》等表现了不可能的楼梯、多重视觉以及引力视角所产生的特征。

荷兰艺术家埃舍尔

《楼梯之家》

1954 年，国际数学家大会在阿姆斯特丹召开，与会者参观了埃舍尔作品展。埃舍尔对数学的直观理解给数学家们留下了深刻的印象。1957 年，加拿大几何学家考克斯特在埃舍尔的许可下，在自己的论文《水晶对称性及其泛化》中使用了埃舍尔的两幅画。埃舍尔特殊的思维方式和丰富的图形在数学、艺术以及流行文化中产生了持续的影响。

从四维空间中观察三维空间就像三维空间中的人观察二维空间中的物体一样，是通过一个物体的切片或横截面使我们对整个物体有一个直观的认识的。这样，当我们用油画来描绘一个物体时，无论这个物体是存在于三维空间中还是存在于四维空间中，我们都需要这个物体在不同角度下的切片或多重透视图。这正是立体画派的一种手段。毕加索的油画《亚威农少女们》（1907 年）是第一幅立体派油画。当然，毕加索本人并没有受到多少数学思想的影响，他主要受到了塞尚的移动透视法、非洲的艺术结构以及雕刻技术的影响。

《亚威农少女们》

哲学家康德把应对物体的感知和物体本身加以区别，这一观点也推进了立体派的多重透视这种表现形式的发展。立体派对第四维给出了一些超越纯数学和空间范围的陈述，使现代艺术具有更大的想象空间和更多的创作手段。贝尔特拉米创建的伪球面空间模型激发了许多艺术家的想象。在超现实主义艺术作品中，新几何学无处不在。

拓扑学的其他分支研究几何方程如何缠结和解开，观察几何节点和叫作流形的多维表面。拓扑学家除了会玩那些看似不可能的把戏之外，还可以解决现实世界中的许多问题。拓扑学不需要知道物体的精确形状或尺寸就能对其进行分类。更专业的说法是，基于集合论的同调与同伦概念控制着形状的等价。同调检验各种形状的孔，更加依靠直觉。同伦更加深奥，处理的是空间包含的信息及其方程如何渐变。

人们不断发现"不可能的"几何学，并证明这样的几何学并不是不可能的。难以想象不等于它们不可能存在。正如我们可以把三维空间表现在一个平面上一样，我们需要一定的方法。一个多维的坐标系可以展示更加复杂的空间几何结构，加深我们对世界乃至宇宙的认识。而代数可以让我们对这样复杂的、难以视觉化的空间几何结构进行数学上的描述、理解和探索。在几何和代数的平行发展中，它们相互促进，不断深入融合，从而使数学有了一个空前的飞跃。

第 5 章 >>>

神奇公式

> 数学，如果正确地看，不但拥有真理，而且具有至高的美。
>
> ——罗素

代数以方程和求解方程的形式出现在我们的生活里，大家都很熟悉。无论是在学校的课堂里还是在科研、经济和生产制造中，我们都离不开代数。

求解方程中的未知数是代数的基础。虽然古埃及和苏美尔的数学家很早就涉及了未知数问题，但他们用一个方程来表达未知数的形式和我们今天所用的完全不同。在 16 世纪以前，我们所熟悉的方程都没有出现。我们今天有许多解方程的方法，包括使用图形，这要归功于笛卡儿。他发明了坐标系，把几何和代数联系在了一起，让一个方程可以通过坐标系表达为一个图形。

代数问题第一次出现在远古时期，那时用几何方法解开涉及二维或三维空间的代数问题是不可能的。早期实践中的代数问题既不系统化，也没有形式化的表述。

伦敦博物馆里保存的古巴比伦人的陶片上就有现在可以表达为二次方程和三次方程的问题。这些问题涉及建筑以及面积和体积的计算。不过，这样的问题在古巴比伦人和古埃及人生活的时代都是用文字来表述的，后来的数学家在很长的时间内也是通过文字而不是数学方程来表述代数问题。比如，他们会说："一个房间的长度和它的宽度加——样，而它的高度和它的长度减——样。"

古巴比伦人从来没有用符号来表述代数问题，尽管他们有一些普遍的算法来解决这些问题。古埃及人也是这样，他们可以求解线性方程和二次方程，但他们并没有一个正式的符号系统来表示一个方程。中国古代的数学著作《九章算术》中有包括 2～7 个未知数的线性方程，并且使用了负数。这比西方早出了两千年之久。

代数学的奠基人丢番图

丢番图是古希腊亚历山大大帝后期的重要学者和数学家，有"代数之父"之称，对算术理论有深入的研究。他完全脱离了几何形式，以代数学闻名于世。丢番图的生平鲜为人知。我们只知道，大约在公元 200 年到 284 年间，他住在埃及的亚历山大。历史学家们把公元 2 世纪希腊化的埃及人和巴比伦人统称为希腊人。在《希腊诗选》中，有 46 首关于他和代数问题的短诗。丢番图至死都不忘给人们留下一个方程式。他的墓碑上刻着一个关于他一生的方程，其中的未知数代表了他的年龄。下面就是他的墓志铭："坟中安葬的是丢番图，他的一生令人惊讶，而又如此漫长。上帝给予的童年占了六分之一，他又过了十二分之一才长出了两颊的胡须，再过了七分之一，点燃起婚姻的蜡烛。五年之后天赐贵子，可惜此子英年早逝，享年只有其父亲的一半。悲伤只能用数论研究弥补，然而竟是那样漫长。度过了最后的四年，他也终于走完了人生的旅途，把他的年龄刻在了墓碑上。"按照墓志铭的说法，他的年龄应该是 84 岁。

丢番图

公元 3 世纪中叶，丢番图发明了新的求解线性方程和二次方程的方法。他的著作《算术》记述了求解代数方程组的方法。书中给出了 130 个方程，不过这些方程的变量只能是整数。后来这本书成为了数论发展过程中的一个里程碑。用文字描述的丢番图方程更像一道道谜题。比如，他的一个方程是这样给出的："父亲的年龄是儿子年龄的 2 倍减去 1 岁，儿子年龄中的两个数字又恰恰是父亲年龄中的两个数字的颠倒，那么父亲和儿子的年龄分别是多少？"

丢番图的《算术》

丢番图问题一般有数个等式，其数目比未知数的个数少。丢番图问题要求找出对所有等式都成立的整数组合。丢番图方程，又称不定方程，是未知数只能使用整数的整数系数多项式等式。他不接受结果小于零的答案。丢番图被认为是第一个将符号引入代数的数学家。

尽管希腊人用字母表示数字，但用符号表示变量的方法并没有马上出现。我们可以用 x, y, a, b, m, n 等来表示变量和常量，因为这样可以让它们与数字分开，使像 $2x$ 这样的表达式不会产生歧义。丢番图用一些希腊字母表示变量，并用符号表示平方和立方。他的符号系统是问题的纯符号表达和文字表述的中间阶段。虽然他发明了表达方程的更一般的方法而不是完全采用文字描述，但不能和现代方程的表达方法同日而语。

丢番图方程可分为三种类型：没有答案的、有一定答案的和有无限多个答案的。例如，$2x + 2y = 1$，就是属于没有答案的一种，因为没有一组整数解可以满足这个方程。$x - y = 7$ 就是有无限多个答案的方程。而 $4x = 8$ 只有一个解，那就是 2。丢番图方程适用于处理那些不能被整除的数。比如，如何分配出游的 24 个人乘车，让一些车载乘 4 个人，而另外一些车载乘 6 个人，但所有的车都必须满乘。我们可以写出一个丢番图方程：$4x + 6y = 24$。当然，这样的方程有没有正整数解就是另外一个问题了。类似的丢番图问题还有：一个孩子花了 96 元钱买糖果，他买了

4 块巧克力、2 块水果糖和 1 块奶糖，那么每一种糖果的价格是多少呢？

线性丢番图方程是线性整数系数多项式等式，其中的多项式是次数为 0 或 1 的单项式的和，具有像 $ax + by = c$ 这样的形式。丢番图方程的例子还有斐蜀等式、勾股定理的整数解、佩尔方程、四平方和定理和费马大定理等。虽然丢番图方程是以他的名字命名的，但他并不是第一个研究这些方程的人。印度的舒尔巴苏特拉文本中就有关于一些丢番图方程的记述。然而，与古印度和古巴比伦数学家不同的是，丢番图的问题都是纯理论上的，并不涉及如何建造神庙、怎样挖一个酒窖以及如何征收谷物税这样的数学问题。他开展了把问题一般化的数学研究，比如如何把一个正方形一分为二，即 $x^2 + y^2 = z^2$。这成为后来著名的费马大定理。

虽然丢番图已经涉及了指数大于 3 的表示方式，但他并没有因此而更进一步。亚历山大的帕普斯也涉及了这个问题，但同样没有更进一步的发展。他第一个明确指出，线性或者说一次代数问题是关于直线或者说一维的问题；二次方程涉及的是二维或面积问题，也就是平面问题；三次方程涉及的是三维或者体积问题。但他在研究平面上的线性方程和体积的曲线性质时，拒绝接受更高次方程。丢番图过于关注代数本身，而帕普斯则太关注几何，他们两个人在概念上已经接近把代数和几何联系在一起的程度，但真正做到这一点的人是笛卡儿。实际上，帕普斯的一个关于线段和轨迹的几何问题最终引导笛卡儿在 17 世纪创建了解析几何学。

帕普斯是古希腊最后一位伟大的数学家。公元 4 世纪，希腊数学的发展已成强弩之末，黄金时代的几何学巨匠已逝去五六百年。公元前 146 年，亚历山大被罗马人占领，学者们虽然仍能继续进行研究，然而已经没有他们先辈的那种雄伟气势和一往无前的创新精神，理论几何学的活力逐渐消失。此时，亚历山大的帕普斯努力总结数百年来前人披荆斩棘所取得的成果，以免年久失传。

帕普斯给欧几里得的《几何原本》和《已知数》以及托勒密的《天文学大成》和《平球论》作过注释。他写成了八卷本的《数学汇编》，成为对他那个时代存在的几何学著作的综述评论和指南，其中包括帕普斯自己的著作。虽然第一卷和第二卷的一部分已轶失，但古代的许多学术成果由于这部书的存录才能让后人得知。《数学汇编》引用和参考了 30 多位古代数学家的著作，介绍了大批原始命题及其进展、扩展和历史注释。由于许多原著已经散失，《数学汇编》便成为了解这些著作的唯一资料，是名副其实的几何宝库。帕普斯的六边形定理在投影几何学中广为人知。当帕斯卡定理中的二次曲线退化为两条相交的直线时（在投影平面上，我们认为平行直线相交于无穷远处）就是帕普斯定理。

　　对于具有整数系数的不定方程，如果只考虑其整数解，这类方程就叫作丢番图方程，它是数论的一个分支。从另一个角度看，《算术》一书也可以归入代数学的范畴。代数学区别于其他学科的最大特点是引入了未知数，并对未知数加以运算。从引入未知数、创设表示未知数的符号以及建立方程的思想这几方面来看，丢番图的《算术》完全可以算得上代数学著作，所以他被认为是代数学的奠基人之一。

花拉子密的代数

　　花拉子密的数学著作《还原与平衡计算简书》大约写于公元 820 年。这本书是他在阿马姆的鼓励下完成的，是一部流行计算作品，其中有许多关于贸易、测量和法律继承的例子。"代数"一词源自本书中描述的一个基本操作的名称"al-jabr"，意思是"恢复"，指在方程的两边添加一个数字来合并或取消某些项。

　　和丢番图一样，他在方程中也只考虑整数和整数答案。他还要求数字必须是正数。然而，在他的书中所有的问题和解决方法都是用文字表述的，并没有采用像今天这样的符号表达系统。

　　这本书详尽地说明了如何求解二次多项式，并讨论通过在方程两边移项或消项以实现"增减平衡"。由于负数在当时还不被承认，所以在求解线性方程和二次方程时，他首先将方程还原为下

《还原与平衡计算简书》

面 6 种标准形式之一（其中 a，b 和 c 为正整数）：平方等于根（$ax^2=bx$）；平方等于数（$ax^2=b$）；根等于数（$ax=b$）；平方和根等于数（$ax^2+bx=c$）；平方和数等于根（$ax^2+c=bx$）；根和数等于平方（$bx+c=ax^2$）。然后，他通过使用几何方法"完成一个正方形"的形式求解具体的方程。比如说 $x^2+10x=39$，可以通过化简后画出几何图形得到答案。他是第一个将代数视为独立学科的人，并介绍了方程中"消项"和"平衡"的方法，因此被称为代数的创始人。

花拉子密的另一部具有影响力的作品是《算术》，该书的拉丁文版本留存了下来，但原著轶失了。书中描述了十进制算法，这些算法可以在尘板上进行。在展示了如何求解方程以后，花拉子密利用欧几里得的研究展示几何学的应用。欧几里得的方法完全是几何的，花拉子密是第一个把它们应用在二次方程上的人。作为 12 世纪阿拉伯科学浪潮通过翻译传入欧洲的一部分，他的著作在欧洲产生了革命性的影响。他的拉丁化名字也变成了"算法"并沿用至今。他的《代数》和欧几里得的《几何原本》一样直到现代仍然是最好的初级数学教程。

此后，波斯数学家莪默·伽亚谟进一步解决了三次方程的求解问题，把以前印度人只能解决的特定立方问题推广到一般情况。他不仅是一名数学家，而且是一位著名的诗人。虽然他的诗集《鲁拜集》可能比他的数学著作《代数学》更出名，但他在《代数学》一书中介绍了用几何方法求解三次方程的过程，为数学的发展做出了独特的贡献。他领悟到三次方程的解可以通过两条圆锥曲线的交点求出，例如 $x^3+ax=c$ 的解就是一个圆和一条抛物线的交点。他对一部分三次方程和它们的解进行了分类，并给出了把其他三次方程转换到所分的类中或者转化为更简单的二次方程的代数方法。他还是第一个认识到三次方程可能有多个解的人。他的这种解析几何的方法是阿拉伯人将代数和几何融合起来的产物，比笛卡儿的研究早了 400 年。

其实，在 13 世纪的中国，朱世杰在"天元术"的基础上发展出了"四元术"，也就是列出了四元高次方程，并介绍了消元求解的方法。这比当时的西方世界先进许多。遗憾的是，中国古代缺乏与西方世界广泛交流的渠道，因此中国古代先进的数学成就在西方鲜为人知，并逐渐落后于西方。

帕斯卡三角

阿拉伯数学家试图把代数从几何思想中解放出来，并使代数成为解决算术问题的一般方法。卡拉吉在巴格达创立了一个影响力极大的代数学派。他在自己的著作《发赫里》中给出了高次方和倒数的定义以及求解高次幂的积的规则。他还试图寻找求解高次幂的和（即多项式的和）的方法，并给出了二项式展开定理。他的独到之处是不用几何方法而是运用归纳法给出了二项式展开定理及其展开的系数表。这一系数表今天称为帕斯卡三角。

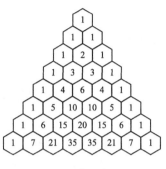

帕斯卡三角

在帕斯卡三角中，每一个数字都是它上面的两个数字的和。这种模式构成了二项式系数序列。在今天的伊朗，这样的序列被称为伽亚谟三角，在中国则以古代数学家杨辉的名字命名。在波斯数学家莪默·伽亚谟发现帕斯卡三角前，印度数学家平加拉也研究过帕斯卡三角，不过他的研究只有一部分被保存了下来。

尽管阿拉伯人、印度人和中国人很早就发现了帕斯卡三角，也有一些初步研究，但帕斯卡是第一个全面系统地研究和论述这种由数字组成的三角形的数学特性的人，因而他最终以帕斯卡三角而闻名。

帕斯卡是法国数学家。1623 年 6 月 19 日，他出生在一个税务官的家里。虽然他的教育是由他的父亲完成的，但他的天赋让他成为了一个神童。也许是父亲天天都要因为税收而和数字打交道，他从小就对数学怀有浓厚的兴趣。

帕斯卡三角提供了快捷地获得像 $(x+y)^3$ 这样的表达式的展开式的方法，因为只要把帕斯卡三角中第四行的数字作为系数，就可以得到其展开式 $x^3+3x^2y+3xy^2+y^3$。帕斯卡三角还有许多神奇的特性，第二组斜线上的数字构成了一个自然数序列（1，2，3，4，…），每一个数字都是斜线上前面的数字与 1 的和。第三组斜线上的数字都是三角形数（1，3，6，10，…），这些数量的点可以用于构建一个二维三角形。而第四组数字为四面体数（1，4，10，20，…），可以构建四面体的子单元，即一个三维空间中的三角形。第五组数字为五面体数（1，5，15，35，…），里面的数字可以构成正五面体，即四维空间中的三角形。以此类推，每次增加一个空间维度。不仅如此，对三角形进行变换，将每一组斜线变成直立的柱状，然后对新的斜线上的数依次求和，就可以得到斐波那契数列。

代数的发展和三次方程的解

虽然几何提供了解决代数问题的很好的方法，但代数还是从几何的限制中走了出来，进一步处理比度量和数量这样的问题更抽象的方程。阿拉伯数学家愿意接受不同次方下有理数和无理数的存在和混合，但古希腊数学家不太愿意接受。

印度－阿拉伯数字的发展和零的使用，让代数向远离实用几何的方向发展。当初花拉子密和凯亚姆利用几何来展示他们的代数答案时，他们并没有把代数问题想象成长度、面积和体积，而只是将几何理论作为一种工具来解决代数问题。代数和几何的这种关系持续了 500 年，最终笛卡儿和费马创立了解析几何。

花拉子密死于 850 年，此时阿拉伯数学已经开始没落了，来自阿拉伯地区的学者在数学方面的进一步贡献已经不多了。12 世纪，意大利克雷莫纳的杰拉德（托莱多翻译学院的一位翻译家）通过传播阿拉伯人和古希腊人在天文学、医学和其他科学方面的知识，为中世纪的欧洲注入了活力。他把托勒密的《平球论》、欧几里得的《几何原本》和花拉子密的《代数》等著作翻译成拉丁文。

英国切斯特的罗伯特在 1145 年翻译了花拉子密的《代数》，巴斯的阿德拉德在 1142 年翻译了欧几里得的《几何原本》。经过几个世纪的恢复和巩固，欧洲数学家们开始在代数的发展中做出他们自己的贡献。德国在 16 世纪成为这些新发展的中心，这可能是因为最重要的新的代数研究成果是德国数学家迈克尔·施蒂费尔的著作《整数的算术》。这本书包含数学符号的重要创新，它在欧洲首次使用并列乘法。他是第一个使用"指数"一词的人，并给出了指数运算规则。这本书包含一个关于整数及其二次方的数表，有些人认为这个数表是对数的早期版本。他使用了当时在欧洲不被接受的负数，还讨论了无理数的属性以及无理数是否为实数。然而，他并不接受方程的负根，对无理数也持怀疑态度。

如果不使用我们今天所使用的这些符号，代数问题的表达就是十分麻烦和冗长的。很早以前，意大利人用表示"多"和"少"的单词的首字母来表示加和减。拉丁文中更是充满了这样的文字缩写和简写。数学符号系统直到 15 世纪后期才开始出现。加、减号最早出现在 1489 年的德国，当时用来表示库存的增减，然后才用作算术操作符，慢慢出现在德国数学家出版的代数著作中。

尽管数学符号系统已经出现并开始使用，但在很长的时间里，许多数学家依然使用古老的文字表达方式来表述数学问题。直到 17 世纪，西方才逐渐使用统一的数学符号系统。不过，阿拉伯地区的西部早在 14 世纪就开始使用数学符号系统开展教学活动。

根号和等号分别出现在 16 世纪的德国和英国，乘号直到 17 世纪才在英国出现，除号到了 17 世纪中叶才被使用。用小写字母 a, b, c 表示常量和用小写字母 x, y, z 表示变量的方式于 1637 年相继在法国出现。这时，数学才真正进入现代时期，开始变得越来越抽象。

意大利数学家杰罗拉莫·卡尔达诺是第一个系统使用负数的数学家。他在 1545 出版的《大术》一书中解释了如何求解三次方程和四次方程。其实，首先发现三次方程的一般解的是意大利数学家西皮奥内·德尔·费罗，他是博洛尼亚大学的数学教授。在去世之前，他把自己的数学研究成果交给了自己的学生德尔·菲奥雷。

意大利数学家塔尔塔利亚也独立发现了三次方程的一般解，并在要求承诺不公布三次方程的解的条件下以诗的形式向卡尔达诺透露了自己关于求解三次方程的秘密。后来，二人发生了冲突。数学史学家现在用卡尔达诺和塔尔塔利亚的名字来命名求解三次方程的公式，称之为卡尔达诺－塔尔塔利亚公式。

数学世界的故事很多，当年求解三次方程的故事

《大术》

就是最有趣的故事之一。这个故事发生在 16 世纪初意大利的博洛尼亚。当时，意大利大学的研究岗位紧俏。为了保住自己的研究岗位，每个学者每年都要参加公开的学术竞赛来展示自己的过人才能。

塔尔塔利亚

我们已经知道，早在 11 世纪，波斯数学家莪默·伽亚谟就提出了三次方程的求解问题，并给出了一类问题的求解方法——通过用一个半圆截取一条抛物线来求解。但进一步的求解方法在后来很长的时间里毫无进展。1520 年，意大利数学家西皮奥内·德尔·费罗才发现三次方程 $x^3 + cx = d$ 的一般解法，并把它告诉了自己的学生德尔·菲奥雷。

与此同时，塔尔塔利亚也发现了三次方程 $x^3 + bx^2 = d$ 的一般解法。其实，塔尔塔利亚不是他的本名，而是他的戏称——塔尔塔利亚的意思是结巴。在他小时候，一把马刀贴着他的脸划过，他吓得从此就口吃起来。

西皮奥内·德尔·费罗死后，他的学生德尔·菲奥雷可以自由地享用老师的研究成果，并在一次求解三次方程的大赛中向塔尔塔利亚发起了挑战。德尔·菲奥雷列出了 13 个具有 $x^3 + cx = d$ 这种形式的方程让塔尔塔利亚解答。同时，塔尔塔利亚也列出了 13 个具有 $x^3 + bx^2 = d$ 这种形式的方程让德尔·菲奥雷解答。竞赛结束时，并不优秀的德尔·菲奥雷完全找不到答案，而塔尔塔利亚早在 10 天前经过一个不眠之夜就解出了德尔·菲奥雷列出的方程。

塔尔塔利亚大获全胜的消息让远在米兰的数学家杰罗拉莫·卡尔达诺听到了。当时，他正在进行物理、医学、代数、概率方面的写作。他马上想知道塔尔塔利亚求解方程的秘密。1539 年的一个夜晚，他向塔尔塔利亚郑重发誓绝不对外透露解法，还答应把塔尔塔利亚介绍给当时的西班牙行政官，这样塔尔塔利亚就有机会获得政府的研究资助。于是，塔尔塔利亚把自己求解三次方程的方法告诉了卡尔达诺，其实那是一首小诗。（塔尔塔利亚为了记住解法并保守秘密，把解法写成了一首诗。）

卡尔达诺

　　然而，到了 1542 年，当卡尔达诺发现塔尔塔利亚的解法来自费罗的研究时，他就不再顾及当年的誓言，把塔尔塔利亚的解法公之于众。当时，他的同事洛多维科·法拉利也发现了三次方程的类似一般解法。所以，卡尔达诺对公布解法不以为然。

　　1545 年，卡尔达诺的名著《大术》出版了，书中包括塔尔塔利亚关于三次方程的一般解法。尽管他将其归功于塔尔塔利亚，但塔尔塔利亚还是无比愤怒。他向卡尔达诺发起了声讨，至死方休。

　　经过几个世纪的努力，人们才找到了三次方程和二次方程的求解方法，而更高次方程的求解问题直到 19 世纪才得以解决。

　　卡尔达诺的著作展现了自古巴比伦人通过正方形来求解二次方程以来代数上最伟大的成就，促进了代数的进一步发展，并让代数超越了物理世界的范畴。如果二次方程和三次方程可解，我们为什么不能求解五次方程、六次方程以及更高阶的方程呢？代数问题不再局限于我们所能理解的三维空间，而成为任何维数上的纯数学理论。

　　虽然更进一步的维数在卡尔达诺生活的时代被认为是可笑的，它们的发现也是几个世纪以后的事情，但在发现代数的更多可能性和代数几何进入三维以上的空间后，卡尔达诺为后来黎曼几何的建立和爱因斯坦在四维时空上对宇宙的重塑奠定了基础。

现代代数的萌生

英国数学家在这方面经过长期停滞之后，也开始了自己的探索，但并没有取代意大利、德国和波兰的数学家。他们中的一些人开始用自己的语言而不是拉丁文来发表数学研究成果。英国数学家罗伯特·雷科德可能是最早的数学普及者，他写出了第一部英文数学教科书《技艺基础》，书中包括他自己的研究成果。150年后，这本数学教科书还在不断再版。

1817 年，另一名英国数学家乔治·皮科克在他的《代数论》中表明要把代数组建成一种可论证的科学。他认为这样做的第一步就是把算术代数和符号代数分开。算术代数由数字和运算符构成，而符号代数是符号与运算符的结合。这样的结合仅依赖某些特定的规则，而与符号本身的特定值无关。他的观点虽然含糊，但打开了代数更广阔的研究大门。随着代数不同通用语言的传播，数学到底是什么这一根本问题再次成为人们讨论的焦点，也把数学向更加抽象的领域推进。

在卡尔达诺－塔尔塔利亚公式出现后不久，意大利数学家拉斐尔·邦贝利就开始在计算中使用复数，成为在代数中使用复数的第一人。在处理立方根时，他开发了用虚根来求解最终实数答案的方法。他自己称之为"疯狂的想法"。事实上，这并没有在计算上给他太多的帮助，但是标志了复数在未来代数中的重要性。

尽管数学在不断发展，但 16 世纪的代数学家和三角学家都没有广泛使用小数部分的表示形式。欧洲数学家雷蒂库斯制作了一套完整的用于天文测量的三角数表，他使用边长为 10^{15} 个单位的三角形来达到他所需要的精度而避免使用小数。

法国数学家弗朗索瓦·维埃特只是一个半职业数学家，但他在算术、三角学、几何特别是代数的许多领域做出了贡献。他关于代数的研究工作是代数走向现代化的重要一步，他在方程中创新性地使用以字母作为参数的符号系统，促进了代数的形式化发展和小数的普及。最重要的是，维埃特引入符号来表述整个方程（而不只是未知数），从而使他的代数不再局限于规则语句，而是依赖有效的形式变换。他对字符进行操作，结果可以通过简单的替换在计算结束时获得。这种方法是现代代数的核心，是数学发展的关键步骤。维埃特的研究标志着中世纪代数的结束，开启了现代代数的时代。

不仅如此，维埃特还是使用切线法则的第一人，他看到三角学可以用来求解那些不能降维的三次方程。他是第一个给出 π 的精确理论数值表达式的人。在维埃特发表他的公式时，将 π 值计算到任意精度的近似方法早已为人所知。维埃特的方法可以理解为阿基米德的一个想法的变体，即用多边形的周长近似圆的周长。通过将他的方法作为数学公式发表，维埃特创造了数学中关于无穷概念的第一个实例和明确公式的第一个示例。维埃特把该公式的精确值定义为 α，代表一个数字作为无穷过程而不是有限计算的结果。维埃特公式的发表被称为数学分析的开始，甚至更广泛地被认为是现代数学的曙光。代数和三角学进一步朝向无穷的概念发展，既包括无穷大也包括无穷小。

代数的发展由于一批天才数学家在新方向上的探索而被加速。法国数学家阿尔伯特·吉拉德发现一个方程的根的多少取决于该方程的次数，二次方程有两个根，三次方程有三个根，以此类推。他的发现源于他对负数根和虚数根的开放态度。英国数学家托马斯·哈里奥特引入符号 > 和 < 来表示大于和小于。在小数的推广上，荷兰数学家西蒙·斯蒂文的影响比维埃特更大。虽然他积极倡导在度量上使用小数系统，但这种做法在其后的两百年里并没有真正普及。不过，作为应用数学家的他并不接受复数。

数学家对高次方程的信心充分体现在了 1593 年比利时数学家阿德里安·范·罗门发起的一次公开挑战中，即求解一个四十五次方程 $x^{45} - 45x^{43} + 945x^{41} - \cdots - 3795x^3 + 45x = K$。当时四十五次方的概念并不需要，但当亨利四世的一个大使宣称没有一个法国人有能力求解这样的高次方程时，维埃特挺身而出，接受挑战并获得成功，给出了这个方程的解。

维埃特的方法涉及正弦函数，他使用他的乘角公式（即积化和差公式）化解这样的高次方程。他把三角学带入代数，扩展了学科范围，促进了代数和几何的融合。

事实上，维埃特是第一批把数学的不同领域的内容视为一体来考虑的人之一。

1572 年，拉斐尔·邦贝利在《代数》一书中描述了许多用代数方法解决的几何问题。75 年后，笛卡儿可以简单地把几何问题转换为代数形式，并把结果转换回几何，以此创立了分析代数，结束了从古希腊天文学家阿波罗尼奥斯在展示圆锥曲线可以用二次方程表示时开启的旅程。

从 17 世纪上半叶开始，数学家们的交流越来越广泛。在英国，数学界有一个充满诱惑的昵称——无形的学院。在法国，神父马林·默塞尼联系众多数学家、科学家和其他学者，搭建起了知识的桥梁和交流的纽带，让过去常常鲜为人知的研究为更多的人所了解、评论和指正。在这样的环境和氛围中，现代数学的基础不断被建立起来，其中法国人笛卡儿和费马扮演了领导角色。

这两个人中没有一个是职业数学家。笛卡儿是一个法国贵族的后代、一名哲学家。他的解析几何竟然是在他的一部哲学著作的附录中表述的，用来说明他如何运用推理的方式来获得自己的哲学观点。费马是一名律师，后来还成为了一名议员。他在数学上的追求不过是他的业余爱好而已，但他的数学才能足以与笛卡儿一决高下。

笛卡儿发现，无论是几何还是代数都不能让他满意，于是他决定博取二者之长，推陈出新。他把方程中的数项看作线段，在处理高次方程和方程中等号两边的表达式具有不同的次数时，避免了概念上的困扰。例如，古希腊人不容许一个方程具有像 $x^2+bx=a$ 这样的形式，因为等号左边被认为是面积，而等号右边被认为是一条直线，岂有面积等于直线的道理？

笛卡儿重新定义了维埃特的数学符号，使用字母表中的前几个字母 a, b, c 表示常量，字母表中后面的几个字母 x, y, z 表示变量。他使用上角标中的数字表示次数，并用符号表示运算符。他重新定义的数学方程的符号一直沿用到今天，唯一的例外是等号。我们今天采用的等号是由威尔士数学家罗伯特·雷科德发明的，而笛卡儿当年并没有采用。

笛卡儿用平面上的横、纵坐标表示和确定一个点，这种坐标系统被称为笛卡儿坐标系。虽然我们十分熟悉笛卡儿的代数方程的表达符号，但方程的笛卡儿坐标图形表述和我们今天所用的形式还是有所区别的，因为在他的坐标系统中，x 轴上是没有负数的。今天我们使用的 x 轴和 y 轴交于原点（0，0）的全坐标系统是后来由牛顿拓展出来的。另外，笛卡儿坐标系中横、纵坐标轴的夹角并不总是 90 度。笛卡儿认为，多项式可以在坐标系中表示为一条曲线，并且可以用分析几何来加以研究。

在笛卡儿创建他的解析几何的同时，另一位法国人费马也在做着同样的事情。费马强调如何利用 x 和 y 之间的关系定义一条曲线，他重新定义了阿波罗尼奥斯在代数中使用的一些术语，以恢复阿波罗尼奥斯失传的一些研究。费马和笛卡儿都建议采用第三根数轴来描述三维曲线，但直到 17 世纪末，这一建议都没有取得更进一步的发展。

无论是笛卡儿还是费马都没有更广泛地传播他们的研究成果。笛卡儿虽然以法文发表了他的研究成果，但他并没有给出详细的解释和说明，使得大多数读者难以理解。我们不知道笛卡儿这样做的目的是为了防止他人因此而超越自己，还是他对不能看懂他的研究成果的人不屑一顾。但无论如何，这都极大地影响了他的研究成果的传播。不久，一些匿名的介绍文字被加入了他的著作中来解释他的研究成果。1640 年，荷兰数学家弗朗斯·范·斯霍滕把他的著作翻译成了拉丁文并加入了自己的评论，成为颇有影响力的笛卡儿研究成果的普及者。

在推广自己的研究成果方面，费马并没有比笛卡儿好多少。在他生前，他的研究成果几乎只是通过马林·默塞尼来传播的，而且只发表了一个他的发现，还是对半立方抛物线的含糊的更正。费马之所以出名更多地是因为他的被称为"最后的定理"或者"伟大的定理"。其实，费马大定理看上去相当简单：当整数 n 大于 2 时，关于 x，y，z 的方程 $x^n + y^n = z^n$ 没有正整数解。就是这样一条看似简单的数学定理，人们花费了 3 个多世纪的时间才予以证明。

代数基本定理说的是，复数域是代数封闭的。什么意思呢？通俗地说就是多项式至少有一个复根（x_0）。提取 $x - x_0$ 的公因式后，可以得到 $n-1$ 次多项式。高斯说得更直接："每一个具有复系数的 n 次方程都有 n 个复数根。"1629 年，阿尔伯特·吉拉德首先宣称，具有 n 个根的 n 次方程总有 n 个解。但他的说法并不严谨，因为根据他的方法，可能存在复数之外的解。1637 年，笛卡儿认为，对于每一个 n 次方程，其 n 个根可能是虚数，但这些虚数根并不对应于任何实数。1746 年，法国数学家让·德阿伦伯特第一次试图对代数基本定理进行严格的证明，但他的证明仍然有漏洞。

1799 年，高斯才给出了第一个严格的证明。高斯还指出了早期那些证明的根本性缺陷。现代数学家们认为高斯的证明也不完美。有趣的是，高斯并没有说自己的证明完美无缺，而只是说自己给出的是一个"新"的证明。此后，他不断修正自己的证明，给出了第二次和第三次的再证明，而最终得到广泛认可。对于人们长期争论的高次方程的根是否具有比复数更复杂的高层次的结构这一问题，这一定理给出了否定的答案。

璀璨而悲催的数学巨星

在这个过程中，代数中最棘手的问题是五次方程能否用代数方法求解，即通过有限的代数步骤求得方程的解。虽然代数基本定理似乎给出了解法存在的可能性，但该定理仅仅保证了解的存在，而没有说存在计算严格的解的公式。这个问题催生了数学史上的两位著名的数学奇才阿贝尔和伽罗瓦。

阿贝尔的全名叫尼尔斯·亨里克·阿贝尔，他于 1802 年出生在挪威的一个小村庄。他的数学天才让他在 22 岁那年就写出了关于五次方程及更高次方程无代数解的研究论文。他相信凭自己的才能一定能够进入学术界。他把这篇论文寄给了当时在哥廷根大学工作的高斯。不幸的是，高斯根本没有注意到这个无名之辈，连邮件都没有打开过。1826 年，挪威政府资助阿贝尔周游欧洲。他在柏林结识了普鲁士教育部的工程和数学顾问杜阿迪，在后者创办的《纯粹与应用数学杂志》上发表了关于五次方程不可解的论文。尽管如此，阿贝尔也很难在法国数学家那里得到必要的支持，这让他十分绝望。他找到了柯西，当时柯西已经是数学分析领域的重要人物，但柯西的性情古怪，十分难以相处。阿贝尔曾说过："柯西是个疯子，但又拿他没有办法。"

阿贝尔

两位让他仰慕的数学大师对他的研究反应冷淡，这让阿贝尔备受打击。这时，挪威政府的资助也终止了，他只好返回挪威。在离开巴黎前，他染上了疾病，最初以为只是感冒，后来才知道是肺结核。阿贝尔穷困潦倒，他的病情逐渐严重起来。1829 年 4 月 6 日凌晨，阿贝尔心灰意冷地在未婚妻的怀里去世了，年仅 26 岁。他至死都不知道他的学术声望已经高不可及了。在阿贝尔去世前不久，人们终于认识到他的价值。1828 年，四名法国科学院院士上书给挪威国王，请他为阿贝尔提供合适的科学研究岗位，勒让德也在科学院会议上对阿贝尔大加称赞。就在他死后两天，一封来自柏林大学的就职邀请信被人送到了他的家中。可惜太迟了，一代数学英才在收到这个消息前已经去世了。此后，荣誉和褒奖接踵而来，挪威政府为了寻找阿贝尔当年在巴黎发表的论文还引发了一场外交风暴。1830 年，阿贝尔荣获法国科学院大奖。

阿贝尔证明了五次以上的多项式方程不能用根式求得一般解。然而，可解的必要条件和求解方法是由另外一位同样悲催而又璀璨的数学天才伽罗瓦给出的。伽罗瓦的一生短暂而充满灾难，他无常的性格和世人对他的不公使他成为了一位悲剧人物。他不能容忍那些不如他聪明的人，而又憎恨权威人士所带来的不公。他的狂热、自负和急躁让他在巴黎综合理工学院的入学考试中失败。幸好他遇到了一位赏识他的老师，获得了第二次考试的机会。他习惯用脑而不是粉笔来处理复杂的概念，再加上主考官吹毛求疵，伽罗瓦无法按捺自己的愤怒。当他意识到自己的面试十分糟糕时，他忍无可忍地把黑板擦扔到了一位主考官的脸上。

伽罗瓦

1829 年 3 月，伽罗瓦发表了关于连分数的第一篇论文。他一直认为这是他最重要的研究。当时在法国科学院工作的柯西也答应给他发表，但是柯西事后完全忘记了自己的诺言，还把伽罗瓦的手稿给弄丢了。伽罗瓦只好又写了三篇论文投给了法国科学院的数学大奖赛进行评选。然而，作为此次大奖赛评委的傅里叶还没有来得及读到这些论文就去世了，这三篇论文也下落不明。这一系列令人失望的事情让伽罗瓦对法国科学院的官僚体制备加反感。在这一体制下，他没有得到应该得到的一切。作为最后一次努力，他将一份研究手稿寄给了法国数学家泊松。泊松的回复十分冷淡和冠冕堂皇，他说这些结果需要进一步证明。

彻底绝望的伽罗瓦毅然决然地投身到了政治运动中，成为了一名坚定的共和党人。这在当时的法国可不是一个聪明的选择，他也因此两度被捕坐牢。1832 年 5 月 29 日，还在假释期的他接受了一场决斗，这场决斗的原因至今不明。清晨，伽罗瓦和他的敌手站在晨雾弥漫的巴黎郊外，彼此相隔 25 步远，同时举枪对射。伽罗瓦从此倒下，再也没有醒来，年仅 21 岁。

决斗

　　就在决斗的前一天晚上，伽罗瓦匆匆完成了他最著名的著作。在手稿页边的空白处，他写道："我没有时间了，我没有时间了。"他只能把理解主要结果的一些中间过程留给后人来完成，他必须先把他所发现的要点写下来，而第一个主要结论就是后来被称为伽罗瓦理论的内容。在这篇著作的最后，他请求公开质问雅可比和高斯，要求他们给出评价。"不是问他们结论是否可信，而是如何评价这些结论的重要性。"伽罗瓦在解决五次方程问题方面取得了突破性进展，找到了更一般的方法，建立了利用开方求解方程的条件。

　　这一方法的关键是发现了任意不可约代数方程的根不是独立的，而是能用另一个根来表示。这些关系可以对根的所有可能的置换构成一个群，这是通过对根的对称群加以形式化而得到的。伽罗瓦理论的数学工具非常复杂，人们花了很长时间才真正理解和接受。从代数方程的解到它们相应的代数结构这一抽象性的提高，使伽罗瓦能够根据相关的群的性质来判断方程是否可解。

　　1846 年，伽罗瓦的手稿终于得以发表。他在其短暂的一生中的成果以篇幅计不到 60 页，但对几乎所有的数学分支都产生了深远的影响，他成为现代数学的奠基人之一。巴黎综合理工学院在后来的数学杂志中对伽罗瓦考试事件做出了这样的评价："一个才智过人的考生由于弱智的主考官而落榜，因为他们根本无法理解他，还愚蠢地认为他是一个野蛮人。"

哈密顿和多维代数

威廉·罗文·哈密顿是都柏林三一学院备受推崇的数学家学校的一员，他 18 岁进入该学院。主教约翰布尔·克利博士对 18 岁的哈密顿说："我不会说你这个年轻人将会是而要说已经是你这个年龄的第一位数学家。"

哈密顿

哈密顿的叔叔指出，哈密顿从小就表现出一种不可思议的能力。在 7 岁时，他在希伯来语方面已经取得了相当大的进步。在 13 岁之前，他在这位身为语言学家的叔叔的影响下，掌握了几乎和他的岁数一样多的语言，其中包括古典和现代的欧洲语言、波斯语、阿拉伯语、梵语，甚至马拉地语和马来语。在读本科期间，他就被任命为安德鲁斯天文教授和爱尔兰皇家天文学家。他喜爱的研究内容之一就是时间和空间不可分的相关性。他认为几何是空间的科学，代数是时间的科学。

1833 年，哈密顿在爱尔兰皇家学会的讲演中，对于复数 $a + ib$ 作为 (a, b) 这样的有序数对，给出了其相加和相乘的几何解释。但当他试图把二维复数扩展到三维复数时，问题就来了，因为那样的话，加法运算很简单，但乘法运算由于不能满足交换律而无法进行。三维数和高维数让他花费了 10 年的时光。1843年的一天，一直冥思苦想的他在同妻子沿着都柏林的皇家运河散步时，突然灵感降临。他把二维复数扩展到四元数而不是三元数，并放弃乘法交换律。这样整个结构就是兼容的，一种新的代数诞生了。狂喜之下，哈密顿停下脚步，迫不及待地用小刀把这一想法刻在了运河边的桥墩上。当天，他告诉爱尔兰皇家学会说，他将在下一次会议上宣读自己关于四元数的文章。四元数放弃了交换属性，这在当时迈出了根本性的一步。不仅如此，哈密顿还发明了矢量代数的交叉和点积，四元积是交叉乘积减去点积。他还将四元数描述为实数的有序四元素倍数，并描述第一个元素为"标量"部分，其余三个元素为"矢量"部分。哈密顿创造了"矢量"和"标量"这两个词，他是第一个在现代意义上使用"矢量"这个词的人。

这一重要发现不仅产生了新代数，而且使得数学能够自由地构造出新的代数体系。这也是他第一次表述现在我们所知道的非交换代数的理论。非交换意味着在三维空间里，两个相继的旋转按照旋转次序的不同可以得到不同的结果。这和二维空间里的不一样。今天，四元数用于计算机图形学、控制理论、信号处理和轨道力学。例如，航天器姿态控制系统通常以四元数进行指挥，四元数也用于表示其当前姿态，其基本原理是，与许多矩阵变换相结合，组合四元转换在数值上更稳定。在控制和建模应用中，四元数没有计算奇点，而这种奇点在航空飞行器、海洋探测器和空间飞行器实现四分之一圈（90 度）旋转时会出现。在纯数学中，四元数作为组合代数中的四个有限维标准具有独特的意义。

在新代数领域中，美国数学也开始崛起。哈佛大学数学教授本杰明·皮尔斯受到哈密顿研究的影响，构造了 162 种不同的代数表。每种代数体系从两个到八个元素开始，它们通过加法运算和乘法运算结合起来，并满足分配律。每个代数体系都有加法单位"0"，但不一定有乘法单位"1"。这些线性结合的代数被表示成矩阵。后来，皮尔斯的儿子继承父业，证明了 162 个代数体系中只有 3 个体系可以唯一定义除法运算，它们是算术代数、复数代数和四元数代数。代数发展到这一步已经变得越来越抽象和一般化。代数脱离了几何的束缚，几何也从空间的传统概念中解放出来。代数和几何都逐渐被作为纯抽象的结构来研究，而我们熟悉的算术代数以及二维、三维几何都成为了它们的特殊情况。

笛卡儿把代数和几何通过在坐标系统上定义点并由此来把方程式变成曲线的方式结合到了一起。这为后来发展出来的代数几何提供了新的空间。任何一个二维形状都可以通过它们的每一点在坐标系统中的两个位置数值来表示。这个原理很容易推广到三维空间，通过三维坐标系的三个位置数值来确定一个点在三维空间中的具体位置。两个点之间的距离就是它们之间的坐标差。我们可不可以由此推广到更高的维度上去呢？想象一个比现实的三维空间具有更高维度的空间对于我们来说是困难的，但数学本身并不在乎我们能否想象出更高维度的空间。

多维空间有什么用呢？其实，如果我们不去纠缠能否想象出更高维度的空间的话，一个具有更多维度的理论空间是十分有用的。我们常常将一个可以用两个变量来表达的变化情况图示化，比如速度和时间所产生的关系，温度和它的增长率之间的关系。但许多事物需要我们用两个以上的变量来表达一个复杂的情况。如果我们跟踪天气条件、某公司在股票市场上的表现或人口死亡率，我们就需要考虑更多的因素。如果我们把每一个因素看成一个维度的话，一个理论上的多维空间也不是不可理解的。我们并不需要画出一个多维空间的示意图来解决这样的问题，代数可以帮助我们完成需要的计算，而无需几何图像。

我们不仅可以有高维度的多维空间，甚至可以产生出分形维度（维度是分数的维度）。在欧几里得几何中，直线和曲线是一维的，平面和球面是二维的，具有长、宽、高的形体是三维的。然而对于分形，比如海岸线、科赫曲线、谢尔宾斯基海绵等的复杂性无法用 1，2，3 这样的整数值来描述维度。

海岸线

谢尔宾斯基海绵

分形

分形通常被定义为一个粗糙或零碎的几何形状，它可以分成数个部分，且每一部分（至少近似地）是整体缩小后的形状，即具有自相似的性质。分形在数学中是一个抽象概念，用于描述自然界中存在的事物。人工分形通常在放大后能够展现出相似的形状。分形也被称为扩展对称或展开对称。如果在每次放大后，我们看到的形状完全相同，则称之为自相似。分形在不同的缩放级别上可以是近似相似的。分形也有图像的细节重复自身的意味。

分形与其他几何图形相似，但又有所不同。当缩放一个图形时，你就能看出分形和其他几何图形的区别。将一个多边形的边长加倍，它的面积则变为原来的 4 倍。新的边长是原来边长的 2 倍，而面积是原来的 4 倍，即 2^2。平面内的多边形位于二维空间中，指数 2 刚好是多边形所在的二维空间的维数。对于三维空间中的球体，如果它的半径加倍，则它的体积变为原来的 8 倍（即 2^3 倍），指数 3 依旧是球体所在空间的维数。如果将分形的一维长度加倍，比如将康托尔三分集的初始线段长度加倍，分形空间将变为原来的 2^n 倍，此时 n 不一定是整数。幂指数 n 称为分形的维数，它通常大于分形的拓扑维数。

作为数学函数，分形通常是处处不可微的。无穷分形曲线可以理解为一条一维的曲线在空间中绕行，它的拓扑维数仍然是 1，但大于 1 的分形维数暗示了它也有类似曲面的性质。

分形的一个例子是科赫曲线，又叫科赫雪花，是通过不断迭代形成的一种像雪花一样的图形。第一阶段是一个等边三角形，每个连续阶段都是通过向前一阶段的每一侧添加向外弯曲的部分而形成的，从而形成较小的等边三角形。雪花的连续阶段所包围的区域的面积趋近于原始三角形面积的 8/5 倍，而连续阶段所包围的区域的周长则无限制地增加下去。因此，雪花包围一个有限区域，但有一个无限的周长。比如，第一次变换将长度为 1 英寸的每条边换成 4 个长度为 1/3 英寸的线段，总长度变为 3 × 4 × 1/3 = 4 英寸。每一次变换都使总长度变为原来的 4/3 倍，如此无限延续下去，曲线本身将无限长。这是一条连续的回线，永远不会自我相交，回线所围的面积是有限的，小于它的外接圆的面积。因此，科赫曲线将无限的长度挤在有限的面积之内，确实占有空间。它的维数比一维要多，但不及二维，也就是说它的维数在 1 和 2 之间，维数是分数。同样，谢尔宾斯基海绵内部全是大大小小的空洞，表面积无限大，而占有的三维空间是有限的，其维数在 2 和 3 之间。

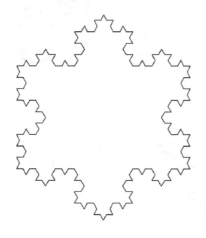

科赫曲线

分形是一种结构，它具有从一个大的范围到一个小的范围重复变化的模式，让图形看上去具有许多重复的或相似的部分。自然界中有许多这样的分形结构，比如雪花、树、银河系和血管系统。分形结构的不规则性很难用欧几里得几何来描述，它们通常具有被称为豪斯多夫空间或分隔空间的特性，而不同于一般的拓扑空间。分形结构可以通过空间填充算法得到。西宾斯基三角形是这样的一个例子。从一个简单的三角形开始，以其大小的一半复制三个形状一模一样的三角形并嵌入到它的三个内角中。以此类推，不断地对每一个三角形重复这个过程，就会得到一个彼此相似、层层嵌套的西宾斯基三角形。它以波兰数学家瓦克劳·西宾斯基的名字命名。西宾斯基在 1915 年描述了这样的三角形。其实类似的图案早在 13 世纪意大利的阿纳尼大教堂和意大利中部的其他地方就已经出现了。不过西宾斯基是以数学的形式进行定义的，而不是简单地给出几何图形。

西宾斯基三角形

科赫雪花

大自然中的分形

最著名的一个分形是曼德尔布罗特集（又称芒德布罗集），它是由法国数学家阿德里安·杜阿迪和美国数学家约翰·哈伯德定义的。他们以出生在波兰的美国数学家伯诺伊特·曼德尔布罗特的名字进行命名，以纪念这位在分形几何方面做出了开创性工作的数学家。曼德尔布罗特集是数学可视化和展示数学之美的最著名的一个例子。

20世纪60年代，曼德尔布罗特开始研究自相似。1967年，他在美国权威的

《科学》杂志上发表了题为《英国的海岸线有多长？统计自相似和分数维数》的著名论文。海岸线的特征是极不规则、极不光滑，呈现极其复杂的变化。我们不能从形状和结构上区分这部分海岸与那部分海岸有什么本质上的不同，这种几乎同样程度的不规则性和复杂性说明海岸线在形貌上是自相似的，也就是局部形态和整体形态相似。在没有建筑物或其他东西作为参照物时，在空中拍摄的 100 千米长的海岸线照片与放大了的 10 千米长的海岸线照片看上去十分相似。事实上，具有自相似性的形态广泛存在于自然界中，如连绵的山川、飘浮的云朵、岩石的断裂口、粒子的布朗运动、树冠、花菜、大脑皮层……曼德尔布罗特把这些部分与整体以某种方式相似的形体称为分形。1975 年，他创立了分形几何，在此基础上形成了研究分形性质及其应用的科学，称为分形理论。

曼德尔布罗特自己说，"分形"一词来自 1975 年夏天的一个寂静的夜晚。当时他正在冥思苦想，偶然翻到他儿子的拉丁文词典，突然想到了这个词。该词源于拉丁文中的一个形容词，其对应的拉丁文动词是"破碎""产生不规则的碎片"，此外又和英文中表示"碎片""分数"的单词具有相同的词根。曼德尔布罗特想用该单词来描述自然界中用传统欧几里得几何不能描述的一大类不规则的复杂几何对象。它们的特点都是极不规则和极不光滑。直观而粗略地说，这些对象都是分形。

艺术中的分形之美

分形经常可以表现真实世界的"粗糙的质量"，反映了复杂形体占有空间的有效性，它是复杂形体不规则性的量度。欧几里得几何处理的平滑图形其实在自然世界中并不多见。曼德尔布罗特曾把他的想法应用在宇宙学上。奥尔伯斯悖论是由德国天文学家奥尔伯斯于 1823 年提出的。它说的是若宇宙是稳恒态且无限的，那么夜晚应该是明亮而不是黑暗的。由于无数平均分布的发光星体，在天上的任一位置都可以见到一个星体的表面，星体与星体之间不应有黑暗的区域，夜晚整个天空都应是明亮的。更确切的表述是，假设宇宙呈稳恒态且无限大，时空是平直的，其中均匀分布着同样的发光星体，由于发光星体的照度与距离的平方成反比，而一定距离上球壳内发光星体的数目和距离的平方成正比，这样就使得距地球一定距离的全部发光星体的照度的积分不收敛，夜晚的天空应当是无限亮的。在此之前，开普勒在 1610 年也提出过类似的想法。漆黑一片的夜空说明宇宙并非稳定状态，这成为大爆炸理论的一个证据。1974 年，曼德尔布罗特对奥尔伯斯悖论提出了新的解释，认为分形理论是该悖论的一个足够但非必要的解决方法。他认为，如果宇宙中恒星的分布符合分形要求，就没有必要依靠大爆炸理论来解释这个悖论。他的模型不排除大爆炸，但允许黑暗的天空存在，即使大爆炸没有发生。

虽然分形一般是作为方程式开始的，但对它们的最好的理解是作为几何形状。有了分形，直线被扩展到了无穷。在研究笛卡儿和费马提出的图形时，即使没有加入无穷线长的复杂性，很快也会出现如何计算曲线下的面积和曲线长度的问题。处理这样的问题，以及后来涉及的分形，都与无穷小的研究有关。17 世纪末，数学家们终于开始深入探索并掌握了无穷的概念。

泛函分析

"好的数学家看到类比，伟大的数学家看到类比之间的类比"，这是泛函分析理论的主要奠基人之一、波兰数学家巴拿赫的一句名言。泛函分析研究的主要对象是由函数构成的函数空间。泛函分析来自对函数空间的研究和对像傅里叶变换这样的函数变换的性质的研究，它在微分方程和积分方程的研究中特别有用。

"泛函"这个词的意思是作用于函数的函数，也就是说一个函数的自变量是函数。1910 年，法国数学家雅克·阿达玛开始使用这个名词。

19 世纪以后，数学进入了一个新的发展阶段。对欧几里得第五公设的研究引发了非欧几何这门新的学科，对代数方程求解的一般思考也产生了群论，对数学分析的研究进一步创立了集合论。这些新的理论都为用统一的观点把古典分析的基本概念和方法一般化创造了条件。这让函数的概念具有了更为一般的意义。古典分析中函数的概念是指两个数集之间的一种对应关系，而现代数学的发展要求建立任意两个集合之间的某种对应关系。

随着分析学中许多新分支的形成，分析、代数、集合的许多概念和方法常常出现在相似的地方。比如，代数方程求根和微分方程求解都可以利用逐次逼近法，并且解的存在和唯一性条件也极其相似。这种相似性在积分方程论中表现得更为突出。泛函分析的产生和这种情况有关，有些乍看起来很不相干的事物都存在类似的地方。因此，它启发人们在这些类似的地方探寻更一般化的真正属于本质的东西。这就是为什么巴拿赫说"好的数学家看到类比，伟大的数学家看到类比之间的类比"。

非欧几何拓展了人们对空间的认知，多维几何的产生允许我们用几何的语言把多变函数解释成多维空间的映像。这样就显示出了分析和几何之间的相似之处，同时存在将分析几何化的可能性。这种可能性要求进一步推广几何概念，以致最后把欧几里得空间扩充成无穷维数的空间。

20 世纪初，瑞典数学家弗列特荷姆和阿达玛发表的著作中出现了将分析学一般化的萌芽。随后，德国数学家希尔伯特开创了希尔伯特空间研究。在数学中，希尔伯特空间是有限维欧几里得空间的一个推广，它不局限于实数的情形和有限的维数，但又不像一般的非欧几里得空间那样破坏了完备性。与欧几里得空间相仿，希尔伯特空间也是一个内积空间。内积空间是线性代数里的基本概念，是增添了一个额外结构的向量空间。这个额外的结构叫作内积。内积将一对向量与一个标量连接起来，从而允许有距离和角的概念以及由此引申而来的正交性与垂直性的概念。此外，希尔伯特空间还是一个完备的空间，其上所有的柯西序列会收敛到此空间里的一点，从而使微积分中的大部分概念都可以无障碍地推广到希尔伯特空间。这成为了泛函分析的核心概念之一。

到了 20 世纪 20 年代，数学界已经形成了一般分析学的基本概念，开始研究无限维线性空间中的泛函和算子理论，从而产生了一门新的分析数学，叫作泛函分析。20 世纪 30 年代，泛函分析已经成为数学中的一门独立的学科了。

早在 1887 年，意大利数学家和物理学家维多·沃尔泰拉就谈及了泛函的一般概念。雅克·阿达玛的学生莫里斯·弗雷歇特和列维等继续研究了非线性泛函理论。雅克·阿达玛还创立了线性泛函分析的现代流派，一批围绕着巴拿赫的波兰数学家进一步将其发展起来。

泛函分析源自研究各种函数空间，而在函数空间里函数列的收敛有不同的类型，这说明函数空间具有不同的拓扑结构。而函数空间一般是无穷维线性空间，所以抽象的泛函分析研究的是带有一定拓扑结构的一般无穷维线性空间。

在具体的函数空间中，我们可以对函数进行各种各样的操作，其中最典型的操作是函数求导。这样的操作一般叫作算子。对拓扑线性空间中的算子的研究构成了泛函分析的一个很大的分支领域。

泛函分析的特点是它不但把古典分析的基本概念和方法一般化了，而且把这些概念和方法几何化了。比如，不同类型的函数可以看作"函数空间"的点或矢量。这样，最后得到了"抽象空间"这个一般的概念。它既包含了以前讨论过的几何对象，也包括了不同的函数空间。

泛函分析是研究现代物理学的一个有力的工具。n 维空间可以用来描述具有 n 个自由度的力学系统的运动，实际上需要用新的数学工具来描述具有无穷多自由度的力学系统。比如，梁的振动问题就是一个涉及无穷多自由度力学系统的例子。一般来说，从质点力学过渡到连续介质力学时，就要由有穷自由度系统过渡到无穷自由度系统。现代物理学中的量子场理论属于无穷自由度系统。泛函分析也强有力地推动了其他分析学科的发展。它在微分方程、概率论、函数论、连续介质力学、量子物理、计算数学、控制论、最优化理论等学科中都有重要的应用。今天，它的观点和方法已经渗入许多工程技术性的学科之中，成为近代分析学的基础之一。

第**6**章 ▶▶▶

驾驭无穷

没有任何问题可以像无穷那样深深地触动人的情感，很少有别的观念能像无穷那样激励理智产生富有成果的思想，然而也没有任何其他的概念像无穷那样需要加以阐明。

——希尔伯特

几何方法在求多边形和直边物体的面积和体积时十分方便，但在处理由曲线围成的区域的面积和由曲面围成的空间的体积，特别是黎曼几何和分形几何中的平面和空间时，就无能为力了。早期在处理一些不规则形状的面积和体积时，一般采用化整为零的方法，把不规则的形状分解成许多可计算的部分，然后累加起来。这种方法的核心思想在两千多年前就被阿基米德和欧多克索斯描述过，但精确的发展和应用直到无穷的概念产生以后才开始出现。17 世纪后期，无穷被看作一种解决这种问题的系统方法，微积分这种新方法和解析几何一起出现了，而发明这一方法的人是那个时代最伟大的两位数学家——牛顿和莱布尼茨。

微积分的起源

无理数，如 π、e 和 $\sqrt{2}$，都是无穷序列。无论是无穷大还是无穷小都让数学家们伤透了脑筋，古希腊人更是讨厌无理数。为了封杀无理数，他们不惜杀死了希帕索斯，因为他证明了无理数的存在。17 世纪，数学家们开始探索并最终接受了无穷的概念。无穷的概念和无理数最终成为有用而不是混淆预期和打乱信念的东西。

阿基米德用来计算圆的面积的方法是围绕圆的内外用多边形去逼近圆的面积，这就给出了一个圆的面积的上限和下限。多边形的边数越多就越接近圆，得到的面积就越准确。阿基米德涉及了两个重要的概念，即无穷和极限。对圆的面积的完美逼近就是让多边形的边数无限增加下去，以至趋近于圆。这时，圆的面积和多边形的面积之差就接近零，极限重合。

这样用很多很小的部分去逼近一个图形的面积和体积的可能性对阿基米德来说并不是什么新鲜的主意。早于阿基米德两百年，德谟克利特就否定过这样的方法，因为他认为这在逻辑上是有问题的（如果一个东西可以无限小，那么它们之间就无法区分）。照这样说，金字塔（锥体）就变成了立方体。古希腊的安梯丰是第一个提出穷竭法的人，他提议将圆的内接多边形的边数连续加倍。后来，尤多克斯把这种方法进一步精确化。

17世纪，当数学家们最终接受无穷和无穷小的概念后，穷竭法就以相应的代数公式应运而生了，微积分由此而诞生。当然，没有解析几何的产生和对极限的精确理解，这一切也是不可能的。

16世纪是西方资本主义的开始，资本在政治、经济、生产和社会生活中发挥着重要作用。在文化上，文艺复兴带来的新的价值观在欧洲传播开来，改变了人们的行为方式，改变了他们看待自己和世界的观点。资本支持了开发新工具所需的技术，使劳动者能够更有效地工作。因此，16世纪后半叶是一个重大技术进步时期，欧洲取得了它从未拥有过的成就。发展科学和机械的狂潮刺激了处理面积、体积和像速度这样的物理量的微积分的产生。德国科学家开普勒和荷兰工程师西蒙·斯蒂芬都在研究不规则形状的面积的计算问题。斯蒂芬要计算的是一个固体的重心，他通过一个三角形中的平行四边形来寻找中值，从而确定重心。

开普勒处理的是更有意思的问题。当按酒桶计算酒的价格时，价格是根据酒桶里酒的多少来计算的。但酒的多少用量酒尺衡量，这时没有考虑到酒桶横截面的变化。只有在酒桶里的酒完全装满或正好一半时，量酒尺才能给出精确的度量，因为酒桶中间大，两头小。如果酒桶从深度来看只装满了四分之一，它里面的酒其实并没有满桶的四分之一。所以，如果按四分之一来付钱的话，你可就亏了。开普勒建议把酒桶看成无穷多个小圆环，然后将它们的面积累加起来计算实际的容积。实际上，在天文计算中，他同样需要度量星球在一条弯曲轨道上扫过的区域。

伽利略曾经表示他要写一篇关于无穷的论文，但现在已经无从考证他当时是否真的写过。即使他曾经写过，那也在历史的变迁中遗失了。不过他参考无穷小的方法计算面积和体积的成果还是被保留了下来，这证明伽利略掌握了这些概念的特殊逻辑。

也许他更有意思的观察是整数的平方数还是整数，这在 19 世纪被集合论研究过。根据他的发现，有多少个整数就会有多少个平方数。那么是整数多还是它的平方数多呢？他的观察后来发展成为集合论中无穷集合的一个特性：一个集合的部分可以等于集合本身。不过，他当时拒绝了这个结论。他认为对于一个无穷的数量，是不能比较多少的，所以大于、小于和等于都只能应用在有限的数量上，而不适用于无穷。

另外一位意大利数学家博纳文图拉·卡瓦利把从阿基米德到伽利略关于无穷可分的研究综合起来，在 1635 年发表了被称为"不可分割"的方法。他使用后来被取代的费力的几何方法获得了令人印象深刻的结果。他涉及了相当于后来的微积分的东西。

卡瓦利受到伽利略的高度称赞。伽利略曾说，自从阿基米德以来，就算有人也很少有人像卡瓦利那样深入几何之中。1629 年，伽利略还帮助卡瓦利获得了一个教授职位。卡瓦利把几何体看成由一维的线或二维的平面累积构成。如何比较这些不可分割的几何体呢？他提出了卡瓦利原则：如果两个对象相应的横截面的面积在所有情况下均相等，

卡瓦利

则这两个对象的体积相等。如果两个横截面是与所选基本平面等距的平面，则它们是对应的。卡瓦利利用这个原则计算出了曲线 $y = x^n$（n 为正整数）下的面积。

卡瓦利原则被广泛地认为是十分有用和强有力的。法国数学家吉尔斯·罗贝瓦尔利用这一原则计算出了摆线下拱形的面积，并证明了摆线下拱形的面积是在那个区域内生成的圆的面积的 3 倍。然而，卡瓦利原则也受到了一些批评。首先，卡瓦利原则是直观的，虽然后来也被证明是正确的，但证明并不严格。其次，卡瓦利的著作实在难以阅读。再次，意大利当时的耶稣会不接受由无穷小组成的连续体，这样的学说是被禁止的。所以，卡瓦利为了避免争议，对使用无穷小数施加了限制。这让一些学者不能接受。也有人指责卡瓦利的方法是从开普勒等人的著作中衍生出来的，批评他的方法缺乏严格性，并认为两个无穷大之间没有有意义的比率，所以将一个与另一个进行比较是没有意义的。但不管怎么说，卡瓦利都被公认为是微积分的鼻祖之一。50 年后，微积分就诞生了。

微积分的发明是数学史上的一个伟大的转折点，它解决了困扰数学家们两千年来的问题，打开了一扇前人未知的大门。

微积分到底讲的是什么

微积分由微分和积分两部分构成，其中积分用来求由无数个无穷小的面积组成的面积。那么如何求解积分呢？虽然积分的思想简单，但求解不同曲线下的积分并不是那么容易。这种求曲线面积（求积分）的关键藏在了一个看起来跟它毫无关联的东西身上，这个东西就是微分。当牛顿和莱布尼茨从各自不同的角度都意识到积分和微分之间的内在关系之后，数学就迎来了一次空前的大革命。

一条直线的倾斜程度是用它的斜率来表示的。建立一个坐标系，当直线在 x 轴上变化了 Δx（x 变化量的数学符号表示）的时候，看看它在 y 轴上的变化量 Δy 是多少。这两个变化量的比值（$\Delta y / \Delta x$）就是这条直线的斜率。在三角函数中，这个斜率刚好就是这条直线和 x 轴的夹角 θ 的正切 $\tan\theta$，即 $\tan\theta = \Delta y / \Delta x$。

曲线跟直线不同，它完全可以在这里平缓一点儿，在那里陡峭一点儿。它在不同地方的倾斜程度是不一样的。所以，我们就不能说一条曲线的倾斜程度（斜率），而只能说曲线在某个具体点的倾斜程度。于是，一个新的概念——切线就被引入了。

直观地看，切线就是刚好在这个点上"碰到"曲线的直线。因为切线是直线，所以切线有斜率，于是我们就可以用切线的斜率代表曲线在这一个点上的倾斜程度。那么又如何得到曲线在某一个点上的切线呢？我们知道确定一条直线必须要有两个点，只有一个点是无法确定一条直线的。解决这个问题的一个很朴素的思路就是，为了确定这条切线，就必须找到两个点，让它们无限靠近，但又不能让它们重合。它们没重合的话就依然是两个点，两个点可以确定一条直线；两个点无限靠近的话，就可以把切线跟一般的割线区分开来。这样就两全其美了。

两个点必须无限靠近而又不能重合，这样它们的距离就无限接近 0，但又不等于 0。这是什么？这就是无穷小。我们求曲线围成的区域的面积时，核心思想就是用无数个矩形去逼近原图形，这样每个矩形的底就变成了无穷小。这里，我们又认为当两个点之间的距离变成无穷小的时候，它们所确定的割线就变成了经过这一点的切线，所以微积分是关于无穷小的学问。

伟大的数学家莱布尼茨给这两个趋近 0 而又不等于 0 的变量 Δx 和 Δy 重新取了一个名字 dx 和 dy，并把它们称为微分。所以，对莱布尼茨而言，dx 这个微分就是当 Δx 趋向 0 时的无穷小量，dy 也一样。虽然 dx 和 dy 都是无穷小，但是它们的比值 dy/dx 是一个有限的数，这就是经过该点的切线的斜率。

显然，我们用曲线上的一点定义了切线，那么在平滑曲线的其他点上也能定义切线。因为每条切线都有一个斜率，所以，曲线上的任一点都有一个斜率跟它对应。两个量之间存在一种对应关系，这就是函数。函数 $y = f(x)$ 就是告诉我们：给定一个 x，就有一个 y 跟它对应。现在我们给定一个点（假设横坐标为 x），就有一个斜率 dy/dx 跟它对应，显然这也是个函数。这个函数叫导函数，简称导数。有了导数，我们就可以用导数来描述曲线的倾斜程度了。

为什么导数这么重要呢？因为导数反映的是一个量变化快慢的程度，这其实就是一种广义的"速度"。有了导数，我们就能轻而易举地求一条曲线的极值（极大值或极小值），因为只要导数不为 0，曲线在这里就是在上升（大于 0）或者下降（小于 0），只有导数等于 0 的地方，才可能是一个极值点。

在牛顿和莱布尼茨之前，其实很多人早已有了对微积分的一些认识，比如前面提到的伽利略、卡瓦利和吉尔斯·罗贝瓦尔等人，那么为什么最终牛顿和莱布尼茨成为微积分的发明人呢？因为他们在这些寻常事实的背后发现了一个极不寻常的秘密：求面积和求导数（或者说积分和微分）这两个看似完全不搭边的运算竟然是一对互逆运算。

积分和微分是一对互逆运算，这是微积分最核心的思想。把这个思想用数学语言描述出来就会得到一个定理，这个定理叫微积分基本定理。这就是牛顿和莱布尼茨在微积分里最重要的发现。因此，微积分基本定理又叫牛顿 – 莱布尼茨公式。

那么，什么是互逆运算？简单地说，如果有两种运算，其中一种能够把它变过去，另一种又可以把它变回来，那么这两种运算就是互逆运算。比如，加法和减法是一对互逆运算，求面积（积分）和求导（微分）也是一对互逆运算。

当我们说求面积（积分）和求导（微分）是一对互逆运算的时候，那就是说有一个东西，我们对它进行积分操作（求面积）时可以得到一个新东西，对这个新东西再进行微分操作（求导）时又能得到原来的那个东西。这样，复杂的积分可以通过相对简单的微分来计算。

在求抛物线 $y = x^2$ 与 x 轴在 0 和 1 之间围成的面积时，如果用 n 个矩形去逼近，每个矩形的底就是 $1/n$，n 个矩形的面积之和就是 $S = (1/n)(1/n)^2 + (1/n)(2/n)^2 + \cdots + (1/n)(n/n)^2 = 1/3 + 1/(2n) + 1/(6n^2)$。当 n 趋向无穷大的时候，后面两项就趋近无穷小，可以忽略不计，所以结果就只剩下第一项 1/3。用这种方法，面对不同的曲线，就可以得到不同的求和公式，最后还得保证相关项可以变成无穷小而被省略。这太难了。所以，这种方法的复杂程度和局限性都非常大，难以推广。

但是在牛顿和莱布尼茨发现积分和微分是互逆运算之后，这一切就改变了。这时，我们有了另一种选择：积分问题可以用微分来解决。我们计算 $f(x) = x^2$ 的导数，最终会得到这样的结果：$f'(x) = dy/dx = 2x$。反过来，如果我们知道函数

$f(x)=2x$，就完全可以反推出原来的函数是 $f(x)=x^2+c$。为什么这里多了一个常数项 c？因为对常数求导的结果都是 0，所以就多了这样的一个尾巴。也就是说，$f(x)=x^2$，$f(x)=x^2+1$，$f(x)=x^2+3$ 等函数的导数都是 $f(x)=2x$。只凭 $f(x)=2x$，我们无法确定最开始的函数具体是什么样子。但是，我们可以确定它一定就是 x^2 加上一个常数。于是，我们就把求导之前的函数 $f(x)=x^2+c$ 称为 $f(x)=2x$ 的原函数。

物理学中有速度–时间（$v-t$）曲线。$v-t$ 曲线是指在一个坐标系里，用纵坐标表示物体运动的速度 v，用横坐标表示时间 t。$v-t$ 曲线与坐标轴围成的区域的面积 s 就是物体运动的位移的大小（位移有方向，是一个矢量）。物体做匀速直线运动的轨迹就是一条平行于 t 轴的直线，速度 v 乘以时间 t 刚好就是它们围成的矩形的面积 s，而速度乘以时间的物理意义就是位移。所以，用面积代表位移没有问题。

当物体不做匀速直线运动（轨迹是曲线）的时候，我们就可以把时间切割成很多小段，在每一小段里把物体的运动近似当作匀速直线运动，这样每一小段与坐标轴围成的区域的面积就代表物体在每一小段里的位移。我们把所有小段对应的面积加起来，得到的总面积不就可以代表总位移了吗？所以，曲线与坐标轴围成的区域的面积 s 一样可以代表位移。

积分是求函数所表示的曲线围成的区域的面积的过程，用速度 v 通过积分就得到了位移 s。微分是求导的过程，对位移 s 求一次导数就能够得到速度 v。有了原函数以后，我们也可以根据速度 v 把位移 s（求导之后等于速度 v）求出来，这时位移 s 就是速度 v 的原函数（无非再加一个常数）。于是，原函数就有了求面积（积分）的效果。

也就是说，对 s 求导一次就得到了 v，那么对 v "反向求导"一次就可以得到 s，这时 s 是 v 的原函数。因为 s 在求导一次后能变成 v，所以 v 在积分一次后也能变成 s（互逆运算）。于是，对于 v，通过求原函数和积分都能得到 s，所以原函数 s 其实就有了积分（曲线与坐标轴围成的区域的面积）的效果。这有些曲折，但不难理解。牛顿就是在研究物体的运动时发现微积分的。

简单地说，因为积分和微分是一对互逆运算，所以用"反向微分"（求原函数）

的话，自然就"负负得正"，得到和积分一样的效果了。过去求曲线 $f(x)=x^2$ 和 x 轴在 0 到 1 区间里围成的区域的面积这件原本属于积分的事情，现在就可以通过"反向微分"（求原函数）来实现。这是一次非常华丽的转身，这种新方法把问题简化到了十分简单的程度。正是这一转身让数学发生了根本性的改变。

这就是微积分的基本定理，也是微积分的核心思想。牛顿和莱布尼茨在发明微积分时，他们就看到了积分和微分是一对互逆运算，于是就可以使用"反向微分"（求原函数）的方法来处理积分问题。

数学不断地从不同领域抽象出一些相同的本质，然后尽可能地把抽象出来的东西一般化、程序化，这样我们就能越来越方便地掌握各种高级数学工具。因此，数学越发展越抽象，越看重这种能够一般化、程序化的解决某种问题的方法。所以，方程的思想是革命性的，微积分也一样。中国当代数学家华罗庚说过："新的数学方法和概念常常比解决数学问题本身更重要。"

微积分使用了一种通用的方法来处理各种曲线围成的区域的面积，稍加变化后，我们就能求出曲线的长度或者曲面包含的空间的体积。微积分之所以能够简化求面积的逻辑，是因为微积分把这部分逻辑都打包到求原函数里去了，而后者是一个可以一般化、程序化的操作。

有了微积分基本定理的核心思想，求一个函数的原函数就成了解决一个问题的核心。研究各种常见函数的求导方法和求原函数的方法自然就发展起来了。数学家们顺藤摸瓜，进一步探索这样一些问题：对于一些由常见函数组成的复合函数，比如两个函数相加、相减、相乘、相除、嵌套复合等，这时应怎么求原函数，怎么求积分？再进一步，现在知道了如何求面积，那么怎样求空间的体积，求曲线的长度呢？然后就是研究任何弯曲的东西，这就等于说用微积分重新研究几何，从而产生了微分几何。

在这方面第一个做出贡献的是欧拉。1736 年，他首先引入了平面曲线的内在坐标这一概念，即以曲线弧长这一几何量作为曲线上的点的坐标，从而开始研究曲线的内在几何。19 世纪初，法国数学家蒙日首先把微积分应用到曲线和曲面的研究中去，并于 1807 年出版了他的《分析在几何中的应用》一书。这是微分几何方面最早的一部著作，他也因此有了"微分几何之父"的美誉。古典微分几何研究三维空间中的曲线和曲面，而现代微分几何开始研究更一般的空间——流形。现代微分几何的创始人是黎曼，他在 1854 年创立了黎曼几何，这成为现代微分几何的主要内容。爱因斯坦的广义相对论就是以黎曼几何作为重要的数学基础的。中国数学家陈省身从外微分的观点出发，给出了高斯-博内定理的内蕴证明，为微分几何做出了极为杰出的贡献。

有了微积分，很多物理定律都可以写成微分方程的形式，有多个变量的时候就是偏微分方程。比如，电磁学中的麦克斯韦方程组、波动方程以及广义相对论的场方程都是这样。有了微积分，各种不同曲线的长度计算就不成问题了。那么，如何确定在特定条件下最短的那条曲线呢？这就发展出了变分法，变分法配合最小作用量原理，在物理学的发展中起到了极为关键的作用。

所以，微积分在接下来的两个世纪里基本上就这样疯狂地扩张着。科学（尤其是物理学）的发展需要微积分，微积分也需要从科学里汲取营养，它们就这样相互促进、相互成长，共同发展。这就是为什么说微积分的发明是数学史上的一个划时代的转折点，它打开了一扇前所未有的数学大门。

第二次数学危机

这些微积分创立初期的想法非常符合我们的直觉，但是在逻辑上是不严密的。这种无穷小量的模糊概念招致了包括贝克莱大主教在内的很多人对微积分的攻击，引发了第二次数学危机。尽管数学家、科学家和工程师不断使用无穷小量得到正确的结果，但这个无穷小量没有一个严密的数学定义，这让微积分就像建立在沙丘上的大厦，总给人一种随时可能倾覆的感觉。到底什么是无穷小，一直到 19 世纪柯西等人完成了微积分的严密化之后才彻底被定义。

莱布尼茨把 dx 视为一个无穷小量，但是无穷小量是怎么说都说不清楚的。无穷小到底有多小？数学上又应该如何定义无穷小？什么叫一个接近于 0 而又不等于 0 的无穷小量？为什么有时可以把它当作除数约掉（认为它不为 0），有时又随意把它舍弃（认为它等于0）？让人奇怪的是，欧拉、拉格朗日、拉普拉斯、伯努利兄弟这些历史上的顶级数学家竟然都对这个问题"视而不见"，避而不答。更让人奇怪的是，他们使用这种逻辑不严密的微积分时居然没有出什么差错，只能说天才们的直觉确实是一种天赋。但是，无穷小这个问题始终威胁着微积分的基础。因此，微积分最后的问题就是：如何使微积分严密化，如何把微积分建立在一个坚实的逻辑基础之上。

过去，科学和哲学是一家。因为纯粹的思辨在哲学里非常常见，所以以前的科学里到处夹杂着这种可以理解而无法测量的东西，这就极大地限制了科学的发展。如果无法测量一个东西，你就无法用实验去验证它；无法验证时，你就不知道它是对是错；你不知道对错，那就只能由专家说了算，那就很麻烦。所以，亚里士多德的学说可以统治欧洲近两千年。

现代科学从哲学里分离了出来，一个标志就是科学必须是那些能够用实验测量和在逻辑上可以证明的东西，而那些用实验无法测量和用逻辑无法证明的东西就不被认为是科学。"现代科学之父"伽利略的核心观点就是：用数学定量地描述科学，用实验验证科学。所以，现代科学必须是严谨的、符合逻辑的和可证明的。

解决无穷小问题的是法国数学家柯西。柯西深刻地认识到，只要涉及数学概念，关于连续运动的一些先验的直观观念都是可以避免的，甚至是必须避免的。科学放弃了形而上学方面的努力，采用"可观测"概念之后就迎来了大发展。数学为什么不也这样呢？

柯西在1789年8月21日出生于巴黎。他的父亲是一位精通古典文学的律师，与当时法国的大数学家拉格朗日和拉普拉斯的交往密切。柯西少年时代的数学才华颇受这两位数学家的赞赏，他们预言柯西日后必成大器。

柯西

柯西在学生时代有个绰号叫苦瓜，因为他平常像一个苦瓜一样，静静地待着不说话。如果他说了什么，那也很简短，令人摸不着头绪。和这种人沟通是很难受的。所以，柯西的身边没有朋友，只有一群嫉妒他的聪明才智的人把他看成一个神经病。柯西的母亲听到了传言，写信来关心他。柯西回信道："如果基督徒会变成精神病，那么疯人院早就被哲学家充满了。亲爱的母亲，您的孩子像原野上的风车，数学和信仰就像他的风翼一样，当风吹来的时候，风车就会平衡地旋转，产生帮助别人的动力。"

大学毕业后，柯西先后做过巴黎运河工程的工程师和多所大学的教师。柯西在很多方面的研究成果丰富，复变函数的微积分理论就是由他创立的。他在代数、理论物理、光学、弹性理论方面都有突出贡献。柯西的数学成就不仅辉煌，而且数量惊人。他在数学史上是仅次于欧拉的多产数学家。他的光辉名字与许多定理、准则一起被铭记在当今的许多教材中。

柯西的全集从 1882 年开始出版，到 1974 年才出齐最后一卷，总计 28 卷。据说柯西在年轻的时候向《巴黎科学院学报》投递论文的速度非常快，数量非常多。印刷厂为了印制这些论文抢购了巴黎所有纸店的存货，使得市面上纸张短缺，纸价大增，印刷成本上升。科学院不得不通过决议：以后发表论文时每篇的篇幅不得超过 4 页。柯西的不少长篇论文只好改投到外国的刊物上发表。

柯西最大的贡献就是成功地建立了极限论。1821 年，柯西提出定义极限的方法，用不等式来刻画极限过程，使数学分析的基本概念得到严格的论述，从而结束了 200 年来微积分在思想上的混乱局面，把微积分从对几何概念、运动和直观了解的完全依赖中解放出来，并使微积分发展成现代数学中最基础、最庞大的数学学科。

我们知道实数跟数轴上的点一一对应。当我们说一个量在无限趋近 0 的时候，很多人的脑海里浮现的画面就是一个点在数轴上不停地移动，从一个点移动到下一个点，一直靠近 0 这个点。但是这个图景是不对的，为什么？因为实数是稠密的。稠密就是说任意两个点（实数）之间永远都有无数个点（实数）。你以为它能从一个点移动到邻近的下一个点吗？这是做不到的。两个点之间永远有无数个点，也就是说一个点根本就没有所谓的"下一个点"。如果你认为我一定要走完了从一个点到另一个点之间所有的点才能到达那一个点，那么你就不可避免地会陷入芝诺悖论里去。因为你压根儿就不可能走完任何两个点之间的所有点（因为有无穷多个点），所以，如果按照这种逻辑，你就根本"走不动"。

因此，面对这种连续概念的时候，我们就不应该采用这种"动态的"定义。想通过"让一个点在数轴上动态地运动来定义极限"是行不通的，这就是莱布尼茨的无穷小量说不清的真正原因。

数学家们经过100多年的探索、失败和总结，终于意识到了这一点。这些思想在柯西这里终于成熟了。于是，柯西完全放弃了那种动态的定义方式，转而采取了一种完全静态、完全可以描述测量的方式重新定义极限，进而为微积分奠定了扎实的基础。

柯西对极限的新定义是：当一个变量相继的值无限趋近某个固定值的时候，如果它与这个固定值之间的差可以任意小，那么这个固定值就被称为它的极限。

柯西的定义跟以前定义的差别到底在哪里呢？柯西虽然也使用"无限趋近"这种表述，但是他只是用它来描述这种现象，并不是用它来做判断。他的核心判断是后面的一句话：如果它与这个固定值之间的差可以任意小，那么这个固定值就被称为它的极限。

可以任意小和你主动去无限逼近是完全不一样的。可以任意小的意思是说，你让我有多小，我就可以有多小。你让我小于0.1，我就能小于0.1；你让我小于0.01，我就能小于0.01；你让我小于0.00…001，我就可以小于0.00…001。只要你能说出一个确定的值，不管你说的值有多小，我就可以让它跟这个固定值的差比你说的更小。柯西说，如果是这样的话，那么这个固定值就是它的极限。

柯西通过这种方式把那些不可测的概念挡在了数学之外，因为你能具体说出来的数肯定都是"可观测"的。在柯西这里，无穷小量不过就是一个极限为0的简单的量而已，一个"只要你可以说出一个数，我肯定就可以让它和0的差比你给的数更小"的量。这样，我们就能把它说得清清楚楚，它也不再有任何神秘之处，不再是说不清的了。

魏尔施特拉斯和勒贝格

后来，德国数学家魏尔施特拉斯用完全数学的语言改进了柯西的这段纯文字的定义，得到了最终的也是我们现在在教材里使用的 $\varepsilon - \delta$ 极限定义。于是，一个逻辑严密、不再"说不清"的极限理论就被构建起来了。有了这个坚实的基础，第二次数学危机就被化解了，微积分迎来了新生。

魏尔施特拉斯经常被称为"现代分析之父"。尽管他没有完成大学学习，也没有获得学位，但他自学数学，在接受了教师培训后，教授数学、物理、植物学和体操。他最终获得了荣誉博士学位，成为柏林大学的数学教授。他其实是一名"官二代"，他的父亲是一名政府官员。他对数学的兴趣开始于他在中学作为体育特长生。毕业后，他被送到波恩大学学习，准备担任政府职务。他的研究涉及法律、经济学和金融领域，与学习数学的愿望发生冲突，结果他没有坚持到获得学位就离开了大学。当然，这并不影响他的父亲为他在一所师范学校谋得一个教师职位。

魏尔施特拉斯的全部兴趣都在数学上，他对微积分的健全性特别感兴趣。当时微积分的基础定义还是有些含糊不清，因此重要的定理无法得到足够严格的证明。尽管柯西为极限制定了一个相当严格的定义，但直到多年后，大多数数学家仍然不知道他的工作，而且许多数学家对极限和功能连续性的定义含糊不清。魏尔施特拉斯正式界定了函数的连续性，证明了中间值定理和以他与另外一名数学家的名字命名的顺序紧凑定理，并利用后者研究闭合边界间隔下连续函数的特性。这些都成为了数学分析中的基本定理。

晚年的魏尔施特拉斯被困扰在远远超越了通常师生关系的私人关系之中。这种关系中的另一方在 1891 年早亡，导致了他后来的健康状况不佳。他在生命的最后三年中完全

魏尔施特拉斯

瘫痪在床，最后在柏林死于肺炎。

　　微积分在 $\varepsilon-\delta$ 定义的新极限下被重新定义，我们还能非常严格地证明微积分基本定理，也能很好地处理连续性、可微性、可导性、可积性等问题。虽然具体的计算方式跟以前的差别不大，但是微积分的这个逻辑基础已经发生了翻天覆地的变化。

　　在魏尔施特拉斯给出极限的 $\varepsilon-\delta$ 定义之后，微积分的逻辑问题基本上解决了，但还有一些其他的问题。比如，有了微积分，数学家当然希望尽可能多的函数是可以求出积分的，但是勒热纳函数就没法这样求积分。勒热纳函数是勒热纳构造出来的一个"病态函数"。他认为关于 x 和 y 的任意规则都是函数，不一定要有解析表示或等式。为了举例，他定义了一个函数，x 为有理数的时候 $y=a$，x 为无理数的时候 $y=b$。这一被数学家们称为病态函数的函数在每一个点都不连续，因此处处不可导。那么该函数是否可积呢？

　　这个问题一直拖到 20 世纪初才由法国数学家勒贝格解决。勒贝格对我们常见的长度、面积概念做了扩展，得到了更一般的测度概念。在数学分析上，测度是一个函数，它为一个给定集合的某些子集指定一个数。对于维数为 1, 2, 3 的情况，勒贝格测度就是通常的长度、面积和体积。他基于这种测度定义了适用范围更广的勒贝格积分，将积分运算扩展到任何测度空间中。在最简单的情况下，对一个非负值的函数的积分可以看作函数曲线与 x 轴之间的面积。勒贝格积分则将积分运算扩展到更广泛的函数（可测函数），并且扩展了可以进行积分运算的集合（可测空间）。于是，原来无法求积分的勒热纳函数在勒贝格积分下就可以求积分了。然后，勒贝格基于测度的理论也给出了一个函数是否可积的判断条件，完美收官。

　　勒贝格于 1875 年 6 月 28 日出生在法国的博瓦斯镇。他的父亲是一位印刷工人，母亲是一名学校教师。他的父亲酷爱读书，很有教养。在父亲的影响下，勒贝格从小勤奋好学，成绩优秀，特别擅长计算。他的家里还有一个图书馆，这是勒贝格儿时的乐园。不幸的是，他的父亲在他还很小的时候就病逝了。母亲微薄的收入成为了家里唯一的经济来源。他在上小学时表现出了非凡的数学天赋，他的一位老师为他争取到了社区的支持，他才能够进入中学学习，后来又转到巴黎学习。

1894 年，勒贝格考入巴黎高等师范学院，在那里他因敏锐的头脑和傲慢的学习态度而闻名。这也是他非正统态度的早期表现，这种态度后来反映在他在积分方面的工作上。1897 年毕业后，他在学校的图书馆中工作了两年，然后到法国的南希从事教学工作，同时完成了他的博士学业。从 1897 年毕业到 1902 年在南希工作的结束，勒贝格在综合微积分方面做了一些最重要的工作。

    勒贝格的一生都献给了数学事业。他在 1922 年被推选为法国科学院院士，此时他出版和发表的著作和论文已达 90 部（篇）之多，其内容除积分理论外，还涉及集合与函数的构造、变分学、曲面面积以及维数理论等重要成果。勒贝格的工作是对 20 世纪科学领域的重大贡献，但和科学史上所有的新思想运动一样，他并不是没有遇到阻力。在勒贝格的研究中扮演重要角色的是那些不连续函数和不可微函数，这在当时被人们认为违反了所谓的完美性法则，是数学中的变态和不健康部分，从而受到了某些数学家的冷遇，甚至有人曾企图阻止他发表一篇讨论不可微曲面的论文。勒贝格曾感叹道："我被称为一个像没有导数的函数一样的人！"

勒贝格

    然而，不论人们的主观愿望如何，这些具有种种奇异性质的对象都自动地进入了研究者曾企图避开它们的问题之中，让人们无法回避，也给数学带来了前进的动力。勒贝格充满信心地指出："使得自己在这种研究中变得迟钝了的那些人是在浪费他们的时间，而不是在从事有用的工作。"

    人类从求面积开始，微积分之旅跨越了两千多年。古希腊人和古代中国人都知道用已知的多边形去逼近复杂的曲线，阿基米德用穷竭法算出了一些简单曲线围成的区域的面积，刘徽用正多边形去逼近圆，也就是用割圆术去计算圆周率。

    牛顿和莱布尼茨发现了微分和积分是一对互逆运算这个惊天秘密，正式宣告了微积分的诞生。柯西和魏尔施特拉斯用 $\varepsilon-\delta$ 重新定义了极限，把一个似乎说不清的微积分重新建立在坚实的极限理论的基础之上，彻底解决了无穷小量的问题，挽救了第二次数学危机，也在数学领域解决了芝诺悖论。勒贝格基于集合论，对积分理论进行了一次革命，建立了定义范围更广泛的勒贝格积分，进一步把微积分推进到了实分析。

无穷小量

20世纪60年代初，有一个叫鲁滨逊的德国人重新捡起了莱布尼茨的无穷小量。他把实数扩展到非实数，直接把无穷大和无穷小变成了非实数域里的元素。所以，他的理论可以直接处理无穷小量，这是第一个严格的无穷小理论。

我们知道，幽灵般的无穷小量在微积分建立初期掀起了无数风雨，后来经过柯西和魏尔施特拉斯的努力，才终于在坚实的 $\varepsilon-\delta$ 极限理论之上重建了微积分。柯西和魏尔施特拉斯的这一套让微积分严密化的方法称为标准分析。

而鲁滨逊认为，虽然无穷小量不严谨，但是大家基于无穷小量做的微积分计算都是正确的，这至少表明无穷小量里应该也包含某种正确的成分。$\varepsilon-\delta$ 极限是一种绕弯解决无穷小量不严谨问题的方法，但是这种方法并不是唯一的。鲁滨逊选择直接面对无穷小量，直接建立了另一种让微积分严密化的方法。因此，与柯西和魏尔施特拉斯的标准分析相对，鲁滨逊的这种方法称为非标准分析。

提出了不完备定理的数学大师哥德尔对非标准分析推崇备至，他认为非标准分析将会是未来的数学分析。他说："在未来的世纪中，将要思量数学史上的一件大事，就是为什么在发明微积分300年后，第一个严格的无穷小理论才发展起来。"

鲁滨逊出生在一个犹太家庭，有着强烈的犹太复国主义信仰。1933年，他获得了希伯来大学的第一个学位。第二次世界大战期间，鲁滨逊正在法国。为了躲避纳粹，他乘火车和步行逃跑。在路上，法国士兵怀疑他的德国护照是假的，于是交替盘问他，在盘问中发现他携带的地图比他们的更详细，于是要求他把地图留下才可以离开。

逃回伦敦，他参加了自由空军，通过自学空气动力学成为了战斗机机翼使用方面的专家，为第二次世界大战做出了贡献。战后，鲁滨逊曾在英国、加拿大、耶路撒冷和美国等国家和地区的大学中工作。他以使用数学逻辑方法攻克分析和抽象代数中的问题而闻名。他介绍了模型理论的许多基本概念。通过使用这些方法，他找到了一种使用形式逻辑来表明存在实数系统的自洽性非标准模型的方法，该模型包括无穷大和无穷小。

鲁滨逊

一场旷世的著名而无聊的战争

微积分可谓是一项伟大的发明，但分别独立发明它的两个伟大人物牛顿和莱布尼茨为了争夺发明权的归属大打出手，发动了一场旷世的著名而无聊的战争。

莱布尼茨在 1646 年 7 月 1 日出生于德国东部名城莱比锡。莱布尼茨从小就很聪慧，12 岁时自学拉丁文，阅读了父亲私人图书馆中的大量拉丁文古典著作。14 岁时，莱布尼茨进入莱比锡大学攻读法律。20 岁时，他递交了一篇出色的博士论文，但因为年纪太轻而被拒绝。后来黑格尔说，其实是因为莱布尼茨的学识过于渊博，这让当时的学界大佬们因为嫉妒而无地自容。但这阻挡不了第二年纽伦堡的一所大学授予他博士学位。

莱布尼茨是历史上少见的通才，被誉为 17 世纪的亚里士多德。著名的哲学家罗素称赞他为"千古绝伦的大智者"。莱布尼茨最大的成就在哲学和数学方面，但他不是一个职业学者。法学出身的他在毕业以后就做了德意志贵族们的法律顾问和幕僚，往返于欧洲各大城市之间，为他们服务。据说他的微积分研究都是在颠簸的马车上完成的，当然最优美的还有他在伦敦旅行期间发现的圆周率的无穷级数表达式。1679 年，他还发表过《二进制算术的解说》一文，引入了数字 0 和 1，正式确立了二进制数及其运算规则，被广泛认为是二进制的发明人。

莱布尼茨

1684 年，莱布尼茨发表了他的第一篇微分论文《一种求极大值与极小值和求切线的新方法》。这是数学史上第一篇正式发表的微积分文献，也是莱布尼茨对自己自 1673 年以来进行微积分研究的总结。1686 年，他发表了他的第一篇积分论文《深奥的几何与不可分量及无限的分析》。这篇论文论述了积分（或求面积问题）与微分（或切线问题）的互逆关系。从几何入手，莱布尼茨引入了常量、变量和参变量等概念，完成了微积分的基本计算理论。他还提出了一整套微积分符号，奠定了今天微积分中使用的符号表达系统。

莱布尼茨的这两篇论文让他得以宣称自己是微积分的第一创始人。微积分的意义是如此重大，到了 1700 年，莱布尼茨在整个欧洲被公认为是当时最伟大的数学家，可这下惹怒了牛顿。

牛顿，因为发现万有引力定律这个古典物理学的基石之一而举世闻名。其实早在不停地做实验，潜心思考支配宇宙的物理法则的同时，他也思考了微积分所涉及的数学问题，并创立了称为流数法的微积分。但牛顿的发明和发现大多是他在几乎与世隔绝的乡下住所里完成的，并且在大半生的时间里，他都没有将这一发明公之于世，而仅仅将其作为自己的私人稿件在朋友之间传阅。直到发明微积分 10 年之后，他才正式出版相关著作。客观地说，莱布尼茨是在晚于牛顿的 1675 年才发明微积分的，但他介绍微积分的著作的出版时间的确早于牛顿。

两位科学巨人在微积分发明权的归属上大打出手，互不相让，一场"战争"就这样爆发了。莱布尼茨曾看过牛顿早期的研究，牛顿因此认定莱布尼茨剽窃了自己的成果，他开始最大限度地利用自己的声望来攻击莱布尼茨。牛顿声称莱布尼茨知道自己首先发明了微积分，他能证明这一点。依靠自己多年建立的巨大声望，牛顿指使亲信撰文攻击莱布尼茨。牛顿的支持者暗示莱布尼茨偷窃了牛顿的理念，并帮着牛顿反驳各种回应和指责。

莱布尼茨自然毫不退让，任何人都不会对这样的攻击置之不理。在支持者的帮助下，莱布尼茨奋起反击。莱布尼茨宣称事实的真相是牛顿借用了他的理念。他积极联络欧洲的学者，一封接一封写了许多信为自己辩护。莱布尼茨还匿名发表了多篇为自己辩护以及攻击牛顿的文章。利用他在欧洲贵族内的人脉，他甚至将争论引入政府层面，还把状告到了英国国王那里。

微积分之争日趋激烈，牛顿和莱布尼茨以公开或秘密的方式相互攻击。他们一方面请人代写评论，一方面自己发表匿名文章。两人都是十分有影响力的科学大佬，都充分利用自己的声望号召人们支持自己。当时的学者也由此分成两个对立的阵营。两人收集了大量的证据，写了大量证明自己观点的文章。每次读到对方的指控时，两人都会怒不可遏。直到莱布尼茨于 1716 年去世，这场"战争"似乎才算结束。其实莱布尼茨的离世也并未让微积分之争彻底结束，因为牛顿一直没有停止"战斗"，仍在继续发表攻击性的文章。

现在历史学家的共识是，牛顿和莱布尼茨分别独立发明了微积分。莱布尼茨发明的时间晚，但发表在先。在微积分的表达形式方面，莱布尼茨花了很多精力去选择巧妙的符号，现代教科书中的积分符号 $\int$ 和微分符号 dx 都是由莱布尼茨发明的。莱布尼茨和牛顿两个最伟大的头脑和一场最无味的战争，也许这是一个关于人类的骄傲本性的永恒教训！

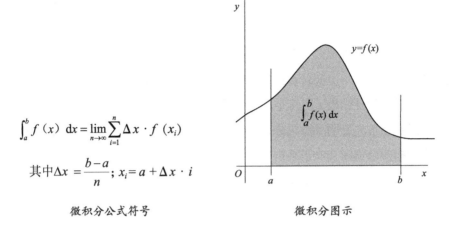

$$\int_a^b f(x)\,\mathrm{d}x = \lim_{n\to\infty}\sum_{i=1}^{n}\Delta x \cdot f(x_i)$$

其中 $\Delta x = \dfrac{b-a}{n}$; $x_i = a + \Delta x \cdot i$

微积分公式符号　　　　　　　　　　微积分图示

傅里叶

微积分可以用来确定极值，这让它在处理各种波形问题时十分有价值。在这方面最早做出贡献的是英国数学家布鲁克·泰勒。1714年，他给出了提琴琴弦振动频率的数学描述，并提出了著名的泰勒公式。1746年，法国数学家让·勒朗·达朗贝尔进一步完善了泰勒关于琴弦振动频率的模型，展示了在不同方向上两个波的传播。英国物理学家麦克韦斯在探索电磁学时发现了同样的三维波，这让他预言无线电波的存在。今天的收音机、电视机和雷达无不建立在早期对乐器波形的分析研究之上。

数学家欧拉在进一步研究声音的传播时发现问题的核心是一个三角几何序列。1822年，法国数学家傅里叶也发现在金属棒中热量的传播规律是一个三角几何序列。他因此发展出傅里叶分析，使他能找到从任何初始温度开始的热量传播模型的数值。现在，傅里叶分析用来把复杂的合成波形分解成它们的组成部分来加以分析。例如，一个声音信号可以分解为不同的频率和振幅。虽然他的方法并不精确，但在后来的研究中被加以完善，并广泛地用于将声音信号压缩为像 MP3 这样可以下载的音乐格式。

傅里叶于 1768 年 3 月 21 日出生在法国中部欧塞尔的一个裁缝家庭。他在 9

岁时沦为孤儿，被当地的一位主教收养，后来进入军校学习。小时候的傅里叶是一个问题少年，从不听老师的话，差点沦落街头。幸好他对数学产生了兴趣，才免于堕落而最终完成了学业。然而，他的出身无法让他成为一名士兵，而法国大革命的爆发又让他无法成为一名教徒。21 岁那年，他带着自己的数学研究成果来到了位于巴黎的法国科学院。他的才能引起了拉格朗日和拉普拉斯的注意，他们帮助他在巴黎综合理工学院获得了一个职位。在那里，他认识了正在寻找在弹道研究上的数学帮助的拿破仑。拿破仑在 1798 年征服埃及的时候把傅里叶带在了身边，傅里叶成为了他的幕僚。

傅里叶

　　从埃及回来后，拿破仑让傅里叶出任省长，帮他管理一方行政。就是在这段时间，傅里叶做出了他在热传导的数学研究方面的杰出贡献，完美地用数学的微分方程描述了热量的传递，推导出了著名的热传导方程，并在求解该方程时发现解函数可以由三角函数构成的级数形式表示，从而提出任一函数都可以展成三角函数的无穷级数，即傅里叶级数。傅里叶变换、傅里叶分析等理论由此产生。

在傅里叶声称的函数中，任何一个变量，不论是连续或不连续，都可以扩大成一系列正弦函数之和。虽然这个结果并不完全正确，但傅里叶关于一些不连续函数是无穷序列之和的观察是一个突破。傅里叶变换是一种特殊的积分变换，它能将满足一定条件的某个函数表示成正弦函数或它们的积分的线性组合。

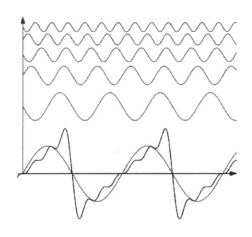

傅里叶变换

傅里叶找到了将频率分解为一系列数据并加以分析的方法。他在研究热传导时开发出来的数学方法在今天非常重要。从声学到量子力学，各种自然现象里面都有波形。这些波形通常极为复杂，而傅里叶分析则使我们可以用数学方法对它们进行描述。相似的方法也广泛地应用在经济分析和股票市场的分析之中。

由于英国和普鲁士企图推翻拿破仑的统治，拿破仑计划进攻英国和普鲁士。傅里叶听说后表示反对，他告诉拿破仑这是不会成功的。但拿破仑怎么会听一个数学幕僚的忠告呢？后来的滑铁卢事件证明傅里叶是正确的。传说傅里叶极度痴迷热学，他认为热能包治百病，于是在一个夏天，他关上了家中的门窗，穿上厚厚的衣服坐在火炉边，结果因一氧化碳中毒而不幸身亡。当然，这不过只是一个传说，但他的确死于长时间生活在闷热的房间里而引发的心脏病。1830 年 5 月 16 日，傅里叶卒于法国巴黎。

三体问题

有一些问题即使用微积分也难以处理。太阳系中行星运行的复杂性就是一个很好的例子，其典型问题就是三体问题。牛顿的万有引力定律在确定两个天体之间会发生什么的时候非常有效，但是如果向该方程中再加入一个天体，结果就会变得极其复杂。计算三个天体之间的万有引力极为困难，几乎是不可能的。

1747 年，有人提出了一种估算方案，把太阳当作固定的天体，这样就可以简化关于地球和月亮围绕太阳运转的有关计算。后来拉格朗日发现，在地球和月亮的参考框架里有 5 个特殊点，在这 5 个点上万有引力可以彼此抵消。把一个天体放在上述任何一个点上，这个天体都会围绕太阳运转，同时保持在地球和月亮的参考框架里的相对位置。

牛顿也发现了一种可靠的方法。对月亮起关键影响的无疑是地球，所以其他影响可以看成对关键影响的扰动。因此，牛顿把不可解的太阳、地球和月亮之间的相互影响变成了相对可以计算的太阳对于地月系统的相互作用的影响，微扰理论由此萌生。1799 年，拉普拉斯发现，通过对太阳系模型加以扰动变化后，太阳系可以保持稳定，从而确认了牛顿的扰动模型足够强大，是对现实的真实反映。

动力系统理论也是为解决这样一类问题而发展起来的。动力系统理论处理动力系统长期的量化特性，研究自然界中一些基本的运动方程系统的解，包括卫星的运动方程、电路的特性以及生物学中出现的偏微分方程的解。动力系统理论首先由法国数学家庞加莱为一次竞赛而提出。

1885 年，当时的挪威和瑞典国王奥斯卡二世悬赏可以确定太阳系稳定性的人。谁可以确定太阳系会继续稳定地、一如既往地保持现有的状态，或者会有行星脱离自己的轨道，也许和太阳发生冲撞，谁就可以获得奖金。牛顿运用引力的平方反比定律演示开普勒发现的行星的椭圆轨道，但他也发现当涉及多于两个星体的太阳系运动时问题就变得十分复杂而难以计算了，这就是所谓的三体问题。现在国王奥斯卡二世要对一个涉及九大星体的太阳系（当时发现太阳系由 8 颗行星和太阳组成）给出一个确定的答案，挑战的难度可想而知。

庞加莱的解决方法事实上并不是针对 9 个天体的。他将思考范围限制在三个天体之间，而且假设其中一个可以忽略。他建立了一个有限区域模型，让一颗行星的轨道和这个区域相交，推导出使这个系统稳定的预测值所需的变化规律。虽然他因部分地回答了国王的问题而获得了奖金，但他发现自己的方法存在一个错误，结果他花费了远比奖金多的钱重新发表了他的研究成果，最终印刷的版本包含许多重要的想法，促进了混沌理论的发展。

庞加莱于 1854 年 4 月 29 日出生在法国南希杜卡莱城的一个有影响力的家庭。他的堂兄在 1913 年至 1920 年间担任法国总统。庞加莱攻读的是数学科学博士学位。他的博士论文的研究方向是微分方程，因为他意识到它们可以用来模拟太阳系内自由运动的多个天体的行为。1879 年，他毕业于巴黎大学。获得学位后，他开始在诺曼底的卡恩大学担任数学讲师。在此期间，他发表了他的第一篇关于一类自态函数的重要文章，立即成为欧洲最伟大的数学家之一，引起了许多著名数学家的注意。

1881 年，庞加莱受邀到巴黎大学理学院任教。在那里，他创立了数学的新分支——微分方程的定性理论。他展示了如何获得有关解方程系列行为的重要信息，而不必解方程（因为这并不总是可以实现的）。他成功地用这种方法处理天体力学和数学物理学问题。这就有了 1885 年关于竞赛的故事。

复分析

18 世纪末期，数学家们越来越愿意接受复数。高斯在 1811 年开始将分析原理应用在复数上。复分析是研究复函数的数学理论。这些函数定义在复平面上，其值为复数，而且是可微的。复平面即 $z = a + bi$，它对应的坐标为 (a, b)。其中，a 表示复平面内的横坐标，b 表示复平面内的纵坐标。表示实数 a 的点都在 x 轴上，所以 x 轴又称为实轴；表示纯虚数 bi 的点都在 y 轴上，所以 y 轴又称为虚轴。y 轴上有且仅有一个实点，即原点。关于复平面的想法提供了一个复数的几何解释。在加法中，它们像向量一样相加。两个复数的乘法在极坐标下的表示方式最简单——乘积的长度或模长是两个乘数的绝对值或模长的乘积，乘积的角度或辐角是两个乘数的角度或辐角的和。

高斯在 1799 年已经知道复数的几何表示。在 1799 年、1815 年和 1816 年对代数基本定理进行的三个证明中，他都假定复数和直角坐标平面上的点一一对应，但直到 1831 年他才对复平面做出详细的说明。他说："迄今为止，人们依然在很大程度上把虚数归结为一个有毛病的概念，以致给虚数蒙上了一层朦胧而神奇的色彩。我认为只要不把 +1、−1、i 叫作正一、负一和虚一，而称之为向前一、反向一和侧向一，那么这层朦胧而神奇的色彩即可消失。"此后，人们才接受了复平面的思想，有些人还把复平面称为高斯平面。

柯西在 1825 年出版的一本小册子《关于积分限为虚数的定积分的报告》可以看成复分析发展史上的第一个里程碑，他提出了我们现在所称的柯西积分定理。不过，柯西本人当时并没有察觉到他的工作的复分析意义。也就是在这个时候，黎曼以题为《单复变函数的一般理论基础》的论文在哥廷根大学获得了博士学位。这篇论文不仅包含现代复变函数论主要部分的萌芽，而且开启了拓扑学的系统研究，革新了代数几何，并为黎曼的微分几何研究铺平了道路。就复变函数论而言，黎曼的论文以导数的存在性作为复函数概念的基础。这篇论文的一个突出的特征与其中的几何观点有关。正是在这里，黎曼引入了一个全新的几何概念，即黎曼曲面。引入这种曲面的出发点在于对多值函数进行研究，黎曼曲面可以看作由一些互相适当连接的重叠的平面构成。

魏尔施特拉斯为复变函数论开辟了另一条研究途径。魏尔施特拉斯的工作一向以严格著称，他关于解析函数的工作也是以追求绝对的严格性为特征的。因此，魏尔施特拉斯不仅拒绝使用柯西通过复积分所获得的结果（包括柯西积分定理和留数理论），而且不能接受黎曼提出的那种几何"超验"方法。他相信函数论的原理必须建立在代数真理的基础上，所以他把目光投向了幂级数，用幂级数定义函数在一点的解析性，并推导出整个解析函数理论。

用幂级数表示已用解析形式给出的复函数，这并不完全是一个新的创造。但是，从已知的一个在限定区域内定义某个函数的幂级数出发，根据幂级数的有关定理，推导出在其他区域中定义同一函数的另一些幂级数，这个问题是由魏尔施特拉斯解决的。上述过程也称为解析开拓，它在魏尔施特拉斯的理论中起着基本的作用。如果已知某个解析函数在一点的幂级数，使用这种方法，通过解析开拓，我们就完全可以得到这个解析函数。

19 世纪末，魏尔施特拉斯的方法占据了主导地位。正是这种影响使得函数论成为复变函数论的同义词。但是后来柯西和黎曼的思想被融合在一起，其严密性也得到了改进，而魏尔施特拉斯的思想也逐渐能根据柯西－黎曼观点推导出来。这样，上述三种传统便得到了统一。

复分析的应用领域较为广泛，在其他数学分支和物理学中也起着重要的作用，其中包括数论、应用数学、流体力学、热力学和电动力学。

现代分析在很多方面不同于早期的分析。数学家们发现，许多函数是不可积的，或者在积分时表现异常。这导致 1900 年法国数学家亨利－里昂·勒贝格重新定义了积分学。他建议将从横轴上细分曲线下的面积改为从纵轴上来细分。这极大地增加了积分学在不连续函数上的应用，也为傅里叶分析提供了可能的应用。

和许多数学创新者一样，勒贝格的主要成就并没有立即得到认可，因为他采用的是一种综合微积分的新方法。正如开创性的想法经常会冒犯传统一样，他把连续积分和不连续积分整合在一起的理论冒犯了当时数学家们普遍的情感。然而，随着时间的推移，勒贝格看到他的想法逐渐被接受。

积分是对无穷多个点中的每一个点的量求和。通常函数的积分表示为连续的曲线，然而某些类型的函数表现为非连续曲线。黎曼曾试图扩展积分的概念，以适用于这些不连续的曲线，但黎曼积分没有充分适用于所有函数。

勒贝格超越了黎曼积分，他在 1902 年的博士论文中介绍了自己的理论，这篇论文后来得到了高度赞扬，重新定义了积分学。勒贝格一生发表和出版过大约 50 篇论文和几本专著。在他生命的最后 20 年里，他的积分被广泛接受为分析的标准工具。

微积分和分析技术在检验各种数据的特性方面威力巨大，但数据在检验前必须被收集和处理。令人惊讶的是，关于数据采集和使数据采集精确有效的认识却是相对较晚才被发展起来的，被称为统计学的数学分支只有 400 年的历史。有趣的是，它的出现正好遇到了微积分的发展，使微积分成为了统计学和概率研究中的一个重要工具。

第 **7** 章 >>>

尽在数中

纵使变化，依然故我。

——雅各布·伯努利

微积分和数学分析是在人们每天与数字打交道的漫长过程中发展起来的，虽然大多数科学门类依赖高等数学，但我们每天的生活可能更多地建立在统计和概率之上。在金融、游戏、经济等许多方面，数字作为预测因子和风险评估的依据帮助我们做出了诸如购买人寿保险和乘飞机旅行之类的抉择。

人类玩机会游戏有上千年的历史了。这种靠投骰子或转动轮盘来随机取胜的方法要靠大量的运气以及计算概率和风险的熟练程度。一个十分简单的例子就是投掷硬币。如果我们投掷足够多的次数，硬币正面和反面朝上的可能性是一样的。瑞士数学家雅各布·伯努利首先发现并在 1713 年他死后发表的著作中提到了这个现象。虽然他注意到的事实是一个傻瓜经过耐心观察也会发现的，但不同的是他花费了 20 年时间来研究和阐述为什么会这样，回答了概率到底是什么这个问题，在一个足够严格的数学证明之上提出了他称为黄金定理的概率定理。这个定理也被称为伯努利定理或大数定律。

伯努利和大数定律

雅各布·伯努利于 1654 年 12 月 27 日出生在瑞士巴塞尔。他最初遵从父亲的意愿学习神学。他读了笛卡儿和莱布尼茨的著作后顿受启发，兴趣转向数学。1676 年，雅各布·伯努利到荷兰、英国等地游学，结识了许多学者。他从 1687 年起担任巴塞尔大学教授，直到 1705 年 8 月 16 日于巴塞尔去世。伯努利家族涌现出了众多著名数学家，雅各布·伯努利的弟弟约翰·伯努利也是一位多产的数学家，他的大量论文涉及曲线长度的计算、曲面面积的计算、等周问题和微分方程，指数运算也是由他发明的。1696 年，约翰·伯努利以公开信的方式，向全欧洲的数学家提出了著名的最速降线问题，从而引发了欧洲数学界的一场论战。

最速降线问题讲的是在一个斜面上设置两条轨道，其中一条是直线，另一条是曲线，它们的起点和终点的高度都相同，两个质量一样的小球分别沿两条轨道同时从起点向下滑落，沿曲线轨道运动的小球反而先到达终点。这是由于曲线轨道上的小球先达到最高速度，所以它应先到达终点。然而两点之间的直线只有一条，曲线却有无数条，那么沿哪一条最先到达终点呢？伽利略于 1630 年提出了这个问题，当时他认为这条线应该是一段圆弧，可是后来人们发现这个答案是错误的。争论无疑促进了科学的发展，论战的结果产生了一个新的数学分支——变分法。约翰·伯努利回答了这个问题，指出最速降线就是摆线，只不过在最速降线问题中，这条摆线上下颠倒过来罢了。因此，约翰·伯努利是公认的变分法的奠基人。

丹尼尔·伯努利是雅各布·伯努利的儿子，也是一位著名的数学家。作为伯努利家族博学广识的代表，他在多个科学领域取得了成就。丹尼尔·伯努利以在 1738 年出版的《水动力学：关于流体中力和运动的说明》一书著称于世，这本书中提出了流体力学的一个重要定理，反映了理想流体中的能量守恒定律。这个定理和相应的公式后来被称为伯努利定理和伯努利公式。丹尼尔·伯努利为人谦虚，完全没有一个大数学家的傲慢和架子。有一次在旅途中，年轻的丹尼尔·伯努利同一个风趣的陌生人闲谈，他谦虚地自我介绍道："我是丹尼尔·伯努利。"陌生人哪里肯相信，觉得这位年轻人是在吹牛忽悠自己，立即带着讥讽的神情回答道：

"那我就是艾萨克·牛顿。"丹尼尔·伯努利不但没有生气，反而觉得这是他有生以来受到过的最诚恳的赞颂，这使他一直到晚年都甚感欣慰。

雅各布·伯努利的另一个弟弟和另一个儿子也是著名数学家。伯努利家族星光闪耀，人才济济，数百年来一直受到人们的赞颂。在 17 世纪和 18 世纪，伯努利家族共产生过 11 位数学家。雅各布·伯努利还是莱布尼茨的早期支持者。在莱布尼茨和牛顿的微积分大战中，他坚决地站在莱布尼茨一边，还以他对微积分的无数贡献而广为人知。他和弟弟约翰·伯努利一起成为了变分法的创始人。

当然，雅各布·伯努利对数学最重大的贡献还是在概率论研究方面。他在 1685 年发表了讨论博弈游戏中输赢次数的论文，后来写成巨著《推测的艺术》。这本书在他死后 8 年，即 1713 年才得以出版。他在这部著作中第一次在现代意义上使用了"概率"一词，并提出了概率论中的大数定律。

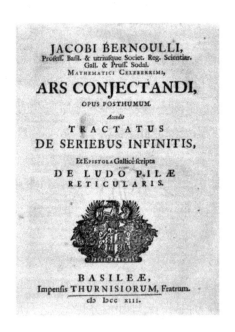

《推测的艺术》

在概率论中大数定律说的是，在大量试验中获得的结果的平均值应接近期望值，并且随着更多试验的进行，结果将趋于期望值。我们根据这个定律知道，样本越多，则其算术平均值就有越高的概率接近期望值。大数定律很重要，因为它说明了一些随机事件的平均值的长期稳定性。人们发现，在重复试验中，随着试验次数的增加，事件发生的频率趋于一个稳定值。人们同时也发现，在对物理量的测量实践中，测定值的算术平均值也具有稳定性。比如，我们向上抛一枚硬币，硬币落下后哪一面朝上是偶然的，但当我们向上抛硬币的次数足够多（如达到上万次、几十万次甚至几百万次）时，我们就会发现硬币正面和反面向上的次数分别约占总次数的二分之一，亦即偶然之中包含着必然。例如，虽然赌场在轮盘赌的一次旋转中可能会亏损，但其收益在大量旋转中往往会以可预测的百分比增长。玩家的任何连胜最终都将被游戏的参数所克服，这是赌场赖以生存的基础。

雅各布·伯努利还对对数螺线深有研究，他发现对数螺线经过各种变换后还是对数螺线。在惊叹于这种曲线的奇妙之余，他在遗言中表示要将这种曲线刻在自己的墓碑上，并附以颂词"纵使变化，依然故我"。可惜的是雕刻师误将阿基米德螺线（这是等速螺线而不是对数螺线）刻了上去，这让天国里的雅各布·伯努利也无可奈何。

在明显的概率可能和大数定律之间，概率论处理的问题远非这样简单。硬币反面连续 5 次朝上的概率是多少？如果我们投三个骰子，得到三个 6 的可能性是多大？我们需要更进一步的概率理论才能得到这些问题的答案。硬币反面连续 5 次朝上的概率是 $1/2^5$，也就是 $1/32$，而得到三个 6 的可能性是 $1/6^3$，也就是 $1/216$。在人类玩机会游戏的上千年历史中，绝大多数人无法得到产生不同结果的概率，除了在极少数显而易见的情况下可以列举出可能的概率。

概率论的诞生

概率论研究一个事件发生的可能性或机会，它在 17 世纪作为一个机会游戏的内容进入数学领域。虽然意大利数学家杰罗拉莫·卡尔达诺早在 1520 年就研究过机会游戏，但直到 1633 年他的研究成果才被发表，而那时帕斯卡和费马已经开始研究这个问题了。在一系列信件中，帕斯卡和费马讨论了一个赌徒提出的问题：两个人玩一个完全建立在机会之上的游戏，每人拿出 32 枚硬币作为奖金，谁先连续赢三次谁就算获胜者。然而，他们刚玩了三次，游戏就被打断了。玩家 A 赢过两次，玩家 B 赢过一次。他们如何公平地分配奖金呢？两位数学家以不同的方法得出玩家 A 以 3∶1 胜出的结论。

费马以概率的术语给出了他的答案。他认为，如果想最终决定胜负，只需要再多玩两次，而这两次胜负的可能性有四种，即 AA、AB、BA、BB。在这四种可能性中，只有最后一种可能性才能使玩家 B 胜出，所以他只有 1/4 的可能性胜出，他应该得到 1/4 的奖金。帕斯卡的方法建立在期望值上。假设玩家 B 赢了下一轮，两个人不分胜负，各得 32 枚硬币，不赔不赚。事实上，玩家 A 已经赢了两轮，所以已经可以获得 32 个硬币。而玩家 B 能赢的可能性是 50%，所以他只应该拿32 枚硬币的一半。同样，玩家 A 也有 50% 的机会赢，所以他至少可以拿 16 枚硬币。这样，玩家 A 应该拿 48 枚硬币，玩家 B 拿剩下的 16 枚硬币。

这个问题的挑战在于需要事先精确地把赌博可能出现的结果全部计算出来，而这并不容易，可能时常出错。从两人的通信中可以看出，费马比帕斯卡更快地提出了正确的解决方案。他们的信件很快就在帕斯卡所在的巴黎学术沙龙里传开了。人们立刻意识到，一个新的数学分支就要形成了。虽然只要头脑清楚就能计算出一些问题所有可能的结果，但是还有很多问题过于复杂，需要创造出新的数学方法才能得以解决。

在受到费马和帕斯卡的启发后，荷兰数学家惠更斯发表了关于概率论的一系列论文，然后雅各布·伯努利出版了《推测的艺术》，概率论的研究蓬勃发展起来。此后不久，法国数学家亚伯拉罕·德·莫伊夫尔发现，自然现象经常按照钟形曲线平均分布，后来高斯将其命名为正态分布。

在机会游戏仍是数学家们感兴趣的研究对象时，另一个推动力出现了，那就是公平合约的法律问题。在一份合约中，双方有平等的期待值。这是一个十分重要的概念，因为在贷款问题上平等的期待值是经济原则的核心。在基督精神中，高利贷是被禁止的，换句话说，靠借钱给别人来赚钱是不道德的。为了避免道德上的困扰，贷款给别人的人被认为是投资者，他承担借款无归的风险，相应地也分享投资增值的回报。

17 世纪以前，贷款的利率都是固定的，而不是基于对风险的数学计算。第一份按照数学计算确定贷款利率的合约出现在 1671 年的荷兰。当时，荷兰政治家和律师杨·德·维特根据惠更斯的计算通过年金来为国家筹集资金，回报率是年金的 1/7，每年向持有者支付一次，直到持有者去世。持有者的年龄和健康状况都不在考虑之中，这让国家无法估计要向持有者支付多长时间。虽然维特也意识到了这个问题，但因为当时没有关于不同年龄的死亡率的数据，所以很难改进。直到 1762 年，伦敦的一家保险公司才开始估计风险的概率，制定相应的保险条款。

18 世纪之前，概率论都没有成为正式的数学概念，并且一直被认为是一个建立在经验之上的模糊概念。有着法国牛顿之美誉的数学家拉普拉斯把概率论比喻为把好的感觉降低为计算。18 世纪，机会和宗教之间的一种联系成为了自然神学的兴趣中心。一个名叫约翰·阿巴斯诺特的苏格兰人在研究了 1629 年至 1710 年间伦敦所举办的洗礼的统计数据后提出了上帝存在的证据。他举证说，男孩的受洗率略微高于女孩的受洗率，是 14∶13。但到了结婚年龄，男女的比例就变得平衡了。如果我们假设一个出生的婴儿是男孩的机会是 0.5，那么每年出生的男孩多于女孩的机会在 82 年里就是 0.5^{82}。在全世界范围内，同样的规律也被发现了。由此，阿巴斯诺特认为这就是上帝的安排，是为了让社会平衡。这样的论据被广泛接受并不断得到完善。然而，瑞士数学家尼古拉·伯努利则认为也许男孩的出生率不是 0.5 而是 0.5169，这样可以产生相同的结果而无需上帝的干预。

和帕斯卡的赌博游戏一样，许多受概率知识影响的决定也被对希望出现的结果的主观直觉和一种称为边际效应的概念所影响。想象一下买彩票的情景，花 1 元钱买一张彩票，中彩金额却可以是 100 万元。对于一个穷人，1 元钱也是钱，但一旦中彩，回报将是不可想象的。对于一个富人，1 元钱不算什么，而中彩的话，回报也是不小的一笔钱财。富人当然比穷人更能负担得起彩票的价格，但他可能因为不缺钱而懒得去买彩票。虽然中彩的机会人人平等，但是否买彩票的决定各不相同。

1750 年到 1760 年间，接种天花疫苗成为了一个争论的话题。接种疫苗使用的是活体病毒，在很小的范围内可能会引发天花。当时天花非常普遍，常常导致死亡。患者即使不死，也常常留有像失明、失聪这样严重的后遗症。没有接种疫苗的人具有很大的可能性在未来染上天花，并且死亡率是 1/7。接种疫苗可以让人终身免疫，但一些人可能会因为接种疫苗而立即发病死亡。丹尼尔·伯努利完全基于数学计算提出了接种是唯一的选择，但法国数学家让·勒朗·达朗贝尔辩论说，许多人可能更倾向于花一两个星期的时间来证明自己不会染病，来对赌疫苗对未来安全的保证。

人们不只是被边际效应和达朗贝尔注意到的对短期效益的偏爱所影响，而且会受完全没有概率统计基础的迷信所摆布。想象一下，投币 10 次，每次正面都朝上的概率是 $1/2^{10}$。假设第一次正面朝上，那么 10 次正面朝上的概率就是 $1/2^9$。如果前 9 次都是正面朝上，那么最后一次正面朝上的概率就是 1/2。

现在假设你要乘飞机。你知道死于空难的概率是百万分之一。你已经乘坐过 1000 次飞机了，但你此次乘飞机出事的概率也是百万分之一。无论你以前乘坐过多少次飞机，都不会影响你下次乘坐飞机出事的概率，因为它们都是独立的。就算你已经乘坐过 999999 次飞机，也绝不意味着你一定会在下一次乘坐飞机时出事。当然，许多人并不这样认为。人们的直觉常常是，我们已经如此幸运了，不可能永远幸运下去，幸运在减少。从另一方面来看，人们在买彩票时每次都会选取同一组数字，因为他们认为这样的数字早晚会出现。也有些人认为像 1，2，3，4，5，6 这样的连续数字组合中彩的概率比起其他数字组合更小。这种从远古祖先那里传承而来的思维定式远远没有被消除。我们的祖先中就有人认为 3 是一个特殊的数字，不同的文化中对特殊数字的迷信也不同。

当选择是否乘飞机时，人们面对的是一个随机事件，无法控制飞机是否会出事。一种让数学家难以建立模型的情况是一个人的行为依赖或相关于其他人的行为。博弈论讨论的就是这样的情况。

博弈论

冯·诺依曼因为发明了第一台现代电子计算机而闻名，被称为"电子计算机之父"。其实，他发明电子计算机只是一个偶然，或者说是他的学术生涯中的一个插曲。冯·诺依曼是 20 世纪最重要的数学家之一。才华超群的冯·诺依曼在纯数学和应用数学领域都做出了杰出的贡献。他在纯数学方面的研究建树颇丰，在数理逻辑、集合论和量子理论方面都卓有成就。他还开拓了遍历理论的新领域，运用紧致群解决了希尔伯特第五问题，在测度论、格论和连续几何方面做出过开创性的贡献。在 1936 年到 1943 年间，他和数学家默里合作，创造了算子环理论，即所谓的冯·诺伊曼代数。这些可不是一般人能懂的数学内容，即使是学数学的专业人士，如果没有研究过这些理论，也不知其所云。

1940 年以后，冯·诺依曼进入了事业的第二个辉煌期，研究工作转向应用数学。如果说他的纯数学成就属于数学界，那么他在力学、经济学、数值分析和电子计算机方面的工作则属于全人类。第二次世界大战开始以后，冯·诺依曼因战事需要研究可压缩气体的运动，建立了冲击波理论和湍流理论，发展了流体力学。从 1942 年起，他同奥斯卡·摩根斯坦合作，写作了《博弈论和经济行为》一书。这是博弈论中的经典著作，使他成为数理经济学的奠基人之一。

冯·诺依曼为人热情，殷勤好客。他有一所方便聚会的大房子，每当闲暇之余，他就呼朋唤友前来聚会。每次聚会时，朋友们总是想要和这位天才"斗智斗勇"，其中发生了许多有趣的故事。

有一次，冯·诺依曼与几位数学家聚餐。为了"打败"这位天才，他们轮流用伏特加猛灌这位大师。冯·诺依曼终于不胜酒力，摇摇晃晃地去厕所呕吐了。他从厕所回来后继续和朋友们讨论数学问题，思路依然异常清晰。朋友们面面相觑，感觉自己的智商完全被这位天才所碾压，只好甘拜下风。

还有一次，他在宴会上和一位据称最了解拜占庭历史的历史学家发生了争执。冯·诺依曼对这位专家所描述的拜占庭历史提出了质疑。一个历史学家怎肯服输于一位数学家对历史知识的记忆？两人争得面红耳赤，各不相让。这时有人拿来了历史书籍，发现冯·诺依曼竟然一字不差地复述了书上的内容。这让这位历史学家目瞪口呆，他在惊讶之余只好闭嘴。不过，为人谦虚有礼的冯·诺依曼表示，以后邀请这位拜占庭历史学家来聚会时绝不再与其争论拜占庭历史。

　　1955 年夏天，冯·诺依曼接受 X 光检查，被查出患有癌症。这多少可能和他参与原子弹研制工作有关。随着病势发展，他只能在轮椅上继续思考、发表演说及参加会议。在他去世前几天，肿瘤已经占据了他的大脑，但他的记忆力还是不可思议地好。一天，他的同事、数学家乌拉姆坐在他的病榻前，用希腊语朗诵一本他特别喜欢的书中亚丁人进攻梅洛思的故事和佩里莱的演说。他一边听一边不断纠正乌拉姆的错误和发音。

　　奥斯卡·摩根斯坦于 1902 年 1 月 24 日生在德国的格奥利茨。据说他的母亲是德国皇帝弗雷德里克三世的女儿。摩根斯坦在奥地利维也纳长大。1925 年，他毕业于维也纳大学，获得政治学博士学位，后来在维也纳大学讲授经济学。1938年，德国吞并奥地利后，摩根斯坦被迫离开维也纳来到美国，1944 年加入美国国籍。他在普林斯顿大学教授经济学，并在那里度过了他的后半生。

　　尽管博弈论从名字上看是关于棋牌游戏的理论，其实它主要讨论严肃的经济问题而不是游戏规则。冯·诺依曼和摩根斯坦看到以往的数学模型都用于物理和其他科学领域，在解决其他涉及人类行为的研究中显得十分无力，因为这些活动建立在不同人的不同行为之上。当人们做决定的时候，个人利益最大化往往是抉择的基础。人们要么完全不在乎他人的利益，要么尽可能少地去伤害他人，要么通过损坏他人的利益来获取自己的利益。

　　博弈论试图在建立数学模型时把人的动机和内在行为以及其他相关因素考虑进去。例如，一个事件的参与者，无论他是一个人、组织、公司还是一个国家，可能处于完全竞争或一定程度上的合作的地位。他可能是为了争夺一种有限或无限的资源。他可能掌握了所有相关信息（包括对手的情况），也可能对对手知之甚少。博弈论为这些可能性提供了不同的数学模型，并把各种情况的组合结果罗列出来以供分析。

贝叶斯公式

　　阿巴斯诺特关于上帝存在的证明是因果关系的一种反推：因为有男女人数平

均的婚姻，所以上帝存在。雅各布·伯努利曾指出，如果一个事件的概率未知，那么就可以从经验或观察的结果去推断，只要观察者有足够的知识和经验。他给出的例子就是投掷硬币。如果投的次数足够多的话，正面朝上和反面朝上的概率将是一比一。正式的概率表示是由英国数学家托马斯·贝叶斯和法国数学家拉普拉斯给出的，现在被称为贝叶斯定理。拉普拉斯曾经用它进行了著名的辩论——太阳明天会照样升起，他的论据就是在过去的 6000 年里太阳每天都会升起。

说起贝叶斯，其实他并不是一名职业数学家。从英国爱丁堡大学毕业后，他继承父业，做了英格兰长老会的一名牧师。作为一名新教的牧师，他一生都想证明上帝存在。可在证明上帝存在时，贝叶斯遇到了一个棘手的难题，那就是无法获得完整的信息。如何处理部分未知的信息和条件让他大伤脑筋。白天，他一边忠心耿耿地为他的上帝服务，兢兢业业地完成他的教职，一边冥思苦想；晚上，他燃尽烛灯，伏案执笔，写写画画，推导论证。遗憾的是，他到死也没有能够证明上帝存在，但他的研究创造了概率统计学中的一个原理。他发明的贝叶斯公式成为了处理这类不确定性问题的金钥匙，还成为后来人工智能的一大基石。

贝叶斯公式用于在已知的先验概率的基础上计算出可能发生的后验概率，根据后验概率的大小为决策提供依据。假设你有一台无线电收音机，午夜以后一个电台会发出两个固定信号之中的一个，我们用信号 A 和信号 B 来区分它们。一天夜里，我们打算接收这个电台发出的信号，猜一猜今天这个电台会发出 A 和 B 之中的哪一个信号？简单，我们实际收听一下不就得了。可是假设电台离我们很远，收到的信号又含有很大的噪声。怎么办呢？如果我们知道信号发出的概率，根据它们发出的概率就可以计算出今晚电台发出的信号是 A 还是 B 了。

让我们把今晚接收到的信号定义为 y，实际发出的信号定义为 x（x 只可能是 A 或者 B），那么可以把接收到信号 A 的可能性写成

贝叶斯

$P(x=A|y)$，把接收到信号 B 的可能性写成 $P(x=B|y)$。一个合乎逻辑的判断规则应该是，如果今晚发出 A 的概率大于发出 B 的概率，那么今晚发出的信号就可能是 A，反之亦然。问题是我们并不能准确地知道今晚它们的概率。怎么办呢？这时贝叶斯公式就可以帮我们解决这个问题。它允许我们通过猜测或获得其他概率来间接地计算出我们所要的概率。

假设我们知道它们以前每晚发出的概率 $P(x=A)$ 和 $P(x=B)$，我们就只需要计算出在 $x=A$ 和 $x=B$ 时的概率 $P(y|x)$，通过比较哪一个更大来确定今晚发出的信号是 A 还是 B。$P(y|x)$ 被称为在给定的 x 下 y 的可能性（说得专业一点时叫似然率）。

经过百年的发展和完善，贝叶斯公式已经成为了一整套理论和方法，并在概率统计中自成一家，称为贝叶斯学派。1742 年，贝叶斯因为他卓著的研究成果而被接纳为英国皇家学会会员，他的两部著作《机会问题的解法》和《机会的学说概论》在他死后也广受重视，影响至今。

18 世纪最后一位伟大的数学家

拉普拉斯享有 18 世纪最后一位伟大的数学家的美誉，他更因为写有五卷关于天体力学的巨著而被称为法国的牛顿。他在概率分析论方面发表过创造性的论述。1749 年 3 月 23 日，拉普拉斯出生于法国诺曼底。父亲希望他学习神学，以后做一名神职人员。但在大学里他表现出了对数学的兴趣和天赋，所以就转学数学，决定成为一名职业数学家。怀揣老师的推荐信，大学毕业后的拉普拉斯来到了法国首都巴黎，想获得当时在科学界至高无上的让·勒朗·达朗贝尔的提携。但推荐信并没有引起达朗贝尔的特别注意，达朗贝尔看后随手就将其丢进抽屉里了。久等没有音讯的拉普拉斯决定把自己写的一篇小论文直接寄给达朗贝尔，希望能够引起他的注意。论文寄出后不久，拉普拉斯就接到了回信。达朗贝尔在信中写道："先生，您应该知道我对于那些推荐您的信没有什么兴趣，因为您不需要它们。您自己的论文就是最好的自我介绍，这足以让我乐于支持和帮助您。"几天以后，拉

普拉斯在达朗贝尔的介绍下成为了军事大学的
一名数学教授。

　　当然，这段历史后来被演绎成了许多不同
的故事。一个故事说，拉普拉斯为了得到帮助，
一直不断地拜访达朗贝尔。为了摆脱他，达朗
贝尔给了他一本厚厚的数学书，说他读懂了就
可以来找他，想以此搪塞和吓退拉普拉斯。可
几天后，拉普拉斯又来找他，说书读完了。这
让达朗贝尔更加不悦，他也没有掩饰自己的观
点，告诉拉普拉斯说："你不可能读懂和理解这
本书。"拉普拉斯也毫不客气地说："您可以考

拉普拉斯

考我是否真的读懂了这本书。"在考问中，达朗贝尔意识到拉普拉斯真的读懂了，
这让他大为惊讶。从那个时候起，他就把拉普拉斯收在了他的门下。

　　另一个故事说达朗贝尔为了摆脱拉普拉斯的"纠缠"，拉普拉斯每次来访时，
他都给拉普拉斯出一道比以前更难的难题，可拉普拉斯总能在一夜之间就解决了。
这给达朗贝尔留下了深刻的印象，几天以后他就推荐拉普拉斯去军事大学任教。
24 岁时，拉普拉斯就成为了法国科学院院士。

　　1812 年，拉普拉斯出版了他的《概率的分析理论》一书。他在其中提出了统
计学的许多基本成果。这本书的前半部分涉及概率方法和问题，后半部分涉及统
计方法和应用。拉普拉斯的证明按照后来的标准来说并不总是严谨，他的观点在
贝叶斯观点和非贝叶斯观点之间来回摆动，但他的结论仍然是无可辩驳的。拉普
拉斯强调概率分析的重要性，特别是在大量公式函数近似的背景下，超越了当代
几乎完全考虑了实际适用性的观点。19 世纪末，拉普拉斯的《概率的分析理论》
仍然是最具影响力的概率论著作。拉普拉斯误差理论统计学的一般相关性直到
19 世纪末才得到重视，但它影响了以分析为导向的概率论的进一步发展。

　　拉普拉斯建立了一个基于概率的归纳推理数学体系，我们今天将这个体系称
为贝叶斯体系。他给出了一系列概率原则，开始的六条是：（1）概率是"受青睐

的事件"与可能事件总数的比率；（2）第一个原则假定所有事件的概率相等，如果这不正确，我们就必须先确定每个事件的概率，这时概率是所有可能受青睐的事件的概率之和；（3）对于独立事件，所有事件发生的概率是每个事件发生的概率相乘的结果；（4）对于不独立的事件，事件 B 在事件 A（或事件 A 导致事件 B）之后发生的概率是事件 A 发生的概率乘以给定事件 A、B 发生的概率；（5）鉴于事件 B 已发生，事件 A 发生的概率是事件 A 和 B 发生的概率除以事件 B 发生的概率；（6）第六个原则给出三个推论，相当于贝叶斯的概率公式。原则七是他的著名的继承规则。假设某些试验只有两个可能的结果，分别称为"成功"和"失败"。在假设对结果的相对敏感性了解很少或一无所知的情况下，拉普拉斯为下一次试验成功的可能性推导出了一个公式作为继承规则，该规则成为事件概率的估计器。

他的继承规则受到了许多批评，部分原因是拉普拉斯选择用例子来说明这一点。他计算了太阳明天将升起的概率，依据是它在过去从来没有未升起过的情况。把太阳过去升起的事件作为计算的依据让所得到的结果被人们嘲笑为荒谬。一些人进而得出结论说，继承规则的所有应用都因延伸而荒谬。然而，拉普拉斯充分意识到这样说明结果的荒谬性。他后来辩驳说："但是这个数字（即明天太阳升起的概率）对一个从整个现象中看到涉及每天和季节变化的影响的人来说要大得多，所以没有任何一个当下的具体情况能够成为阻止它的因素。"

拉普拉斯和他的同辈试图把概率论作为道德科学的核心，尽管这让人心生疑惑。启蒙哲学家和改革者考虑通过选民和陪审团来保证裁定结果正确或选出最好的候选人。他们把这一问题作为一个概率问题来处理。假设每一个陪审员都独立地进行判断，而且有大于 50% 的可能性获得正确的裁定，这样他们计算出一个陪审团的最少人数和至少要有多少人才能达成一个公正的判决。利用概率论处理这样的问题一直延续到 1830 年。后来，拉普拉斯的一个学生西蒙-丹尼斯·泊松采用新的统计学建立了更好的模型。在概率论能被有效地应用在各个领域中之前，可靠的数据是必要的前提和基础，所以统计学和概率论是密不可分的一对兄弟。

泊松分布

　　法国数学家泊松是一名"军二代"，他的父亲是一名陆军军官。1798 年，泊松以第一名的成绩考入巴黎综合理工学院，并立即引起教授们的注意。他们任由他自由安排自己的学业。入学不到两年，他就出版了两本书，其中一本介绍数学消除的方法，另一本介绍有限差分方程的积分数。当时两名著名的法国数学家对后者进行了审查，并建议将其编入《学者集萃》中出版。这对于一个 18 岁的年轻人来说是空前的荣誉。这个成功立刻使泊松进入了科学界。大名鼎鼎的法国数学家拉格朗日早就注意到了泊松的才华，并成为了他的朋友。与此同时，另一位法国数学家拉普拉斯几乎将泊松视为己出。年轻的泊松成为了拉普拉斯和拉格朗日的得意门生，他在毕业后留校任教。1809 年，巴黎理学院成立，他任该校的数学教授。1812 年，他当选法国科学院院士。

泊松

　　作为一名数学老师，泊松非常成功；作为一名科学工作者，他的生产力让很多人望尘莫及。尽管他有许多公务，他还是出版了 300 多部作品，涉及纯数学、应用数学、数学物理和理论力学等深奥的学术内容。泊松的一句名言就是"人生只有两样美好的事情：发现数学和教授数学"。

泊松一生对摆的研究极感兴趣，他的科学生涯就是从研究微分方程及其在摆的运动和声学理论中的应用开始的。直到晚年，他仍用大部分时间和精力从事摆的研究。他为什么对摆如此着迷？据说这缘于他小时候的经历。泊松小时候身体孱弱，他的母亲曾把他托给一个保姆照料。保姆离开他时，为了怕他哭闹，就把他放在一个摇篮式的布袋里，并将布袋挂在棚顶的钉子上。布袋会因为他的微小动作而不停地摆来摆去。这个保姆认为，这样不但可以使孩子不会哭闹，而且有益于孩子的健康。泊松后来风趣地说："吊着我摆来摆去不但是我孩提时的体育锻炼，而且使我在孩提时就熟悉了摆和它的运动原理。"

泊松工作的特色是利用数学方法研究各类物理问题，并由此得到数学上的发现。作为 19 世纪概率统计领域里的卓越人物，他改进了概率论的运用方法，特别是用于统计方面的方法。他推广了大数定律，给出了不同概率的随机事件序列的大数定律。他还导出了在概率论与数理方程中有着重要应用的泊松积分。

他在研究刑事罪和民事学时，从法庭审判问题的角度出发，发现了特定国家的错误定罪数量侧重于某些随机变量。除去其他因素外，他计算了在给定长度的时间间隔内发生的离散事件的数量，提出了泊松分布。泊松分布是概率与统计学里最常出现的一种离散随机分布，通常用于估算在一段特定的时间或一个特定的空间内事件发生的概率。1837 年，他出版了他的研究专著《关于刑事案件和民事案件审判概率的研究》。

泊松分布适于描述单位时间（或空间）内随机事件发生的次数，比如某一服务设施在一定时间内服务的人数、电话交换机接到呼叫的次数、汽车站台上的候客人数、机器出现的故障数、自然灾害发生的次数、一个产品的缺陷数、显微镜下单位分区内的细菌数量等。例如，对某公共汽车站的客流做调查，统计了某天上午 10:30 到 11:47 来候车的乘客的情况。假定来到某站台候车的乘客是分批次独立到来的，每批可以是一人，也可以是多人。以 20 秒为间隔统计来此候车的乘客人数，共观察 77 分钟，得到 230 个观察数据。其中，第 0 批、第 1 批、第 2 批、第 3 批及第 4 批的统计人数分别是 100 人、81 人、34 人、9 人、6 人。利用泊松的极大近似值计算方法就可以得到（$81 \times 1 + 34 \times 2 + 9 \times 3 + 6 \times 4$）/ 230 ≈ 0.87，说明每分钟平均有 0.87 人次来候车。

假设大型陨石平均每 100 年撞击地球一次，陨石撞击次数符合泊松分布，那么在未来 100 年内，陨石撞击地球的概率是多少？根据泊松分布，未来 100 年内没有大型陨石撞击地球的概率约为 0.37，那么 0.63 就是未来 100 年内大型陨石撞击地球的概率。

当然，泊松分布的应用也是有一定条件的，它最适合的模型应该是：假设 k 是在间隔内发生的事件次数，k 的值可以取 0，1，2，…；一个事件的发生不会影响另一个事件发生的概率，也就是说事件是独立发生的；事件发生的平均速率与任何其他事件无关，这通常假定为常数，尽管实际上可能会随时间而变化；两个事件不能在同一时刻发生或者说两个事件不能发生在完全相同的瞬间。相反，在每个非常小的子间隔中，正好有一个事件发生或不发生。这样把 k 作为泊松随机变量，k 的分布就是泊松分布。这应该不难理解吧，我们就此打住。

少年英才，备受赏识。泊松得到了许多大师的关注和栽培，但他成名以后阴差阳错地让一个年轻的旷世奇才伽罗瓦备感失望。伽罗瓦对法国科学院的官僚体制十分反感，作为最后一次努力，他将一份研究手稿寄给了泊松。泊松给予了回复，说他的作品"难以理解"，但鼓励他出版他的全部作品，以展示他的明确意图和研究成果。然而事有不巧，伽罗瓦就在这时因为政治原因被捕。尽管泊松早在 7 月伽罗瓦被捕之前就回信了，但直到 10 月信件才到达伽罗瓦所在的监狱。失望之下，伽罗瓦很愤怒，决定不通过法国科学院发表他的论文，而是通过他的朋友私下发表论文，然而伽罗瓦在事后收到泊松的回复时没有忽视泊松的建议。他开始收集自己的数学手稿，并在监狱里继续完善他的想法。

由于泊松的卓越贡献，他的名字被刻在了巴黎的埃菲尔铁塔之上。

人口普查和统计学

没有用于抉择的信息时，只能计算一些最基本的概率。令人难以置信的是，直到 17 世纪末，人们才意识到收集关于人口和经济的数据信息所具有的价值。骤然间，统计变得无所不在，并和计算一起赋予人们观察社会运行的新视野。计划不再是盲目的行为，统计分析学开始蓬勃发展起来。

通过人口普查收集一定范围内人们生活的数据信息由来已久。古巴比伦、古埃及、古希腊、古罗马和古代中国都进行过人口普查。在基督教传统中，基督的父母在他出生以后就立刻去了伯利恒，因为每五年一次的人口普查要求罗马帝国的每一个人都必须回到他的出生地进行人口普查。这些早期的人口普查让统治者可以计算出通过税收能够获得多少钱、有多少人可以被征用、需要多少粮食以及可以生产多少粮食，然而早期的这些人口普查数据经常是不准确的。

1066 年在诺曼入侵者征服了英格兰以后，征服者威廉对他的新领地进行了一次大规模的统计。这次统计还包括人口普查和登记领地上所有的物品，统计结果被写入了《末日审判书》。这次统计的记录至今仍然能给历史学家提供有价值的信息。此后，没有人再有热情进行定期的人口普查。虽然欧洲的一些地方教会理应定期统计自己教区里的家庭，但关于人口的信息十分有限。一些人甚至认为人口普查是有罪孽的，并引述《圣经》里的一个故事说，大卫王曾企图进行一次人口普查，但被鼠疫中断，再也没有完成。

现代的第一次人口普查是 1666 年在加拿大魁北克进行的人口普查。在欧洲，冰岛在 1703 年进行了第一次人口普查，1749 年瑞士进行了第一次人口普查。美国从 1790 年开始每 10 年进行一次人口普查，而英国是在 1801 年开始进行人口普查的。当时，美国只有 400 万人口，而英国的人口也只有 1000 万。中国最早的一次人口普查是在汉平帝元始二年（公元 2 年）进行的，统计数据为 12366470 户和 57671401 人，但这些历史文献资料不是很完善。中华人民共和国成立以来进行过多次人口普查，最早的一次是在 1953 年进行的。

英国统计学家约翰·格朗特被认为是人口学的创始人，也是第一批人口学家和第一批流行病学家之一。他发展了早期的人口统计和普查方法，为现代人口学提供了一个框架。当时伦敦每周四印刷和发行一份叫作《死亡法案》的文件，提供伦敦教区的人口出生、死亡和死因信息。格朗特汇编和分析了《死亡法案》中的数据，利用数学方法和通过比较《死亡法案》中的年数获得的比率，对伦敦和英国的人口规模、男女出生率和死亡率以及某些疾病的发生和传播做出估计。他还发明了第一种被称为生命表的统计方法，给出了各个年龄的生存概率。生命表（也称为死亡率表或精算表）是一个在基础数据的基础上通过数学计算而编制的表格，显示各个年龄的人在下一个生日之前死亡的概率，可以解释为一种预测人口寿命的长期数学方法。

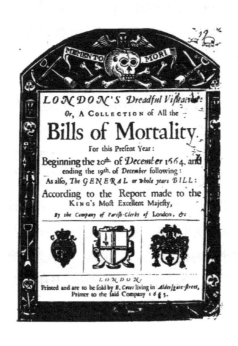

《死亡法案》

　　1680 年，政治经济学家威廉·佩蒂宣称他的科学形式只会利用可测量的现象，并寻求定量精度。他发表了一系列关于"政治算术"的文章，提供了统计记录，其中一些十分怪异，比如爱尔兰所有人的货币价值。他认为，政治世界就像物质世界一样，在许多方面可以由重量、数量和价值来衡量和调节，因而政治世界是可以通过计算来认识和处理的。他完全忽视了人的因素和自然规律的内在作用。然而就整体而言，政府鼓励或出资进行统计调查，并谨守调查的结果，以此加强政府的权力。他们依然和迷信联系在一起，遵从一些非常不科学的方法。著名的

"政治算术学家"之一就是普鲁士人约翰·彼得·塞米尔奇。他利用大数定律评价人口统计学，成为了"统计学和计量经济学之父"，但他在20多年里发表的三卷巨著中，试图证明上帝的存在揭示了社会统计数据的和谐。这无疑是荒唐的。不过，他自己就是一名新教的牧师，所以他摆脱不了上帝之手。

其他一些统计数据来自科学家、不同领域里的专家和人类学家。有一股对统计学不断增长的热情使19世纪早期出现了一种类似狂躁的现象。突然间，所有事物都被研究、计算、调查，包括天气、农业、人口迁移、潮汐、土地、地球的磁场等。欧洲国家对他们新获得的殖民地进行调查和人口普查。美国在西部大开发的过程中，也忙于宣布获得更多的土地。

比利时数学家阿道夫·凯特尔是最早将统计学应用于社会科学的人士之一，他规划了所谓的社会物理学。他敏锐地意识到社会现象的复杂性以及需要衡量的许多变量。他的目标是了解犯罪率、结婚率和自杀率等背后的统计规律。他想用其他社会因素来解释这些变量的价值。

在犯罪研究中，凯特尔发现犯罪率具有一定的规律。他推断犯罪率是一个社会的产物，而不是个人行为的结果。虽然个人的行为是发生犯罪的一种可能，但一个社会的犯罪率和个人的相关性很小。所以，他认为研究犯罪率比研究犯人更有意义。降低犯罪率在于社会行为，比如教育的普及和司法系统的完善。他认为，认真地利用统计学来检验改变的效果和指导进一步改变的方向，可以产生希望得到的结果。

他最有影响力的著作是《社会体质与发展》一书，出版于1835年。在这本书中，他概述了一个社会物理学项目，并描述了"一般人"的概念。他以符合正态分布的变量的平均值为特征。他收集了许多这样的变量数据。凯特尔的想法在当时的其他科学家中颇有争议，他们认为这与选择自由的概念相矛盾。

有意思的是，凯特尔还创立了人体测量学，开发了身体质量指数，称之为凯特尔指数。人体测量涉及对人体物理特征的系统测量，主要是关于体形等的描述。凯特尔指数等于人的体重除以身高的平方。我们可以据此对不同的人进行分类研究，找出造成各种不同人体现象的因素。

在人口学中值得一提的还有托马斯·马尔萨斯。他的名字和他的人口学观点紧密地联系在一起。他的观点是，如果人口增长不受控制，那么因此而引起的饥荒、疾病和为了生存而发生的战争会使人口锐减。他的这个观点被称为马尔萨斯主义。他的这个观点来自他对人口统计数据的研究。他发现，如果没有限制，人口就将呈几何速率（即 2，4，8，16，32，64，128，…）增长，而食物供应呈算术速率（即 1，2，3，4，5，6，7，…）增长。他认为，只有自然因素（事故和衰老）、灾难（战争、瘟疫及

马尔萨斯

饥荒）、道德限制和罪恶（在马尔萨斯看来包括晚婚、节育、堕胎和谋杀等）能够限制人口的过度增长。

为此，他反对 1789 年英国通过的《济贫法》，该法案规定根据家庭中儿童的数量提供早期形式的福利待遇。马尔萨斯认为，该法案会刺激穷人多生孩子，因为他们生的孩子越多，拿到的福利就越多。而增加的劳动力数量会降低劳动力成本，最终会使穷人更加贫穷。另外，如果政府向所有穷人提供金钱的话，制造商和服务商会趁机提高价格以获取更多的利润，这从另一个方面使穷人更加贫困。

然而，马尔萨斯没有预见到的是，随着工业革命的发生和科技进步，食物的生产成本和所需的单位面积大幅缩小，而产量大幅提高，同时公共卫生服务的改善、避孕用品的使用和生育观念的变化并没有让人口呈爆炸式增长。自然因素和疾病、战争造成的人口减少也大幅降低。和马尔萨斯预见的相反，欧洲的人口增长率一直在下降。

无处不在的统计学

也许让人惊奇的是，统计学的应用直到 19 世纪中叶才从社会科学领域向自然科学领域蔓延。1870 年，詹姆斯·克拉克·麦克斯韦经常在解释他的气体理论时

引用社会统计学作为参考。在对数量极大的随机移动的分子的观察中，他协助开发了麦克斯韦－玻尔兹曼分布，这是一种描述气体动力学理论的统计学方法。该方法派生出了热力学法则——混乱中存在秩序。他强调说，统计学在关于犯罪和自杀的研究中可以从众多混杂的个案中揭示出规律性的结果，一个大的范围里可预测的结果可以从一个小的范围里不可预测的行为中揭示出来。

气体动力学理论源于丹尼尔·伯努利，后来多人对其加以研究发展。麦克斯韦在前人的基础上发展了关于气体粒子中速度分布的理论。他意识到，由于粒子的数量太多，单独描述它们是不可能的，因此需要一条统计学定律。1859年，麦克斯韦提出了一条描述气体粒子运动速率的定律，并根据这条定律成功地预测到气体的黏性与其压力无关。他的工作激发了当时还在维也纳求学的玻尔兹曼的灵感。1871年，玻尔兹曼提出了一条更加一般化的麦克斯韦定律，该定律讨论了能量的分布而不只是速率的分布。这条定律被称为麦克斯韦－玻尔兹曼分布。

一个粒子的运动存在3个自由度，即上下、左右、前后。根据牛顿力学，确定了它的运动方向以后，就可以计算它的运动速度、轨迹等。但每个粒子有3个自由度，如果将大量的粒子加在一起，就会有无法计算的自由度数量，无法计算出它们总的运动效果。这时，只能用统计学方法进行计算，即用概率论的方法进行计算。麦克斯韦－玻尔兹曼分布用于描述在一定温度下微观粒子的运动速度的概率分布。

麦克斯韦－玻尔兹曼分布成为了分子运动论的基础，它解释了许多基本的气体性质，包括压强和扩散。麦克斯韦－玻尔兹曼分布通常指气体中分子速率的分布，但它还可以指分子的速度和动量的分布。每一个分布都有不同的概率分布函数，而它们都是联系在一起的。麦克斯韦－玻尔兹曼分布对应于由大量粒子所组成的、以碰撞为主的系统中最有可能的速率分布，提供了对气体状态的非常好的近似。

麦克斯韦于1831年6月13日出生在爱丁堡。他从小就迷上了几何，在没有学习多面体时，他自己发现了常规的多面体。麦克斯韦的兴趣远远超出了学校的

教学大纲，他并没有特别在意考试成绩，但还是
不断获得学校的各种奖项。1847 年，16 岁的他
开始在爱丁堡大学上课，不久就前往剑桥大学。
1854 年，麦克斯韦以期末考试第二名的成绩毕业
于三一学院，获得数学学位，并成为了三一学院
的研究员。

麦克斯韦

　　他把注意力集中在两千年来科学家一直在
回避的一个问题上，即土星环的性质。当时，
人们还不清楚它怎么能在不破裂、漂移和撞上
土星的情况下保持稳定。麦克斯韦花了两年时
间研究这个问题，证明了一个普通的固体环不
能保持稳定，而流体环会由于波浪作用而被分
解成斑块。由于两者均未被观测到，他的结论是，这些环必须由许多小粒子组
成，每个粒子独立环绕土星运行。1859 年，麦克斯韦因发表论文《土星环运动
的稳定性》而获得奖金为 130 英镑的亚当斯奖，这在当年可不是一小笔钱。当然，
他最显著的成就是创立了电磁辐射的经典理论，首次将电、磁和光作为同一现象
的不同表现结合在一起。麦克斯韦电磁方程被称为物理学中继牛顿力学之后的第
二个大一统。

　　在被应用于自然科学之前，统计必须发展成为一门数学学科。18 世纪末，数
学方法开始应用在统计上，并迅速取得了可喜的成果。法国数学家亚伯拉罕·
德·莫伊夫尔第一个注意到了正态分布的钟形曲线。该曲线描述了数值出现的频
率或者说概率相对于数值本身的情况。最频繁出现的结果位于钟形曲线的顶部，
代表平均值；而偏离平均值的结果出现的频率较低，分布在钟形曲线下行的两侧。
钟形曲线的坡度取决于样本中数值的变化率。在正态分布中，大约 68% 的值满足
标准方差。简单来说，标准方差用于衡量一组数值相对于平均值的分散程度。一
个较大的标准方差代表大部分数值和其平均值之间的差异较大，一个较小的标准
方差代表这些数值比较接近平均值。

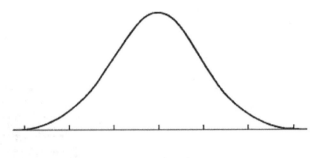

正态分布曲线

作为一名法国数学家，莫伊夫尔却因为宗教迫害常年流亡于英国。他在那里结识了牛顿、哈雷等大师，成为了他们的朋友。即使如此，他依然很难在英国获得一个大学教职，而不得不靠做私教为生。他还曾恳求过约翰·伯努利帮忙找莱布尼茨推荐一个大学教职。约翰·伯努利果真向莱布尼茨求情说，莫伊夫尔过着悲惨的贫困生活，急需帮助。其实莱布尼茨在伦敦的时候见过莫伊夫尔，所以很愿意帮忙，并试图在德国为莫伊夫尔求得一个教授职位，但没有成功。然而，贫穷的流亡生活并没有阻挡莫伊夫尔研究数学，他依然硕果累累。1697 年 11 月，他终于当选为英国皇家学会会员。

莫伊夫尔在晚年继续研究概率和数学，直到他于 1754 年去世，并且死后还发表了数篇论文。随着年龄的增长，他经常昏昏欲睡，需要更长的睡眠时间。他注意到了自己每晚都会比前一晚多睡 15 分钟，于是他据此计算了自己的死亡日期，即睡眠时间达到 24 小时的时候。如他所算，1754 年 11 月 27 日那天，他果然一睡就是 24 小时，再也没有醒来。他通过计算正确地预测了自己的死亡时间。

正态分布和标准方差的概念被广泛应用在统计学之中。拉普拉斯在他的概率研究中也使用这一模型，特别是在对非常多的样本数据进行概率分析时。凯特尔强调，实际上所有人类特质都遵循正态分布。

19 世纪初，涉及统计学的数学方法大量涌现。在测量地球经线长度以确定 1 米的长短时，需要用统计学方法来处理误差和测量中的不一致性。1805 年，法国数学家阿德里安·玛利·勒让德提出了一种被称为最小二乘法的技术，通过最小化每个方程的解中残差（残差是观测值相对于样本均值的偏差）的平方和来近似超定系统（如果方程数比未知数多，这个方程系统就被认为是超定的）的解。高斯对此十分感兴趣，并于 1809 年表示如果在测量中误差满足正态分布，那么这个方法就会给出最好的估计。最小二乘法被应用在统计学的各个领域，是 19 世纪统计学家的主要工具。它经常被用来通过小样本研究整体情况。

高尔顿的遗传理论

弗朗西斯·高尔顿生于 1822 年，是一个涉猎广泛、建树众多的人物。他的头衔从英国维多利亚时代的统计学家、几何学家、心理学家、优生学家到热带探险家、地理学家、发明家、气象学家、遗传学家，真是数不胜数。他还于 1909 年被封为骑士。

高尔顿

高尔顿是达尔文的表亲。他对正态分布和标准方差下的变异系数十分感兴趣。他发明了一种装置，用于演示中央极限定理。在样本数足够多时，二项分布近似于正态分布。他的模型被称为高尔顿板，由垂直板及其上交错排列的、由钉子组成的行和列构成。让豆子从模型的顶部掉落，它们在击中钉子时向左或向右弹跳，最终它们被收集在底部的箱子中。当板子垂直于水平线时，掉落在箱子中的豆子的高度近似于钟形曲线。他的这个模型又被称为豆机。

他是第一个将统计方法应用于研究人体差异和智力遗传的人，并介绍了如何利用问卷和调查的方式收集社区数据。这是编写家谱和传记作品以及人体测量研究所需要的。他是优生学的先驱，在 1883 年创造了"优生学"这个词，也创造了"自然与养育"这个术语。他的著作《遗传的天才》是研究天才和伟大的第一次社会科学尝试。

他的表亲达尔文在 1859 年出版的《物种起源》无疑对他产生了巨大的影响。

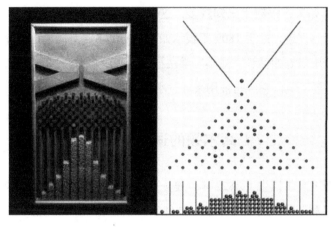

豆机   豆机的工作原理

从心理特征到身高，从面部图像到指纹图案，他制订的一个研究计划涵盖人类变异的多个方面。这需要发明新的特征度量，设计使用这些测量方法和大规模收集数据，然后用创新的统计技术来描述和解释数据。

高尔顿起初对人的能力是否具有遗传性的问题很感兴趣，他提议计算不同杰出程度的男子的亲属人数。他推理说，如果这些品质具有遗传性，那么亲属中应该有更多的杰出男子，而不是一般人。为了验证这一点，他发明了一种方法，通过广泛的传记来源获得了大量数据。他通过各种方式对这些数据进行了表格化处理和比较。1869 年，他的著作《遗传的天才》详细描述了这一开创性工作。他在书中特别指出，从一级亲属到二级亲属，从二级亲属到三级亲属，杰出亲属的数量呈下降趋势。他把这作为继承能力的依据。高尔顿承认，文化环境影响了一个文明公民的能力，包括他们的优生能力。

高尔顿试图开发一个关于人口稳定性的数学模型，这导致了他的回归公式及其与双变量正态分布的联系。高尔顿第一次尝试研究达尔文问题——遗传天才，这导致他在 19 世纪 70 年代对人体特征的遗传做了进一步的研究，其中包含一些粗略的回归概念。在定性问题的描述中，他写道："如果用强壮和体形良好的母狗去繁殖幼崽，但使用不同品种的种狗，那么小狗有时（但很少）会与父母完全一样。它们通常为杂种，难以描述，因为其祖先的特殊性容易在后代中被裁剪掉。"这一概念给高尔顿制造了一个问题，因为他无法调和人口特征一代又一代保持正态分布的倾向与遗传概念。似乎大量因素对后代独立产生影响，导致每一代人的特征呈新的正态分布。然而，这也解释了父母如何对子女产生重大影响，而子女是遗传的基础。

高尔顿的遗传理论建立在他对统计学的三个关键发展之上：1874 年到 1875 年对误差定律的发展、1877 年经验回归定律的制定，以及 1885 年对利用人口数据进行回归的数学框架的发展。虽然高尔顿的初衷是对基因和遗传研究感兴趣，但他意识到自己的统计学方法可以广泛地应用在其他领域并扩展了他开发出的工具的适应性。

统计学的发展目的是将小样本中的数据推广或应用到总体上。例如，研究者希望通过小样本研究总体的犯罪率、结婚率和遗传病发生率。当然，任何统计调查结果都取决于样本的质量。英国统计学家亚瑟·里昂·鲍利是第一批在采样中使用随机方法的人之一。鲍利指导了 1912 年至 1914 年英国 5 个城镇中工人家庭的抽样调查，亲自研究了计算抽样精度的数学公式以及对抽样调查结果进行通俗解释的最佳方法。他讨论了以下四个错误来源：不正确的信息、松散的定义、样本选择的偏差以及可计算的抽样错误。他深信对预测的任何分析都取决于长时间精心编制的涵盖所有经济和社会事项的统计系列。他和同事在设计和改进指数数字以及设计最有效的显示指数的方法方面孜孜不倦。

1934 年，波兰统计学家耶日·内曼把分层抽样与目的选择这两种方法结合起来，以保证采集的样本在整体上涵盖各种主要的情况，而每一个单独样本的采集又是随机的。这种统计采样方法的成功案例是 1936 年关于美国总统大选的预测。当时，乔治·霍勒斯·盖洛普（美国研究调查抽样技术的先驱，也是盖洛普民意测验的发明人）仅通过 3000 份民意调查问卷就成功地预测到富兰克林·罗斯福会再次当选，而《文学文摘》在 1000 万份民意调查问卷的基础上做出的预期不是这样。这说明了大样本并不一定能保证结果的正确性，盖洛普民意测验成为了衡量公众舆论的一种成功的统计方法。

实验设计和统计工具的发展密切相关。比较控制组和实验组，对控制组和实验组的个体进行随机采样，这在 20 世纪初期作为标准程序出现了。英国基因学家和统计学家罗纳德·艾尔默·费舍尔在第二次世界大战以后的数年里在心理学、医药学和生态学等许多领域中重塑了实验设计。他用统计分析来整合达尔文进化论中建立在实验设计上的不一致性。他提出了一个遗传学概念模型，表明生物统计学家测量的表型性状特征之间的连续变异可以通过许多离散基因的组合作用产生。这是创建种群遗传学和定量遗传学的第一步，表明自然选择可以改变种群中等位基因出现的频率，从而调和其不连续的性质并逐渐进化。他还倡导通过重复实验来观察结果的差异，从而确定误差率。作为 20 世纪统计学中最具影响力的研究，费舍尔的发现被他写进了名著《统计方法和科学推理》之中。他最重要的贡献之一是通过对一个很不规范的样本的观察得到各种变化，这被用来评估结果是否具有统计意义。由于他在统计学方面的杰出贡献，他被描述为一个几乎单枪匹马地为现代统计学打下基础的天才和 20 世纪统计学发展中最重要的人物。

费舍尔出生于英国伦敦的一个中产阶级家庭。视力不佳导致他在第一次世界大战中被英国军方拒绝，但也这发展了他用几何术语来形象化问题的能力，而不是写数学解决方案或证据的能力。他在 14 岁时进入哈罗学校学习，并获得该校的尼尔德数学奖章。1909 年，他获得了在剑桥大学学习数学的奖学金，并于 1912 年取得了数学第一名的成绩。费舍尔最喜欢的格言之一是"自然选择是产生极高的不可能性的机制"。

生命游戏

计算机的广泛应用让大规模数据处理变得容易。早期的统计学家常常苦于对采集的数据进行大量的计算工作，而他们今天的同行则只需要把数据输入计算机，计算机就可以利用各种统计工具自动进行计算分析，还可以把结果编制成图表。更进一步，计算机甚至可以直接通过传感器自动采集数据。这意味着统计分析可以应用在各个领域中来发现规律和预测结果。无论是在犯罪率的研究中还是在传染性病毒的传播和全球变暖的研究中，统计学正在发挥着前所未有的作用。

生命游戏是指英国数学家约翰·康韦在 1970 年设计的细胞自动机。这是一个不需要玩家的游戏，你只需要设定初始状态，它就会根据初始状态自我演变，不需要进一步输入。在生命游戏中，宇宙是一个无限的二维正交网格，每个细胞处于两种可能的状态之一，即活或死。每个单元格与其他八个相邻的单元格交互，这些相邻的单元格包括水平相邻、垂直相邻和对角相邻的单元格。在每一个步骤中会发生以下转换。

（1）所有只有不到两个活邻居的活细胞都死亡，好像是因为人口不足。

（2）所有有两个或三个活邻居的活细胞都包含下一代。

（3）所有有三个及以上活邻居的活细胞都死亡，好像是因为人口过剩。

（4）所有有三个活邻居的死细胞都变成了活细胞，就像通过繁殖一样。

这些规则将自动机的行为与现实生活进行比较，可以压缩为以下内容。

（1）任何有两个或三个活邻居的活细胞都幸存下来。

（2）任何有三个活邻居的死细胞都变成了活细胞。

（3）所有其他活细胞在下一代死亡。同样，所有其他的死细胞都保持死亡状态。

初始模式构成系统的种子。第一代通过将上述规则同时应用于种子中的每个单元格而被创建，出生和死亡同时发生，而发生这种事情的离散时刻有时被称为嘀嗒声。每一代都是前一代的纯函数。这些规则反复适用，以创造更多的世代。

20 世纪 40 年代后期，冯·诺依曼将生命定义为一种创造（作为一个生命体或有机体），它可以自我复制和模拟图灵机。冯·诺依曼当时正在考虑一个工程解决方案，试图使用在液体或气体中随机漂浮（或飘浮）的电磁组件。事实证明，这在当时的技术条件下是不现实的。波兰科学家斯塔尼斯拉夫·乌拉姆发明了细胞自动机，旨在模拟冯·诺依曼的理论电磁结构。乌拉姆在几篇论文中讨论了如何使用计算机在二维晶格中模拟他的细胞自动机。与此同时，冯·诺依曼试图构建乌拉姆的细胞自动机。

约翰·康韦受到了乌拉姆模拟游戏的激励，于 1968 年开始使用各种不同的二维细胞自动机规则进行实验。康韦最初的目标是定义一个有趣的和不可预知的细胞自动机。他希望某些配置在死亡前持续很长时间，而且其他配置在不允许循环

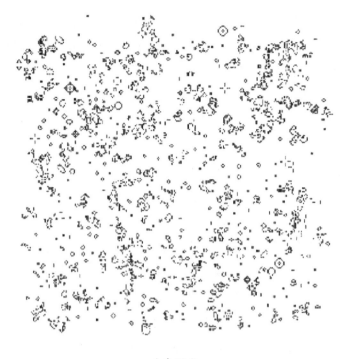

生命游戏

的情况下永远持续。康韦经过大量实验，仔细选择他的规则。

　　1970 年 10 月，在马丁·加德纳的《数学游戏》专栏中，生命游戏首次公开亮相。从理论上讲，生命游戏具有通用图灵机的功能: 任何可以用算法计算的东西都可以在生命游戏中进行计算。加德纳写道，由于生命与生物体社会的兴起、下降和变化的类比，生命游戏属于一个日益壮大的"模拟游戏"(类似于现实生活过程的游戏)。

　　生命游戏以其惊人的方式引起了人们的兴趣。它提供了一个出现和自我组织的例子。各个领域(如计算机科学、物理学、生物学、生物化学、经济学、数学、哲学等)的学者都采用了从简单游戏规则的实施中产生复杂模式的方式。游戏也可以作为一个教学类比，用来传达一个有点反直觉的概念: 设计和组织可以自发地出现，而不需要设计师。例如，认知科学家丹尼尔·德内特广泛地利用生命游戏关于宇宙的类比，说明从可能支配宇宙的相对简单的确定性物理定律中，可以进化出复杂的哲学结构（如意识和自由人）。

　　统计学上的许多研究在过去 100 年里引领了在相当复杂的情况下数据组或数据集合的分析。一个集合的行为无论是数字的还是其他形式的，都是集合论研究的主题。集合论是在 19 世纪下半叶发展起来的一种理论，成为了数学发展史上最重要的理论之一。

第 **8** 章 ▶▶▶

数字之亡

数学的本质在于它的自由。

——康托尔

对总体、实验和其他来源的数据的分析产生了分类和成组规律研究。宇宙万物可以通过不同的归属而被定义。这些集合间的关系给出了对象的进一步信息。当数学家在 19 世纪末转向集合论后，他们发现了一个丰富的宝藏。

集合论建立起了自己的逻辑语言。集合论可以用来探索数学，用来证明数学定理，用来解剖和分析集合论自身。它让数学包含了所有的事物，此前数学还没有变得如此抽象和深奥。

在认识数字以前，人们就已经会比较不同对象的集合。是否有足够的箭供猎人们使用？圈里的羊和门口用来计数的小石头是否一样多？随着人类需求的具体化，数学脱离了物体的集合属性，发展出了可以普遍应用的数字概念。几千年之后，数学家们又回到集合上，以新的眼光审视这一概念。

早在集合论创立之前 2000 多年，数学家和哲学家就已经接触了大量有关无穷的问题。古希腊的学者们最先注意并考察了它们，芝诺悖论就是最典型的代表。虽然芝诺悖论没有明确使用无穷集合的概念，但这个问题的实质与无穷集合有关。

公元 5 世纪，普罗克洛斯在研究直径分圆问题时，注意到圆的直径把圆分成了两个半圆，由于直径有无穷多个，所以必须有两倍于无穷多的半圆。为了解释这个在许多人看来是一对矛盾的问题，他指出：任何人只能说有很多很多直径或者半圆，而不能说有实实在在无穷多的直径或者半圆。也就是说，无穷只能是一种观念，而不是一个数，不能参与运算。

伽利略在加速度的研究中提出了自然数的无穷序列（1，2，3，…）和自然数平方的无穷序列（1，4，9，…）的关系问题。由于这两个序列的元素间存在一一对应关系，所以这两个序列应该有同样数量的元素。但是，第二个序列中显然缺少一些自然数，所以第二个序列所包含的元素应该少于第一个序列。伽利略还注意到，两个不等长的线段上的点可以构成一一对应关系。

到了 17 世纪，数学家把无穷小量引入数学，构成所谓的无穷小演算。这是微积分最早的名称。我们已经知道所谓积分法无非是把无穷多个无穷小量加在一起，而微分法则是指两个无穷小量相除。由于无穷小量运算的引入，无穷大模大样地走进了数学。虽然它给数学带来了前所未有的繁荣和进步，但它的基础及其合法性受到了许多数学家的质疑，他们对无穷心存疑虑。科学家接触无穷，却又无力把握和认识它。这的确是人类面临的尖锐挑战。

希尔伯特在 1926 年发表了题为《论无穷》的讲演。他说："没有任何问题像无穷那样深深地触动人的情感，很少有别的观念能像无穷那样激励理智产生富有成果的思想，然而也没有任何其他概念像无穷那样需要加以阐明。"面对无穷的长期挑战，数学家进行了各种各样的努力。集合论就这样应运而生了。

博尔扎诺是一名捷克数学家。他是第一个为了建立集合的明确理论而做出了积极努力的人。他明确谈到实数无穷集合的存在，提出了两个集合等价的概念，也就是后来的一一对应的概念。他认为必须接受这样一个事实，那就是无穷集合的一部分或子集可以等价于其整体。不过，他关于无穷的研究的哲学意义大于数学意义。

康托尔的集合论

集合论真正发展起来缘于德国数学家康托尔在 1874 到 1879 年的努力。康托

康托尔

尔于 1845 年出生在俄国圣彼得堡的商人聚居地，他在圣彼得堡长大，拉得一手好小提琴。在他 11 岁的时候，全家移居德国。由于不断搬家，他读过欧洲的许多大学，并于 1867 年获得博士学位。

从 1874 年开始，康托尔向神秘的无穷宣战，成功地证明了一条直线上的点能够和一个平面上的点一一对应，也能和空间中的点一一对应。这样看起来，1 厘米长的线段上的点与太平洋表面的点以及整个地球内部的点都"一样多"。在后来的几年中，康托尔针对这类无穷集合问题发表了一系列文章，通过严格证明得出了许多惊人的结论，比如著名的康托尔三分集。已知一条长度为 1 个单位的线段，移走这条线段中间的三分之一，再移走剩下部分的三分之一，无限重复这样的过程，最后剩下的就是康托尔三分集（也叫康托尔的梳子）。它有一个惊人的属性：无论重复多少次，总能够从剩下的点中找到两个点，它们之间的距离可以是 0 和 1 之间的任何一个数。

康托尔的梳子

　　然而，康托尔在学术上的成就不但没有得到同行的认可，反而受到不断的质疑甚至攻击，尤其是当时欧洲最杰出的数学家之一、他的老师克罗内克的质疑。克罗内克是一个有穷论者，当他看到康托尔"走向无穷"时一反常态，由过去对康托尔的欣赏和爱护变为竭力反对和攻击康托尔的研究。在柏林数学界，克罗内克几乎有无限的权力。他不仅对康托尔的工作进行粗暴的攻击，而且一再阻止康托尔发表论文。由于他的攻击，其他数学家对康托尔的工作总持怀疑态度，致使39 岁的康托尔患上了抑郁症。

　　康托尔并没有因此而妥协，他坚持自己的观点和研究。他把集合定义为一个确定的、可区分的知觉或思维对象的汇集，这些对象可以作为一个整体来看待，比如可以作为一个整体对象的正整数的集合。当然，也可以把所有消防员作为一种人的集合，把碳氢化合物作为一种分子结构的集合，如此等等。虽然基本原理极其简单，但关于集合的逻辑思考迅速引出了复杂的概念，致使数学和哲学之间的界限变得模糊起来。

　　早期的批评者说，集合论只处理想象中的对象，并不反映现实中的事物。诚然，集合论作为纯数学的一个分支，似乎只有很少的应用是处理日常生活中的问题。但它被证明非常有价值，可以操作复杂的数学概念。集合论能够自我定义并通过应用集合逻辑到自己的概念上来分析和完善自己。

　　集合论的基本概念十分简单。任何一组对象或数字，无论它们是否真实或长期存在，都可以成为一个集合。任何一个集合的元素都可能是其他许多集合的元素。集合之间可能会交叉或重叠。一个集合可以有无穷多个元素，因此成为一个无穷集合。

　　集合间的运算并不完全和数字间的算术运算一样。如果两个集合相加，新的集合包括这两个集合里的所有元素，但成员不重复出现。两个集合相交形成的一个交集包含这两个集合里所有相同的元素。一个没有元素的集合称为空集，用 $\varnothing$ 表示。一般来说，一个集合的元素之间没有顺序可言。在坐标系统里 (x, y) 和 (y, x) 是不同的，但在集合中 (x, y) 和 (y, x) 没有区别。

　　在集合论的概念里，两个集合相等是指两个集合中元素的数量一样，而与集合本身是否有限无关。因此，虽然正整数的集合和负整数的集合都有无限多个元素，但它们是相等的，因为每一个正整数都有一个负整数对应。康托尔迅速认识到，每一个自然数都可以有一个平方数，所以有一个无限的自然数集合和与之对应的无限的自然数的平方数集合，并且平方数集合还是自然数集合的子集，因为自然数的平方数还是自然数，依然被包括在自然数集合里。伽利略在 1638 年认为等于、大于和小于的概念是不能用于无限的，但康托尔发展了超限数的概念，用于认识无限的不同大小。

在康托尔的余生中，由于事业和家庭生活两方面的打击，他多次经历不同程度的精神崩溃，不得不一次次地出入精神病院。然而，他并没有因为自己患病而放弃对数学的探索。在精神状态好的时候，他完成了关于无穷理论的最好的那部分工作。

康托尔对数学的贡献是集合论和超限数理论。康托尔以其思维之独特、想象力之丰富和方法之新颖创立了集合论和超限数理论，令 19 世纪和 20 世纪之交的整个数学界甚至哲学界震惊。希尔伯特高度赞誉康托尔的集合论"是数学天才最优秀的作品""是人类纯粹智力活动的最高成就之一""是这个时代所能夸耀的最艰巨的工作"。在 1900 年举办的第二届国际数学家大会上，希尔伯特高度评价了康托尔工作的重要性，并把康托尔的"连续统假设"列入 20 世纪初有待解决的 23 个重要数学问题之首。

当康托尔的朴素集合论出现一系列悖论时，有人借机大做文章，诋毁康托尔的贡献。希尔伯特用坚定的语言向他的同代人宣布："没有任何人能将我们从康托尔所创造的伊甸园中驱赶出来。"罗素也曾说过："在数学上，我主要受惠于康托尔和佩亚诺教授。"1918 年 1 月 6 日，德国数学家、集合论的创立人康托尔逝世，死因是饥饿。第一次世界大战造成的食物短缺夺去了康托尔的生命。

罗素和他的悖论

1874 年康托尔创立的集合论很快渗透到大部分数学分支中，成为它们的基础。

到 19 世纪末，全部数学几乎都建立在集合论的基础上。在 1900 年举办的国际数学家大会上，法国著名数学家庞加莱兴高采烈地宣称："借助集合论概念，我们可以建造整个数学大厦 …… 我们可以说绝对的严格性已经达到了。"

1903 年，一个震惊数学界的消息传出：集合论有漏洞！这就是英国数学家罗素提出的著名的罗素悖论。罗素悖论使集合论产生了危机。罗素悖论就是所谓的理发师悖论，它说的是在某个城市中有一位理发师，他发出这样的广告："本人的理发技艺十分高超，誉满全城。我将为本城所有不给自己刮脸的人刮脸，我也只给这些人刮脸。我对各位表示热诚的欢迎！"来找他刮脸的人络绎不绝，自然都是那些不给自己刮脸的人。有一天，这位理发师从镜子里看见自己的胡子长了，他本能地抓起了剃刀。可是这时他犯愁了，他能不能给自己刮脸呢？如果他不给自己刮脸，他就属于"不给自己刮脸的人"，那么他就可以给自己刮脸；而如果他给自己刮脸，他就属于"给自己刮脸的人"，那么他就不该给自己刮脸。

罗素于 1872 年 5 月 18 日出生在英国威尔士的一个贵族家庭，他的祖父曾两次出任英国首相，这让他家门第显赫。但罗素的童年是孤寂和不幸的。他的母亲在他 2 岁那年便去世了。两年之后，他的父亲也离世了。失去双亲的罗素和他的哥哥由祖父母抚养长大。

童年时期的罗素经常一个人在自家荒凉失修的大花园里独自玩耍与思索。也许是这样的生活方式让他对大自然、书本和数学产生了极其浓厚的兴趣，他尤其迷恋数学。这为他后来成为数学家和逻辑学家打下了基础。罗素的教父是当时的哲学家约翰·穆勒，他自然也成为了罗素在哲学上的启蒙者，为罗素在日后成为哲学家打开了大门。

1890 年，罗素进入了剑桥大学三一学院学习。大学的前三年，他专攻数学，获得过

罗素

数学荣誉学位考试第七名。他与他的老师怀特海合作，花费了长达 10 年的时间撰写《数学原理》这一影响至深的数学巨著。1903 年，《数学原理》一书出版，罗素也以论文《几何学基础》荣获了三一学院的研究员职位。

怀特海是现代著名的数学家、哲学家和教育理论家。他于 1861 年 2 月 15 日出生在英国东南部的拉姆斯盖特。他的祖父是当地的一位有名望的教育家，曾任一所私立学校的校长。他的父亲先后从事教育和宗教工作，十分关心教育事业。受家庭的影响，怀特海对教育也很感兴趣。他考入剑桥大学三一学院以后主攻数学。在课余时间，他经常阅读文学、哲学、政治、宗教等方面的著作，还喜欢和别人讨论相关问题。他在获得硕士和博士学位以后，留校任数学和力学教师。在母校任教的 25 年中，他积极从事教学和著述工作，同时也参加一些政治活动。罗素就是他的得意门生。怀特海是独树一帜的思想大师。他的学术研究的价值得到了世人的认可，无论用什么样的标准衡量，他都属于 20 世纪最杰出的哲学家。罗素得到老师的深传自不待言。

《数学原理》是一本关于哲学、数学和数理逻辑三大部分的皇皇巨著，该书对逻辑学、数学、集合论、语言学和分析哲学有着巨大的影响。正是这部巨著使罗素赢得了学术上的崇高地位和荣誉，1949 年罗素获得了英国的荣誉勋章。但是由于此书内容艰深，一般人甚至专门从事数学原理探讨的人也难以通读。《数学原理》的主要目的是说明所有纯数学都是以纯逻辑为前提推导出来的，并尝试只使用逻辑概念定义数学概念，同时尽量找出逻辑本身的所有原理。

然而，就在罗素想通过《数学原理》一书把哲学、数学和逻辑统一为一体的时候，他发现了这个石破天惊的悖论，震撼了整个数学界。20 世纪初，数学界甚至整个科学界都沉浸在一片喜庆祥和的气氛中。科学家们普遍认为数学的系统性和严密性已经达到，科学大厦已经建成。大数学家希尔伯特还向全世界的数学家抛出了一个宏伟计划，即要建立一组公理体系，使一切数学命题在原则上都可由此经有限步推定真伪。这叫作公理体系的完备性。希尔伯特还要求公理体系保持独立性（即所有公理都互相独立，使公理系统尽可能简洁）和无矛盾性（即一致性，不能从公理系统中导出矛盾）。

　　罗素曾经认真地思考过这个悖论，并试图找到解决办法。他在《数学原理》里说道："自亚里士多德以来，无论哪一个学派的逻辑学家从他们所公认的前提中似乎都可以推导出一些矛盾来。这表明有些东西是有毛病的，但是指不出纠正的方法是什么。1903 年春季，其中一种矛盾的发现把我正在享受的那种逻辑蜜月打断了。"

　　罗素试图用命题分层的办法来解决，他说："我们可以说第一级命题就是不涉及命题总体的那些命题，第二级命题就是涉及第一级命题总体的那些命题，其余仿此，以至无穷。"但是这一方法并没有取得成效，罗素自己也承认道："1903 年和 1904 年这一整个时期，我差不多完全致力于这一件事，但是未取得成功。"罗素悖论涉及的是以自己为元素的集合，这个集合论上的漏洞让整个数学大厦摇摇欲坠。这被称为第三次数学危机。

　　为什么是第三次数学危机呢？其实数学发展到今天，数学中出现过许多大大小小的矛盾，比如正与负、加法与减法、微分与积分、有理数与无理数、实数与虚数等。有些矛盾更加深刻，如有限与无穷、连续与离散，乃至存在与构造、逻辑与直观、具体对象与抽象对象、概念与计算等。整个数学发展的历史贯穿着矛盾的出现与解决。而在矛盾激化到涉及整个数学的基础时，就产生了数学危机。

　　人类最早认识的是正整数。人们在引入零及负数时就经历过斗争：要么引入这些数，要么大量的数的减法行不通。同样，引入分数使乘法有了逆运算——除法，否则许多实际问题也不能解决。但是接着又出现了这样的问题：是否所有的量都能用有理数来表示？于是发现无理数就导致了第一次数学危机。第二次数学危机是由无穷小量的矛盾引起的，我们在前面已经讲过，它反映了数学内部的有限与无穷之间的矛盾。

　　罗素悖论对数学产生了深刻的影响，它让数学基础问题第一次以最迫切的需要摆在了全体数学家面前，使得数学家不得不重新审视整个数学理论。现代数学的三大流派——逻辑主义、形式主义和直觉主义也由此产生，极大地促进了数学的发展。

　　为了解决这一悖论，人们试图像欧几里得几何以公理作为基础那样，把集合论公理化，用公理对集合加以限制。于是，人们提出了各式各样的复杂的公理系统，它们常常相互冲突。不过，最基本的公理原则可以概括为一致性、合理性和适用性。所谓一致性就是公理不能让一个陈述和它的反陈述同时得到证明。所谓合理性就是公理必须和关于集合的一般认识相符合。所谓适应性就是公理要能够产生出康托尔集合论的结果。

公理化集合论进一步从现实世界中脱离出来，变得更加抽象，因为它已经不再讨论集合的具体内容，完全集中在讨论集合之间的关系和它们的性质上。这让一些数学家更加认为集合论是在研究不存在的虚幻。但处于动荡状态的集合论影响着 20 世纪数学的很多领域。探索可以接受的公理使几何学家在寻找非欧几何新的模型和规则时遇到了困难，这些困难至今仍让人们束手无策。

扎德的模糊理论

亚里士多德曾经指出过关于"似是而非"的问题，即一个对象既不是这样又不是那样，处于一种被互相排斥的尴尬的中间状态。数学家一直无法处理这样的情况，因为数学一直被认为必须是精确的和准确的，"说一不二"，而不能"似是而非"。1920 年，波兰逻辑学家扬·武卡谢维奇提出了多值逻辑的概念，一个陈述可以在真（取值 1）和假（取值 0）之间取值为部分真。1937 年，美国哲学家马克斯·布莱克将多值逻辑概念应用到一个对象的集合上，给出了第一个模糊集合。1965 年，美国数学家卢特菲·扎德创立了由这些模糊的相关概念组成的模糊数学，包括模糊逻辑、模糊算法、模糊语言、模糊控制、模糊系统、模糊概率、模糊事件和模糊信息。这为研究不精确和不确定问题提供了数学方法。但也有人提出异议，一些数学家认为这不过是概率论的变种，应该叫可能性理论。另一些数学家则认为这是特殊情况下的概率。

扎德出生于阿塞拜疆，他在大学考试中以全国第三名的成绩考入德黑兰大学，在那里获得了电气工程专业学士学位。1943 年，扎德决定移民到美国。1946 年，他在麻省理工学院获得电气工程专业硕士学位，然后来到哥伦比亚大学读博士，因为他的父母定居在纽约市。1949 年，他在哥伦比亚大学获得电气工程专业博士学位，然后留校任教。扎德在哥伦比亚大学任教 10 年，1957 年晋升为正教授。1959 年，他来到了美丽的加州旧金山，任教于加州大学伯克利分校。1965 年，他在这里出版了关于模糊集的开创性著作，其中详细介绍了他的模糊集理论。1973 年，他又进一步提出了他的模糊逻辑理论。

扎德被称为"迅速摆脱民族主义，坚持认为生活中有更深层次的问题"的人。他在采访中说："问题真的不是我是不是美国人、俄罗斯人、苏联人、阿塞拜疆人或其他什么人。我被所有这些人和文化所塑造，在所有这些人和文化中，我都能适应。"他还说："固执和坚韧，不怕卷入争议，这是非常典型的土耳其传统，也是我的性格的一部分。我可以很固执，这可能有利于模糊逻辑的发展。"他形容自己是"一个出生在苏联的伊朗裔美国人、以数学为导向的电气工程师"。

我们需要在计数和度量之间处理那些不能完全归入一个集合或另一个集合的问题。代替非此即彼的选择，模糊集合可以支持一定程度的元素，也就是说元素可以具有一个在 0 和 1 之间的值。所以，在一个跑得快的动物的模糊集合中，猎豹可以取值为 1，兔子可以取值为 0.5，乌龟可以取值为 0.1，而完全不动的动物（如一些附着在甲壳上的动物）可以取值为 0 或者不属于这个集合。

模糊理论让语言范畴里模棱两可的情况有了一种定性的数学方法。模糊不是不确定，而是在分类上有模糊的界线。模糊集合可以叠加。一个跑得快的动物的模糊集合中的一个取值为 0.2 的动物可以是一个跑得慢的动物的模糊集合中的一个取值为 0.8 的动物。通过不同集合取值上的结合，可以获得比"非此即彼"方法更多的有用信息，更全面、更好地描述一种情况或一个对象。这让数学进一步扩展到更广大的领域，可以处理更复杂的情况。当一个对象跨越两个集合时，唯一的限制是它在两个集合里取值的和为 1。

模糊逻辑可以用于抉择和计算机程序的执行，许多工程控制系统可以通过模糊逻辑接近人的判断，让设备的操作能适合更广泛的条件。它通常用在家用电器、汽车和日用电子产品中。例如，自动数码相机在聚焦和曝光设定上就是采用模糊逻辑进行判断的。一台现代洗衣机也可以根据衣物的多少和肮脏程度来确定洗涤周期，并且可以计算需要多少洗涤液以及水温的高低。

第一个使用模糊逻辑进行控制的系统是由伦敦玛丽皇后学院的数学家易卜拉欣·马丹尼和塞托·阿什瑞安在 1970 年创建的。他们先为一台小型蒸汽机的操作编写了一组启发式规则，然后运用模糊逻辑把规则转化成一种算法来控制这个系统。1980 年，丹麦哥本哈根的一个水泥场采用了第一个商业用途的模糊系统。从 20 世纪 80 年代开始，探索和使用模糊逻辑的尝试迅速展开，特别是在日本取得了蓬勃发展。

模糊逻辑不仅应用在控制上，而且应用在专家系统、语音识别和图像处理方面，力图减少人工干预，模拟人类的判断能力。在这样的应用中，一般先由专家设定一组用于抉择的规则，系统在运行中根据实际情况自行调节参数，改进和调整规则。例如，在检测医学中，一个模糊系统可以全面审查病人的各种症状和检测结果，然后根据这些症状和检测结果来确定是否需要进一步检测。

集合，无论是传统意义上的还是模糊意义上的，重新定义了 20 世纪和 21 世纪的数学，在很大程度上让数学变得更加抽象，进一步脱离具体的现实世界。更进一步的集合理论已经不是研究具体的数字和对象，而是研究概念和概念之间的关系。在接受我们所处的不精确和具有偶然性的现实世界上，集合论像分形一样，对现实世界的"粗糙"提供了比传统数学更加深入的认知和更加准确的模型。

集合论让数学从数字中脱离出来，更加依赖逻辑。虽然逻辑一开始就处于数学的核心，欧几里得早就尝试从一系列逻辑步骤中推导出他的几何学，但对逻辑应用的严格深入的考察直到 19 世纪才开始。集合论又恰恰成为了开展这种逻辑研究的需要，为数学提供了坚实的基础。

七桥四色问题

在集合论不断发展的同时，另外一个应用数学分支也在 19 世纪和 20 世纪异军突起。这就是图论。它以由若干给定的点及连接两点的线所构成的图形为研究对象，这种图形通常用来描述某些事物之间的某种特定关系，用点代表事物，用连接两个点的线表示两种事物之间具有某种关系。它是用于研究模型对象之间成对关系的数学结构。

过去知道图论的人不多，但随着计算机和人工智能的普及，越来越多的人开始熟悉图论，因为图论是编写计算机程序的基础，可以应用在指纹识别、人脸识别、游戏分析和路径规划等很多方面。图论与拓扑学的联系密切，促进了拓扑学进一步发展。18 世纪以前，数学理论里还完全没有图论。1736 年，欧拉发表了一篇经典的论文《格尼斯堡七桥问题》，成为了图论诞生的标志。

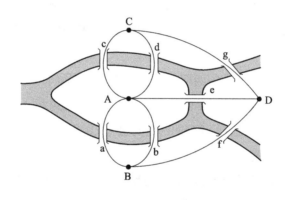

七桥问题

格尼斯堡在哪里呢？它就是现在的加里宁格勒，是俄罗斯在波兰和立陶宛之间的一块飞地，当年属于普鲁士。这个小城里有 7 座桥连接不同的地区。那里流行一项娱乐活动，就是看谁能把城中的这 7 座桥都只走一遍而逛遍全城。欧拉自然也兴趣盎然地去试了一试，不过他发现不论他怎样走，都不可能在只经过每座桥一次的情况下把全城逛遍。作为数学家，他意识到这种做法在数学上可能是徒劳的，但这必须证明出来。可是如何证明呢？因为不论是几何、代数还是算术都无法用来证明这个问题。

欧拉以他天才的数学眼光洞察秋毫，发现问题在于连接每个区域的桥的数量，而与区域的大小和路径的长短无关。格尼斯堡问题里的 4 个区域相当于 4 个顶点，7 座桥相当于 7 条边。欧拉指出，不存在每座桥只走一次就能走完所有边的路径，因为它包含有两条以上的奇数条边的顶点。因此，七桥问题无解。于是，他把自己的研究成果写在论文《格尼斯堡七桥问题》中，把七桥问题抽象为对图形中点的集合和点与点之间的连线关系的论述。图论由此诞生，并迅速成为连接几何和其他深奥难解的研究领域（如拓扑学、组合学以及集合论）的桥梁。

当然，现实中的七桥问题早已不复存在。第二次世界大战把这 7 座桥中的 4 座完全摧毁，现在只有 3 座桥幸存下来了。

图论中最著名和最刺激的问题之一就是四色问题了。19 世纪彩色印刷技术发展起来以后，制图师们就开始思考到底一幅地图最少需要用几种颜色才可以将相邻的不同地区标识出来。在直觉和不断试错的努力下，制图师们终于发现，最多只需要 4 种颜色就可以把无论多么复杂的地图都清楚地标示出来，而不会出现相邻区域的颜色重复的现象。

1852 年，南非数学家弗朗西斯·格思里觉得制图师们的经验里应该包含一定的数学原理。于是，他将地图看作图论里的图，以区域为面，边界为边，顶点为不同区域相交的地方，提出了著名的四色问题（又称四色猜想或四色定理）。这成为了近代三大数学难题之一。

这个定理能不能从数学上加以严格证明呢？他和正在读大学的弟弟决心试一试，但是他们绞尽脑汁，稿纸用了一大沓，研究工作却没有任何进展。格思里的弟弟只好去请教他的老师、著名英国数学家德·摩根。德·摩根也没有找到解决这个问题的办法，于是他又写信向自己的好友、著名数学家哈密顿请教。但直到 1865 年哈密顿逝世为止，这个问题也没有得到解决。

1872 年，英国当时最著名的数学家凯利正式向伦敦数学会提出了这个问题，于是四色猜想成了数学界关注的问题，世界上许多一流的数学家纷纷参加了解决四色猜想的大会战。从 1878 年到 1880 年，著名的律师兼数学家肯普和泰特两人分别提交了证明四色猜想的论文，宣布他们证明了四色定理。

大家也都认为四色猜想从此就解决了。但 10 年后，1890 年在牛津大学就读的年仅 29 岁的赫伍德以自己的精确计算指出了肯普在证明上的漏洞。他指出肯普说没有极小五色地图能有一国具有 5 个邻国的理由有破绽。不久，泰特的证明也被人们否定了。人们发现他们实际上证明了一个较弱的命题——五色定理，也就是说在对地图着色时用 5 种颜色就够了。

肯普是用归谬法来证明的，大意是：如果有一张正规的五色地图，就会存在一张国数最少的极小正规五色地图，如果极小正规五色地图中有一个国家的邻国数少于 6 个，就会存在一张国数较少的正规地图仍为五色，这样一来极小五色地图的国数就不对了，也就不存在正规五色地图了。这样，肯普认为他已经证明了四色问题，但是后来人们发现他错了。

不过肯普的证明阐明了两个重要的概念，为以后问题的解决提供了途径。第一个概念是构形。他证明了在每一张正规地图中至少有一国具有两个、三个、四个或五个邻国，不存在每个国家都有六个或更多个邻国的正规地图。也就是说，由两个、三个、四个或五个邻国组成的一组构形是不可避免的，每张地图至少含有这四种构形中的一个。

肯普提出的另一个概念是可约性。"可约"这个词来自肯普的论证。他证明了只要五色地图中有一国具有四个邻国，就会有国数减少的五色地图。自从引入构形和可约概念后，逐步发展出了检查构形以确定是否可约的一些标准方法，能够寻求可约构形的不可避免组。这是证明四色问题的重要依据。但要证明大的构形可约，需要检查大量的细节，这是相当复杂的。

不管怎么说，数学家们还是对肯普的证明感到欣慰，因为郝伍德没有彻底否定肯普的论文的价值。运用肯普发明的方法，郝伍德证明了较弱的五色定理。这既打了肯普一记闷棍，又将其表扬了一番。一方面，五种颜色被证明是足够的；另一方面，确实有例子表明三种颜色是不够的。为什么制图师们用四种颜色就完全可以区分任何地图上的所有区域了，四种颜色到底够不够呢？这个问题始终没有得到证明。

1976 年，伊利诺伊大学的数学家肯尼斯·阿佩尔和沃尔夫冈·哈肯借用大学的计算机证明了即使地图上有无数个国家，四种颜色是足以把它们彼此标识清楚的最少颜色。为了庆祝这个世纪难题的解决，当地的邮局在当天发出的所有邮件上都加盖了"四色足够"的特制邮戳。

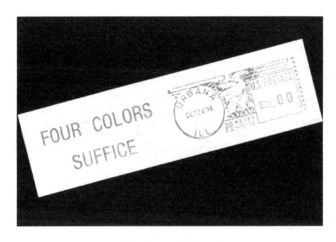

"四色足够"特制邮戳

一个多世纪以来，数学家们为证明这条定理绞尽脑汁，所引入的概念与方法刺激了拓扑学和图论的发展。在四色问题的研究过程中，不少新的数学理论随之产生，很多数学计算技巧得到了发展。比如，将地图的着色问题转化为图论问题，丰富了图论的内容。不仅如此，四色问题在有效地设计航班日程表和计算机程序上都起到了推动作用。当然，四色定理得以证明的关键是将其归纳为二维平面内两条直线相交的问题。但是如果地球的形状像甜甜圈那样，四种颜色就远远不够了，我们至少需要用七种颜色才能标示清楚。

图论可用于模拟物理、生物、社会和信息系统中多种类型的关系和过程，许多实际问题可以通过图形来表示。在计算机科学中，图形用于表示通信网络、数据组织、计算设备、计算流等。例如，网站的链接结构可以用定向图形表示，其中顶点表示网页，定向边缘表示从一个页面到另一个页面的链接。各种形式的图论方法在语言学中特别有用，因为自然语言往往适合离散结构。传统上的语法和构图语义遵循树状结构，其表达能力在于构成性原理，它以分层图为模型。在词汇语义中，特别是应用于计算机时，当给定的单词被相关单词解释时，对词义进行建模是比较容易的。

图论也用于研究化学和物理学中的分子。在凝聚态物理中，通过收集与原子拓扑相关的图论属性统计信息，可以定量地研究原子的三维结构。在化学中，可以用图形为分子创建自然模型，其中顶点表示原子和边缘键。在统计物理学中，图形可以表示系统中交互部分之间的局部连接，以及这些系统中物理过程的动态。同样，在计算神经科学中，图形可用于表示相互作用的大脑区域之间的功能连接，以产生各种认知过程，其中顶点表示大脑的不同区域，边缘表示这些区域之间的连接。图形理论在电网电气建模中起着重要的作用，此时权重与线段的电阻相关，以获得网络结构的电气特性。

图论在社会学中也得到了广泛应用。例如，衡量一个演员的声望或研究谣言的传播时，都可以采用图论方法。协作图可以模拟两个人是否以特定的方式一起工作，例如一起在电影中进行表演。

群论

在数学中，图论又与几何学和拓扑学的某些部分（如结理论）紧密相连，并涉及代数图形理论与群论。

随着数学研究越来越深入，人们已经从为具体应用问题寻找数学答案发展为揭示问题背后的更加抽象和深刻的内在特征和规律，在描述数学问题时也越来越脱离自然语言不严密、不精确的松散形式，而变得越来越术语化和符号化，使得一般人难以理解，甚至不研究该领域的数学家也常常一头雾水。群论就是这样的一个代表。

顾名思义，群论当然是研究群的理论。群是什么呢？在数学上，一个群并不仅仅是一群东西（元素）的集合，同时还是对操作特性（计算特性）的声明，声明规定了群如何进行运算以产生更多的元素。比如，全体整数的加法就构成了一个群。

群的概念最早来自多项式方程的研究，是伽罗瓦在 19 世纪 30 年代提出的。伽罗瓦的悲惨故事我们已经讲过了，他在研究当时代数的中心问题——五次以上的一元多项式方程是否可用根式求解时，发现了任意不可约的代数方程的根不是独立的，而是能用另一个根来表示。这种关系可以对根的所有可能进行置换，从而构成一个置换群。伽罗瓦将代数方程的解抽象为它们相应的代数结构，根据相关的群的性质来判断方程是否有解，从而有效地用它彻底解决了这个中心问题。在某个数域上，一元 n 次多项式方程的根之间的某些置换关系所构成的置换群也因此被叫作该方程的伽罗瓦群。

1832 年，伽罗瓦证明了一元 n 次多项式方程能用根式求解的一个充分必要条件是该方程的伽罗瓦群为可解群，而当 $n \geq 5$ 时，这样的伽罗瓦群不是可解群。换句话说，一个素数次的不可约方程用根式求解的条件是它的任意根是其中任何两个根的有理函数。由于五次以上的一元方程不存在这样的关系，所以一般的五次以上的一元方程不能用根式求解。伽罗瓦理论非常复杂，当时并没有太多的人能够理解和接受。但他的置换群最终产生了群论这颗现代数学的明珠。

在数论研究中，高斯使用抽象的代数理论研究整数和有理数的性质，其中也涉及群的概念。拉格朗日也曾提出过一个以他的名字命名的定理，揭示了一种特定整数群的性质。这些都成为导致群论产生的主要因素。

在新型几何（如双曲几何和射影几何）形成之后，德国数学家菲力克斯·克莱因利用群论以更连贯的方式来组织它们。1872 年，克莱因指出，群使用代数方法抽象对称性的概念，是组织几何知识时最有用的方法。几何的分类可以通过无限连续变换群来进行。每种几何语言都有自己适用的概念。例如，射影几何可以很准确地谈论圆锥截面，但对于圆和角度就显得无能为力，因为这些概念在投射变换下不是不变的。用对称群的子群的相互关系来解释就可以把几何的多种语言联系在一起。这种几何中的无限变换群的理论成为导致群论产生的第三个主要因素。

这三个主要因素都是数学家们在研究自己领域里的特定问题时发现和总结出的特定数学元素在运算下的结构特点，当他们对这样一些特点进行归类定义时，群的具体概念就自然而然地产生了。

群的概念在 1870 年左右形成并牢固地建立起来了。19 世纪 80 年代，综合上述三个主要因素，数学家们进一步归纳抽象出一般群的特点，终于成功地概括出群论的公理系统，并在 1890 年得到公认。20 世纪初，美国数学家亨廷顿、摩尔、迪克逊等也都给出过群的种种独立公理系统，这些公理系统和现代的定义一致。现代群论是非常活跃的数学学科，它以自己的方式研究群。

用数学的语言来说，群表示一个满足封闭性、结合律、有单位元、有逆元等要求的二元运算的代数结构。这里的封闭性又称闭合。若对某个集合的元素进行一种运算，生成的仍然是这个集合的元素，则该集合被称为在这种运算下闭合。例如，加法和乘法对于自然数是封闭的。自然数中的一个数 x 加上任意一个数 y 得到的结果还是自然数，自然数中的一个数 x 乘以任意一个数 y 得到的结果还是自然数。

结合律是指在一个包含两个以上的可结合算子的表示式中，只要算子的位置没有改变，其运算顺序就不会对运算结果产生影响。例如，三个数相乘时，先把前两个数相乘，再乘以第三个数，或者先把后两个数相乘，再乘以第一个数，它们的积不变。

单位元是集合里的一种特别的元素，与该集合里的二元运算有关。二元运算是指由两个元素形成第三个元素的一种规则，例如数的加法和乘法。更一般地，由两个集合形成第三个集合的方法或构成规则都称为二元运算。当单位元和其他元素结合时，并不会改变那些元素。对应于加法的单位元称元为加法单位元（通常被标为 0），而对应于乘法的单位元则称为乘法单位元（通常被标为 1）。

这样讲似乎有点抽象，让我们看一个具体的群的例子。最常见的一种群是整数加法，它由以下数组成：…，− 4，− 3，− 2，− 1，0，1，2，3，4，…。下列整数加法的性质可以作为群公理的模型。

（1）对于任意两个整数 a 和 b，它们的和 $a + b$ 也是整数。换句话说，在任何时候把两个整数相加都能得到整数结果。这个性质就是在加法下的闭合性。

（2）对于任意整数 a，b 和 c，$(a + b) + c = a + (b + c)$。也就是说，先求 a 和 b 的和，然后把它们的和与 c 相加，所得到的结果与 a 与 b 和 c 的和相加是相等的。这个性质就是结合律。

（3）如果 a 是任意整数，那么 $0 + a = a + 0 = a$。0 叫作加法的单位元，因为它与任何整数相加时都得到原来的整数。

（4）对于任意整数 a，存在另一个整数 b 使得 $a + b = b + a = 0$。整数 b 叫作整数 a 的逆元，记为 $-a$。

但是整数和除法不是一个群，因为一个整数除以另一个整数时并不总能得到整数。有些群的元素无限多，有些群的元素则是有限的，比如数字 -1，0，1 和乘法就构成一个有限群。为了列出有限群的所有元素，英国数学家亚瑟·凯利在 1854 年发表的论文中提出了一种表格表示法。后来，这种方法就以他的名字命名为凯利表。对于复杂的群，凯利表可以迅速确定群的类型和属性。

群论可以用于分析对称。比如，一个等边三角形可以沿顺时针旋转 120 度或沿穿过它的中心的垂线做反射变换，经过这些变换后的形状依然和原来的一样。这样的变换还可以有许多，包括旋转和反射的组合，而这样则可能改变形状。凯利表可以非常直观地显示出这两种变换的子群（对称和非对称）。

虽然有些群可以分解成更简单的群，但不是所有的群都可以被拆解成更简单的群。那些不能被再化简的群称为单群。单群在对称性方面非常重要，在量子力学和宇宙学中都有应用。

在许多研究群论的数学家的眼中，各元素间的运算关系才是他们最关心的。他们关心群的结构，而不管一个群的元素的具体含义是什么。为了探索群，数学家发明了各种概念来把群分解成更小的、更好理解的部分，比如置换群、子群、商群和单群等。时至今日，群的概念已经普遍地被认为是数学及其许多应用中最基本的概念之一。它不但渗透到几何、代数拓扑学、函数论和泛函分析中，而且在其他许多数学分支中起着重要的作用，形成了一些新的学科，如拓扑群、李群、代数群、算术群等。它们还具有与群结构相联系的其他结构，并在结晶学、理论物理、量子化学、编码学和自动机理论等方面都有重要的应用。作为推广群的概念的产物，半群和幺半群理论及其在计算机科学和算子理论中的应用也有很大的发展。

从 19 世纪 50 年代开始，群论的迅猛发展标志着数学的性质发生了一次深刻的变化。以前方程被看成一整套实际运算的表达，方程里无数的可能数字用字母（常量）或符号（变量）代替。但随着群论的崛起，人们开始把注意力转移到方程的数学结构上，研究这些结构背后更加抽象的特征和规律，单纯的数字本身正在数学中淡去，数字背后隐藏的结构和蕴含的规律成为现代数学研究的主要内容。数学从来没有变得如此抽象、深刻和更具普遍性，这也打开了人们重新认识宇宙的大门。

混沌理论

19 世纪中期，很多人相信关于宇宙的大部分科学问题都已经有了答案或即将有答案。宇宙严格地按照物理学和数学原理完美、稳定地存在着，这就是基于牛顿万有引力定律的牛顿宇宙观。但作为对这种宇宙观的挑战，三体问题始终没有一个稳定解，而庞加莱在分析它的部分解时发现了一个非常复杂的结构。混沌理论浮出水面。

19 世纪 80 年代，庞加莱提出了混沌的概念，因为他注意到三个引力相互作用的天体之间任何微小的速率或位置变化都会随时间放大，并导致完全不同的行为。另外一个例子是外力驱动的复摆，也就是由一个动力点支撑的钟摆。钟摆的运动取决于它摆动或振动的频率，当频率变化时，钟摆的运动会发生很大的变化。什么样的数学能够描述这种混沌运动呢？这就产生了混沌理论。许多当代的研究集中在混沌理论上。

混沌理论在庞加莱的解决方法奠定的基础上，在 20 世纪得到了巨大的发展。混沌理论发展的主要催化剂是电子计算机。混沌理论的数学大部分涉及简单数学公式的反复迭代，手工操作是不切实际的。所以，这一领域很长时间以来一直没有大的进展，直到电子计算机出现。电子计算机使这些大量重复的计算成为可能。

1976 年，澳大利亚生物学家罗伯特·梅在一篇研究人口问题的论文中，通过离散时间人口模型推广了比利时数学家皮埃尔·弗朗索瓦·弗胡尔斯特的逻辑方程，提出了一个逻辑差分方程 $z = \lambda z(1-z)$。这个方程通常作为一个典型的例子，说明非常简单的非线性动态方程是如何产生复杂的混沌行为的。当方程中的可变

系数 λ 的取值发生变化时，方程迭代求解的结果完全不同。对于 λ 的大多数取值，迭代递增后发散于无穷大；但当 λ 的取值从 1 开始缓慢增大时，迭代既不发散也不收敛于某一特定值，而是在一些数值之间摆动。罗伯特·梅想从这个非线性差分方程中捕获两个结果：当人口规模较小时，人口是否按比例增长；找出饥饿与死亡率之间的关系，即人口增长率下降的速度与环境的承载能力之间的关系。

通过简单变换，差分方程就可以变成另外一个二次方程 $z = z^2 - m$。当我们不断地对这个方程中的 z 进行迭代计算（从 z 的一个给定的初值开始，在得到一个新的 z 值后，不断重复迭代计算）时，虽然迭代的过程简单，但手工计算非常枯燥和麻烦。美国数学家伯诺伊特·曼德尔布罗特借助计算机，首先打印出了 z 取复数值时的曼德尔布罗特集——一个像闪电一样带有锯齿状卷曲形状并向外发射的、美得令人难以置信的结构。通过使用计算机来放大这一集合的细部，可以看到分形的自相似特征，即局部的一个小结构与庞大的整体结构相似。这一简单系统显示了曼德尔布罗特总结出来的很多特征。

1924 年，曼德尔布罗特出生于波兰的一个犹太家庭。他的父亲是一个服装商人，母亲是一名牙科医生。他从小受到一个鄙视死记硬背的叔叔的影响，把大部分时间都花在下棋、看地图和学习如何睁开眼睛观察周围的一切事物上。

曼德尔布罗特

1936 年，全家人作为经济和政治难民从波兰移民到法国，这拯救了他们的生命。第二次世界大战爆发后，法国的大部分地区被德军占领。曼德尔布罗特在回忆这一时期时说："我们不断担心的是，一个固执的异己分子可能会向当局告发我们。这样的话，我们就将被送往地狱。这发生在我们的一个朋友身上，她叫吉娜·莫汉格，一位居住在附近的一个市里的医生。另一位医生告发了她，原因只是为了消除竞争。我们万幸逃脱了这种命运。天知道这是因为什么。"

第二次世界大战结束后，曼德尔布罗特开始学习数学，先后从法国和美国的大学毕业，并在加州理工学院获得航空专业硕士学位。他的职业生涯的大部分时间在美国和法国度过，他拥有法国和美国双重国籍。1958 年，他在 IBM 开始了 35 年的职业生涯。他成为 IBM 的研究员，并定期到哈佛大学任教。在哈佛大学，他发表了有关棉花期货的美国商品市场研究报告后，开始教授经济学和应用科学。

由于在 IBM 工作的原因，他有机会接触计算机。曼德尔布罗特是首批使用计算机图形来创建和显示分形几何图像的人，这导致他在 1980 年发现了曼德尔布罗特集。他展示了如何通过简单的规则来创造视觉复杂性。他说，通常被认为"粗糙""无序"和"混乱"的事物（如云和海岸线），实际上具有"一定程度的秩序"。他的研究内容几乎包罗万象，从统计学、气象学、水文学、地貌学、解剖学、分类学、神经学、语言学、信息技术、计算机图形学到经济学、地质学、医学、宇宙学、工程学、混沌理论、冶金学和社会科学等领域，让人眼花缭乱、难以置信。

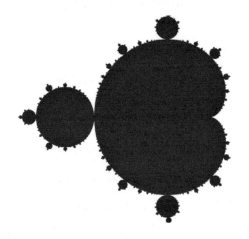

曼德尔布罗特集

在职业生涯即将结束时，他是耶鲁大学的数学科学教授，是耶鲁大学历史上获得终身教授荣誉的人中最年长的。在他的职业生涯中，他获得了至少 15 个荣誉博士学位，并兼任许多科学期刊的相关职务，赢得了许多奖项。他生前把自己的经历写成了一本自传《分形作家：科学小牛的回忆录》。这部自传在他死后两年于 2012 年出版。

混沌理论成为了一种兼具质性思考与量化分析的方法，用以探讨动态系统中无法用单一的数据关系而必须用整体、连续的数据关系才能加以解释及预测的行为。它集中研究混沌状态的动态系统，其明显随机的无序状态和不规则性往往受对初始条件高度敏感的确定性定律的支配。这是一种能够从随机系统中获得有用数据的方法。

混沌不意味着混乱。曼德尔布罗特集是不变的，z 的任意初值所产生的迭代序列的收敛情况是相同的。混沌系统和随机系统的区别在于，随机系统没有结构，而混沌系统是有结构的，不过它的结构非常复杂和微妙。

一个混沌系统事实上遵循着严格的法则。然而，这样的系统对初值的微小变化十分敏感，让它的行为难以预测。不存在判定一个点是否属于给定的曼德尔布罗特集的算法，唯一的办法就是完成迭代。彩色的分形用不同颜色的点来表示到达这一个点所需的迭代次数，而错综复杂的迭代模式反映了相邻的两个不同颜色的点的迭代次数的巨大差异。虽然迭代具有确定性，但迭代对初值的敏感性造成迭代结果难以预测。

混沌的基本原理描述了确定性非线性系统的一种状态的一个小变化如何导致后期状态的巨大差异（这意味着对初始条件有敏感的依赖性）。对这种行为的一个比喻是，一只蝴蝶在中国拍打翅膀，在美国得克萨斯州就会造成飓风，俗称蝴蝶效应。

准确预报天气在超过一个很小的范围时就十分困难了，因为影响天气的因素太多，任何一个微小的变化都会影响天气预报的准确性。1961 年，美国数学家、气象学家爱德华·洛伦茨在研究天气预报时偶然对混沌产生了兴趣。洛伦茨使用一台简单的数字计算机进行天气模拟，他想再次看到一系列数据。令他吃惊的是，计算机开始预测的天气与以前的计算完全不同。洛伦茨一直跟踪到计算机打印输出数据。这台计算机以小数点后 6 位数字的精度工作，但在打印输出时将数据四舍五入到小数点后 3 位数字，因此像 0.506127 这样的值就被打印为 0.506。这种差异很小，当时的共识是它不应该影响实际的结果。然而，洛伦茨发现初始条件的小变化在长期结果上产生了很大的变化。

他的发现表明，即使详细的大气模型通常也无法做出精确的长期天气预报。这些系统的确定性并不能使它们具有可预测性。这种行为称为确定性混沌或混沌。洛伦茨将这一理论总结为：当现在决定未来时，近似的现在却并不大致地决定未来。他也因此被认为是正式创立混沌理论的第一人。

1963 年，曼德尔布罗特在棉花价格数据中发现了各种尺度的重复模式。在此之前，他研究过信息论并得出结论：噪声的形态就像一组康托尔集，在任何尺度上，含噪声周期与无噪声周期的比例都是恒定的，因此错误是不可避免的，必须通过协调冗余进行规划处理。曼德尔布罗特描述了"诺亚效应"（其中可能发生突然的不连续变化）和"约瑟夫效应"（其中值的持久性可以保持一段时间，但此后突然改变）。这挑战了价格变化是正态分布的传统看法。1967 年，他出版了《英国海岸有多长？统计自相似性和分数维度》一书，显示了海岸线的长度随测量仪器的尺度而变化，对于极小的测量设备来说，长度是无限的。他指出，一个圆圆的毛线球从远处看时显示为一个点，从相当近处看时才是一个圆圆的毛线球。他强调说，物体的形状是相对于观察者而言的，可能是分形的。一个不规则性在不同的尺度上是恒定的（自相似性）物体是一种分形。1982 年，曼德尔布罗特出版了《自然的分形几何学》一书，该书成为混沌理论的经典著作。

混沌行为存在于许多自然系统中，包括流体、心跳、天气和气候。它也自发地发生在一些具有人工成分的系统中，如股票市场和道路交通。虽然混沌理论源于观察天气模式，但它已经适用于各种其他情况。今天受益于混沌理论的一些领域包括地质学、数学、物理学、生物学、计算机科学、经济学、工程学、金融、气象学、人工智能、机器人学、环境科学、人类学、社会学、心理学和哲学等。

混沌理论改变了人们的宇宙观，让人们认识到宇宙是一个不稳定的系统，并且在热力学第二定律的作用下注定是要消散的。这似乎是一个令人十分沮丧的结论，不过无论是数学本身还是人类对宇宙的认识都在发展变化之中。牛顿机械论已经终结，取而代之的是具有相互关联的复杂性的进化模型。同生命一样，宇宙的未来依然是不可预测的。然而，有一点是确定的，整个宇宙中充满了结构。关于这种结构的产生原因的研究是复杂理论的研究范畴，混沌理论就在其中。人工智能、突发系统和自动机也都是这个范畴里的不同研究领域。

复杂性理论是研究复杂系统的理论，一个复杂系统是指由许多可能相互作用的部分所组成的系统，例如全球气候、生物、人脑、社会和经济组织（如城市）、生态系统、单个活细胞以及整个宇宙。由于组成部分之间或特定系统与环境之间的依赖性、关系或相互作用，复杂系统是在行为本质上难以建模的系统。系统之所以"复杂"是因为它具有这些关系所产生的不同特性。这些特性包括非线性、涌现、自发秩序、适应和反馈循环等。由于这样的系统出现在许多不同的领域，它们之间的共同点已成为各个独立研究领域的主题。

复杂性理论源于混沌理论，而混沌理论又源自庞加莱。混沌有时被视为极端复杂的信息，而非缺乏次序。混沌系统仍保持确定性，尽管它们的长期行为很难精准预测。尽管实际上对混沌系统的预测不可能达到任意的准确度，但通过对初始条件以及描述混沌系统行为的相关方程的完美知识，在理论上可以对系统的未来做出完全准确的预测。比利时物理化学家、诺贝尔奖获得者普利高津认为，复杂性是非确定性的，不能准确预测未来。

当分析复杂系统时，对初始条件的敏感性并不像混沌系统那样重要，正如美国经济学家戴维·科兰德所说，复杂性研究是混沌研究的对立面。复杂性是指大量极端复杂的动态集合之间的关系如何产生一些简单的行为模式，而在确定性混沌意义上的混沌行为则是相对少量的非线性系统相互作用的结果。

因此，混沌系统与复杂系统的主要区别在于它们的历史。混沌系统不像复杂系统那样依赖历史，混沌行为推动系统处于混沌秩序，换句话说就是在传统上所定义的"秩序"的范围之外。复杂系统处于混沌的边缘，远离平衡状态演变。它们在一个由不可逆转和意想不到的事件历史所创建起来的临界状态下演变，美国物理学家默里·盖尔曼称之为"冻结事故的累积"。在某种意义上，混沌系统可以被看作复杂系统的一个子集。

　　第一个研究复杂系统的机构是美国的圣塔菲研究所，它成立于 1984 年。在第一次研究大会上，来自各个领域的专家深入讨论了他们共同关心的问题。这些问题中最重要的是关于突变系统的问题。在这样的系统下，整体大于各个部分的总和，这是系统内诸多因素相互作用的结果。在这样的系统中，出现了各个部分内不曾出现的复杂性。科学的简化法在把一个复杂系统分解成简单的部分时是有效的，但在把简单的部分组合成复杂系统时就显得无能为力了。

　　一些物理系统和社会体系都具有这样的特征。这些系统都显示出了相似的数学关系，而这些数学关系是复杂系统的数学。复杂适应系统成为了这些系统的统称。免疫系统、胚胎发育系统、生态系统、经济市场以及政治团体都是这样的系统。这样的系统同时具有正负两方面的反馈机制，一直处于混沌状态和有序状态之间的一个动态平衡状态。不可思议的是，这样的系统却是按照相当简单的规则运作的，这些简单模块之间的相互作用会产生复杂得令人难以捉摸的系统。复杂性是一个突发现象。圣塔菲研究所现在正在对这些发现进行研究。

　　自动机是复杂系统的又一个例子。我们前面详细讲述过自动机的历史。生命游戏展示了生命行为处于有序状态和混沌状态之间的状态。这是一个生物群进行自我调节的复杂状态。美国计算机科学家史蒂芬·沃尔弗拉姆指出，自动机与非线性动力学有着奇异的相似性。他把细胞自动机分成四类：第一类经过几次循环后达到一个固定不变的结构；第二类经过几次循环后达到一个周期性的稳定结构；第三类是没有明显结构的混沌系统；第四类包括生命游戏及其他带有特殊变异的系统。另一名美国计算机科学家克里斯托弗·盖尔·兰顿进一步改进了这一分类，并发现了一个物态变化过程的系统。例如，在水向冰转化的过程中，会产生从有序到复杂再到混沌的变化。

　　数学到今天已经完全脱离了数字和计算本身，变得格外抽象和深奥。数学的语言也变成了只有数学家们才能读懂的充满专业词汇和复杂含义的"密码"。但有一点没有变，那就是逻辑在数学研究中的核心作用。没有逻辑就没有数学，而逻辑的产生源于古希腊的亚里士多德，他为整个人类的科学研究筑造了赖以存在的基石，数学这座大厦也因为这块基石而完美过、战栗过，但始终屹立不倒。

第**9**章 ▶▶▶
证明一切

数学中的一些美丽定理具有这样的特性：

它们极易从事实中归纳出来，但证明隐藏得极深。

数学是科学之王。

——高斯

作为法则，数学中的一切在被接受为真理之前都必须被证明。即便是明显的事实，如果不加以精确的数学证明，也不能被接受为事实。在数学中，把一个苹果和另一个苹果放在一起也不足以说明一加一等于二，必须通过证明来保证一加一等于二且只等于二，没有任何其他的可能。

证明一件事情往往比发现和认为一件事情的真伪更难。一个定理的证明经常花费几个世纪的时间，比如费马大定理。一些数学定理至今没有得到最终的证明，而一直只能是猜想，比如哥德巴赫猜想。证明一个定理就是要以一些公理或假设为前提，运用已知的定理，通过逻辑推理说明定理的真实性。

雅各布·伯努利花了 20 年的时间才证明了投币次数足够多时，获得正面朝上和反面朝上的机会一样多。其实，这是一个对任何人来说都显而易见的事实，他自己也这样说过。他为什么要费尽心机来证明这样一个显而易见的事实呢？他的证明为什么花了那么长的时间？

虽然古埃及人和古巴比伦人满足于解决具体的问题和事情，但古希腊人朝向具有更普遍意义的定理和公理构成的逻辑真实发展，这就需要证明。证明一件事情的真实性需要一定的逻辑推导，因为很多事情不可能通过一一列举来囊括所有可能情况的真实性。没有人可以在所有可能的正三角形中来具体地一一检验毕达哥拉斯定理的正确性。

证明的目的是在数学命题和对象之间找到富有成效的关系。一个定理即使在过去已经被证明了，但依然可能在后来被更新更好的方法重新证明。数学的发展很多是关于定理和公理的证明和检验，甚至是对曾经认为正确的看法的怀疑和否定。对欧几里得第五公设的质疑就是一个例子，并由此在 19 世纪发展出了新的非欧几何。

蒙蒂·霍尔悖论

数学证明中的精确性在 19 世纪末数学和逻辑走到一起以后得到了进一步强化，一个系统的符号表达逻辑被数学家和哲学家所采用。集合论的发展也需要一种方法来表达逻辑关系和那些不一定都是数字的概念。集合论甚至成为一种用来证明数学定理的有用方法。

蒙蒂·霍尔悖论

一个被许多人认为难以接受的著名证明是蒙蒂·霍尔悖论。这个悖论是一个脑筋急转弯问题，名字来自美国电视游戏节目主持人蒙蒂·霍尔。这个问题最初是在 1975 年美国生物统计学教授史蒂夫·塞尔文写给美国统计学会刊物的一封信中提出的。假设在游戏中，你需要在三扇门中进行选择，其中一扇门后面是一辆车，其他两扇门后面都是一只山羊。你挑一扇门，比如说是 1 号门，主持人当然知道门后面是什么。这时他打开另一扇门，比如说是 3 号门，你看到门后是一只山羊。主持人问你说："你现在想不想改变你的选择？改变你的选择对你有利吗？"

大多数人认为他们获得一辆车的机会不会因为他们改变选择而受影响。但数学家会告诉你，如果你改变选择，那么获得车的机会就会增加。因为无论你选择哪一扇门，你选中车的概率都是 1/3。这个概率并不会因为你改变选择而改变，但改变选择意味着你进行了一次新的猜测，你猜中的概率就成为了 1/2。多做一次选择给了你 50% 的概率获得一辆车，而不改变选择时你只有 33% 的概率。

然而，许多人拒绝相信这样的解释。改变是有益的吗？这个问题在美国娱乐杂志《炫耀》上发布后，大约有 1 万名读者（包括近千名拥有博士学位的读者）写信给该杂志。他们中的大多数人声称改变是错误的。即使后来给出解释、模拟和正式的数学证明，许多人仍然不接受改变是最好的策略。匈牙利数学家保罗·埃尔德什这位历史上最多产的数学家之一用计算机模拟了这个游戏，证明改变是有益的。这时，人们才将信将疑，算是勉强接受了。

这个问题其实是一个真人秀版的悖论，因为正确选择（一个人应该改变原来的选择）如此违反直觉，它看上去似乎荒谬，但显然是真实的。蒙蒂·霍尔悖论与早期的三个囚犯问题和更古老的伯特兰悖论在数学上密切相关。

1889 年，法国数学家伯特兰在他的《概率计算》一书中写下了这样一个问题：有三个盒子，一个装着两枚金币，另一个装着两枚银币，最后一个装有一枚金币和一枚银币。在随机选择一个盒子并随机拿一枚硬币（碰巧是金币）之后，从同一个盒子里拿的下一枚硬币也是金币的概率是多少？

三名囚犯的问题也十分类似。有三个囚犯 A、B 和 C，其中一个人会被赦免，另外两个人将被判处死刑。典狱长知道哪一个将被赦免，但不允许说出来。囚犯 A 恳求典狱长告诉他谁会被处死，哪怕告诉他其中一个人也行。典狱长想了想，告诉 A 说 B 要被处死。囚犯 A 听了很高兴。典狱长的推理是：三个囚犯被赦免的概率一样，显然 B 和 C 中必有一人将被处死，所以他没有向 A 透露关于 A 是否被赦免的任何消息。而 A 的推理是：假设 B 将被处死，那么 A 和 C 当中必有一人也将被处死，即他被赦免的概率也由 1/3 增加到了 1/2。两个人的推理中哪一个正确？

对于这样的问题的证明，可运用数学符号把问题抽象出来，然后把问题化解为更小的逻辑步骤，从而一步一步地推导出结论。这是数学家们如何证明一件事的真伪的一般方法，但并不总是这样。据说最早的数学证明来自泰勒斯。

据说泰勒斯证明了以下结论：一个等腰三角形的两个底角相等；一条直径把圆一分为二；两条交叉线所形成的对顶角相等；如果两个三角形的任意两个角和一条边对应相等，那么这两个三角形全等。但由于泰勒斯的著作没有留传下来，所以没有人知道他是否真的证明过这些定理。

大约 50 年之后，毕达哥拉斯也证明了与直角三角形有关的定理。从泰勒斯和毕达哥拉斯时代开始，数学证明的基础就是从简单的事实出发，推导出更复杂的结论。这些简单的事实被欧几里得称为公理或假设，但这并不意味着新的看法都是先从已知的事实推导出来的。数学家们常常是先有一个新的看法、一种直觉，而后才想办法用已知的事实证明这个看法或直觉的正确性。有时证明过程会推翻这样的新看法，有时也会孕育出新的理论和方法。当然，也有至今仍不能证明真伪的定理。

形式逻辑

通过推理进行证明是指在已知为真的条件或命题下一步步推导出新命题为真。比如，我们说"人是哺乳动物"和"彼得是一个人"，那么我们就可以推出"彼得是哺乳动物"这样的结论。推理并不总是可靠，即使初始条件或命题为真。比如，对于"人是哺乳动物"和"彼得是哺乳动物"，我们就不能肯定地得出"彼得是一个人"，因为彼得也可能是一只狗，这同样满足初始条件或命题。古希腊人和中世纪的数学家们喜欢通过推理进行证明。现代数学家们在足够精确的条件下接受推理证明。

　　另外一种产生于古希腊的证明方法是间接证明。间接证明方法有许多种，如反证法和归谬法。反证法的目的是通过演示一个命题的反命题为假来证明这个命题为真。归谬法则通过用一个命题证明已知为真的事情为假来证明这个命题为真。它们通过推理出矛盾的结果，或推理出不符合已知事实的结果，或推理出荒谬而让人难以接受的结果来证明一个命题的真实性。希帕索斯证明无理数的存在时就采用了间接证明方法，这也是已知对间接证明方法的最早使用。

　　古希腊人的证明方式被阿拉伯数学家所继承，并在中世纪被欧洲数学家所接受。1575 年，一种新的方式出现了。意大利数学家弗朗西斯科·莫罗利科在他的数学著作中提出了归纳法。莫罗利科用归纳法证明了从 1 到 $2n-1$ 的奇数之和为 n^2，即 $1+3+5+7+9+\cdots+(2n-1)=n^2$。最简单和最常见的数学归纳法是证明当 n 等于任意一个自然数时一个命题成立。先证明当 $n=1$ 时命题成立，然后假设 $n=m$ 时命题成立，那么推导出在 $n=m+1$ 时命题也成立，m 代表任意自然数。

　　这种方法的原理是首先证明对于某个起点值，命题成立，然后证明从一个值到下一个值的过程有效。当这两点都得到证明时，任意值都可以通过反复使用这种方法推导出来。法国数学家李维·本·热尔松、雅各布·伯努利、帕斯卡和费马都独立采用过这种证明方法。

　　随着微积分、复数和非欧几何的出现，对证明的需要越来越多。爱尔兰哲学家乔治·伯克利对微积分的反对就涉及"数量的幽灵"。他观察到牛顿和莱布尼茨的微积分都使用了无穷小概念，这个无穷小有时作为正数或非零量，有时又作为一个数字明确等于零，没有一个逻辑上严谨的定义。这让他认为基于微积分的运动定律缺乏严密的理论基础。这在当时引发了不小的数学危机，让人们不只是追求简单地说明数量和概念，而是要能够给出证明。

　　直到 19 世纪，数学证明才随着新的逻辑方法的出现而发生了一场伟大的革命，人们第一次把形式逻辑应用到数学上来。这需要重新评价数学的基础，并把数学和哲学联系在一起。新的发现让数学家们对长时间以来接受的数学真理产生了怀疑，从而开始寻找新的证明和对最基本的认识的质疑。一时间，没有什么东西可以被认为是理所当然的。

19 世纪末和 20 世纪初，在数学中逻辑的应用风生水起，更准确地说是用逻辑来推导数学，从而产生了一大批在数学及其应用上的快速变化以及对精确性和有效性的批判。数学证明只是逻辑的一部分。逻辑最早出现在古希腊。最早关于逻辑的精确论述出自柏拉图，他死于公元前 347 年。柏拉图以哲学家们对话的形式表述了他的哲学研究。在对话中，哲学家们互相辩论，不断为自己的观点提出证据或反驳对方的观点。这种方法被称为辩证，成为逻辑辩论的形式在中世纪之前被采用。虽然逻辑被中世纪的学者广泛采用，但并没有应用到数学中来。逻辑和数学的结合历时了两千多年的时间。

公元前 384 年，亚里士多德出生于色雷斯的斯塔基拉。这座城市是希腊的一个殖民地，与正在兴起的马其顿相邻。他的父亲是马其顿国王腓力二世的一名宫廷御医。也许是受父亲的影响，亚里士多德对生物学和实证科学饶有兴趣。

他 17 岁时赴雅典拜柏拉图为师，在柏拉图学院就读的时间达 20 年，直到柏拉图去世后方才离开。在雅典的柏拉图学院中，亚里士多德的表现很出色，柏拉图称他是"学院之灵"。但亚里士多德可不是个只崇拜权威、在学术上唯唯诺诺而没有自己想法的人。与大谈玄理的老师不同，他努力收集各种图书资料，勤奋钻研，甚至为自己建立了一个图书室。

公元前 335 年，亚里士多德在雅典建立了自己的学校。亚里士多德一边讲课一边撰写了多部哲学著作。亚里士多德讲课时有一个习惯，就是一边讲课一边漫步于走廊和花园之中，所以人们给他的哲学起了个外号，叫"逍遥的哲学"或者"漫步的哲学"。

亚里士多德很早就开始思考和探索人类思维的奥秘。他发现逻辑是整理思想和知识的框架，没有它，理论和科学就无从产生，于是他创建了逻辑这个探索、阐述和确立有效推理原则的学科，提出了逻辑推理中著名的三段论，成为了对人类思维中演绎推理的一种形式化的总结。亚里士多德也成为了形式逻辑学的奠基人。

　　亚里士多德有很多著作，主要是关于自然科学和哲学的著作，这里面就有他的逻辑学著作《工具论》。他的很多作品都以讲课的笔记为基础，有些甚至是他学生的课堂笔记。因此，有人将亚里士多德看作西方的第一位教科书作者。

　　《工具论》其实是他的六篇逻辑学著作的总称，这六篇逻辑学著作是《范畴篇》《解释篇》《前分析篇》《后分析篇》《论题篇》和《辩谬篇》，主要论述了演绎法。该书提出了逻辑学中最核心的三段论，为形式逻辑奠定了基础。所谓三段论，简单地说就是由大前提和小前提得出结论的一种逻辑推理方法。比如，人都要吃饭，小明是人，所以小明也要吃饭。"小明也要吃饭"这个结论就是在"人都要吃饭"这个大前提和"小明是人"这个小前提的基础上得出的。三段论实际上是以一个一般性原则（大前提）和一个附属于一般性原则的特殊化陈述（小前提）为基础，由此引申出一个符合一般性原则的特殊化陈述（结论）。

　　亚里士多德认为逻辑学是一切科学的工具。作为形式逻辑学的奠基人，他力图把思维形式和存在联系起来，并按照客观实际来阐明逻辑的范畴。亚里士多德把他的发现运用到科学理论上来。作为例证，他选择了数学学科，特别是几何，因为几何当时已经从泰勒斯想对土地测量的经验规则给予合理说明的早期试验阶段过渡到后来的具有比较完备的演绎形式的阶段。

　　据说亚里士多德以逻辑为手段，通过反证法证明了边长为1的正方形的对角线的长度不能表示为分数形式，这里的分子和分母都是整数。我们现在当然知道边长为1的正方形的对角线的长度是 $\sqrt{2}$，是一个无理数，当然不可能表示为分数形式。但在亚里士多德生活的时代，这可是一个世界难题。可见，他聪慧过人。

　　没有人认为亚里士多德是一位数学家，但如果没有他的形式逻辑，那么数学可能还在算术的水平上徘徊，不可能发展到今天。数理逻辑又称符号逻辑或理论逻辑，没有亚里士多德，又怎么会有用数学方法研究逻辑的这门学科呢？数理逻辑包括集合论、模型论、证明论、递归论，这些都是高深的数学学科。命题演算是它的一个最基本也是最重要的组成部分，更是今天计算机和人工智能的核心和基础。

布尔代数

逻辑代数的发明者是一个名叫乔治·布尔的英国人。1847 年，布尔出版了《逻辑的数学分析》。这本小书首次提出了布尔代数，把逻辑学带入了数理逻辑的时代。

布尔

1815 年，布尔出生于英国东部的林肯镇，他的父亲是个补鞋匠。因为家庭经济困难，布尔没有机会接受正规教育。聪明勤奋的小布尔自学成才，16 岁就开始当教师补贴家用，19 岁时创办了自己的学校，从此挑起了整个家庭的经济重担。

布尔在教书过程中不断探索和总结前人的知识和理论，发明了逻辑代数，把逻辑简化成极其容易和简单的一种代数。在这种代数中，逻辑推理成了数学公式的初等运算，这些公式比过去在中学代数课程中所介绍的大多数公式还要简单得多。这样，逻辑本身就受到了数学的支配。为了使自己的研究成果趋于完善，布尔在此后 6 年的漫长时间里又付出了不同寻常的努力。

在命题逻辑和布尔代数中，德·摩根定律是一对变换规则，两者都是有效的推理规则。它们以 19 世纪英国数学家德·摩根的名字命名。这些规则可以用语言描述为分离的否定是否定的合并和合并的否定是否定的分离；用集合论描述就是两个集合的合集的补集与它们补集的交集相同和两个集合的交集的补集与其补集的合集相同，或者可表示为不是（A 或 B）= 不是 A 且不是 B 和不是（A 和 B）= 不是 A 或不是 B。

德·摩根于 1806 年出生在印度的马杜雷。他的父亲在东印度公司服役。他出生一两个月后，一只眼睛就失明了。在他七个月大时，一家人搬回了英国。由于他的父亲和祖父都出生在印度，德·摩根常说，他既不是英国人，也不是爱尔兰人。

德·摩根

德·摩根 10 岁时，他的父亲去世了，但这并没有影响他的数学天赋的显现。在他 14 岁那年，家里的一位朋友发现他用直尺和圆规精心绘制了欧几里得的一幅几何图，于是她向德·摩根介绍了欧几里得几何，并让他开始学习。16 岁时，他进入剑桥大学的三一学院。在朋友的影响下，他对代数和逻辑产生了浓厚的兴趣，这成为了他一生的事业。牛津和剑桥这两所古老的大学都受到传统宗教的影响，英国教会以外的任何犹太人和持不同政见者都无法作为学生进入那里，更不能担任任何职务。一群思想开明的人决心在伦敦建立一所奉行宗教中立原则的大学——伦敦大学。德·摩根当时只有 22 岁，被聘任为数学教授。

在逻辑研究上，德·摩根深受布尔等先辈的影响。1847 年，他的作品《形式逻辑》出版，以他发展的数值确定的三段论而引人注目。亚里士多德的追随者说，在两个特定的命题中，（例如）某些 M 是 A，而某些 M 是 B，那么关于 A 和 B 的关系就没有必要。他们进一步说，为了使 A 和 B 的任何关系都可以遵循必要性原则，中间词必须在其中一个前提下具有普遍性。德·摩根指出，从多数 M 是 A 到多数 M 是 B 的必然性出发，必然得出一些 A 是 B 的想法。他创立了数值确定的三段论，将这一原理精确地量化了。假设 M 的数目为 m，M 是 A 的数目为

a，而 M 是 B 的数目为 b，那么至少有（$a+b-m$）个 A 是 B。假设轮船上的人数为 1000，船厅中的人数为 500，而迷失者的人数为 700，则船厅中至少有 200（即 700+500－1000）名乘客迷失了。这个单一的原则足以证明所有亚里士多德逻辑的有效性。因此，这是必要推理中的基本原理。

1860 年，德·摩根出版了《逻辑系统大纲》，发展了关系演算。德·摩根证明，系统论的推理可以被关系的构成所取代。他成为了自布尔之后数理逻辑发展中的重要人物之一。

数学逻辑的创始人弗雷格

首先把逻辑和数学结合起来的人是意大利数学家朱塞佩·佩亚诺。他想从基础命题开始运用形式逻辑建立整个数学大厦。他开发了一种逻辑符号系统，被称为 Interlingua。他结合拉丁语、法语、德语和英语中的词汇，使用十分简单的语法，创造了一种国际通用的数学语言。他希望能将其提供给学者们使用。他用这种语言所写的数学论著却因此而不易被接受。

在把数学和逻辑联系在一起方面有所突破的是德国数学家和逻辑学家戈特洛布·弗雷格。他有着自亚里士多德以来最伟大的逻辑学家的美誉。他证明了所有算术定理都可以在一组公理下运用逻辑推导出来，成为了数学逻辑的创始人。弗雷格认为，在数学证明的正确表示中，人们永远不会对"直觉"感兴趣。如果有一个直观的元素，它可以孤立和单独作为公理，那么从那里证明就是纯粹的逻辑和没有差异的。他指出，算术是逻辑学的一个分支。与几何不同，算术在"直觉"中是没有根据的，也不需要非逻辑公理。这个想法在他的《概念演算》一书中用非符号术语表述了出来。后来，弗雷格在他的《算术的基础——对数概念的逻辑数学研究》一书中，从他断言为合乎逻辑的公理中推导出所有算术定理。

并不是每一个伟大的科学家在生前都被公众认识和认可，就像很多伟大的文学家和艺术家生前默默无闻一样。弗雷格也是这样的一个人物。他的一句名言是"一个好的数学家至少是半个哲学家，一个好的哲学家至少是半个数学家"。不幸的是，在生前，他的数学中的哲学不被当时的大多数哲学家认可，他的哲学中的数学又不被数学家重视。

弗雷格于 1848 年出生在德国的威斯马城。他的父亲是一所女子中学的创办人和校长，还曾经写过一本德文中学教科书。这本书的第一章讲述语言的结构和逻辑，这无疑对弗雷格后来的研究产生了潜移默化的影响。1869 年，母亲送弗雷格到耶拿大学就读。当时，弗雷格对数学的兴趣最大，但也选修了化学、物理和哲学。他的老师、物理学家、光学家阿贝发现了他的才能，在教授他知识的同时，也和弗雷格建立了深厚的友谊，成为弗雷格毕生信念的支持者。

弗雷格

在阿贝的帮助下，弗雷格离开耶拿大学来到哥廷根大学这个当时的世界数学中心继续深造。在那里，弗雷格得到了多位大师的指点，其中著名哲学家洛策的逻辑观念，特别是他对纯逻辑的看法对弗雷格逻辑思想的形成产生了重大影响。1873 年，在数学家斯内尔的指导下，弗雷格以论文《论平面上虚影的几何图形》获得了数学哲学博士学位。获得博士学位之后，他又回到耶拿大学。在阿贝的推荐下，他在耶拿大学执教 40 余年，讲授过数学的各个分支学科以及有关的逻辑系统，致力于数学基础、数学哲学和逻辑理论研究，直到退休。

在用数学方法研究逻辑方面，发明微积分的数学大师莱布尼茨当年就想创造一个理论解决一切问题。莱布尼茨设想用数学符号表述逻辑学，以后每逢争论，大家拿支笔一算就见分晓了。事实证明，莱布尼茨对符号逻辑的建立起了很大的作用。但莱布尼茨的这种先驱性想法没有及时得到应有的发展。一个世纪以后，19 世纪英国的两位数学家德·摩根和布尔用代数的方法建立了逻辑代数。弗雷格深入研究了这些先辈的思想，逐渐形成了自己的理论。1879 年，他的代表作《概念演算——一种按算术语言构成的思维符号语言》（以下简称《概念演算》）出版了。他后来这样描述自己的研究动机："我开始是搞数学的。在我看来，这门科学急需更好的基础……语言逻辑的不完善对这种研究是一种障碍。我在《概念演算》中寻求弥补。所以，我就从数学转向了逻辑。"

《概念演算》

这本不足 80 页的小书标志了逻辑学史的转折，为概念文字开辟了新的领域。它无可争议地成为了自亚里士多德以来逻辑学领域里最重要的出版物。弗雷格开发形式逻辑系统的动机和当年莱布尼兹对演算推论器的渴望是一样的。莱布尼兹当年没有做到，而弗雷格今天做到了。

弗雷格认为真理应该分为两种，其中一种真理的证明必须以经验事实为根据，例如物理学中的定理，另一种真理的证明似乎可以纯粹从逻辑规则出发。他认为算术命题属于后一种。在探讨如何根据思维的逻辑规律经过推理得到算术命题时，他认为必须绝对严格，要防止未被察觉的直观因素渗入，因此必须使推理过程没有漏洞。他觉得日常语言是表达严密思想的障碍。当所表达的关系越来越复杂时，日常语言就不能满足要求了。因此，他创造了这种概念语言。他说，用这种语言进行推理，最有利于察觉隐含的前提和有漏洞的步骤。

不幸的是，弗雷格的这本划时代的小册子在出版以后竟然无人问津，他在《概念演算》中建立的新逻辑没有人能理解。他使用复杂而陌生的符号来表述新奇的概念，更是让读者望而却步。德国数学家施罗德甚至发表长篇文章对该书进行了全面的批评。大名鼎鼎的逻辑学家罗素在 1901 年才发现弗雷格著作的价值。

科学的人生常常就是这样残酷和孤独。弗雷格由于自己的著作没有受到重视而大受打击，很长一段时间再也没有发表任何作品。这也使他重新思考和深刻挖掘自己的哲学和数学观点，并逐渐形成了他的数学哲学的三个主要原则。第一，他反对数学基础问题上的经验主义，否认数学来源的经验基础，强调数学真理的先天性。第二，他认为数学真理是客观的，这种客观性基于数学的非经验的基础。在他看来，客观性是思想形成的必要条件。第三，他主张一切数学最终都可划归为逻辑，数学概念可以定义为逻辑普遍要求的概念，数学公理可以从逻辑原则中得到证明。这三条原则后来被罗素作为逻辑主义的基本主张而广为传播，弗雷格因此成为逻辑主义的创始人之一。

他还考察了从欧几里得到康托尔以来的许多数学家的著作，发现关于数的定义是相当混乱的。他认为一切关于数的定义都含有基本的逻辑错误。他指出："数是什么？这是一个最根本的问题。如果我们对这个问题不能做出清楚的回答，岂不是一个笑话？"他认为："数学的本质就在于一切能证明的都要证明，而不是通过归纳法来验证。因此，我们也应考虑如何证明关于正整数的命题。"

1884 年，弗雷格出版了他的《算术的基础——对数概念的逻辑数学研究》一书。他从逻辑出发定义了数和自然数，他对自然数的归纳定义也是对数学归纳法的最好说明。他认为，借助上述定义，自然数的概念就被化归成了逻辑的概念；自然数的理论则可以借助上述定义和逻辑得到建立，这样就使算术理论"逻辑化"了。有逻辑学家评论说，弗雷格的这个定义系统是哲学技巧中极其卓越的成就，也让人们很容易理解为什么弗雷格认为他至少将算术化归为逻辑是可能的。

弗雷格的身材矮小，性格内向。他很少和人交流，在讲台上也常常面对黑板进行讲授。弗雷格的研究长期得不到理解和承认，也许是因为他的著作对于大多数数学家来说过于哲学化了，而对大多数哲学家来说又过于数学化了。很多哲学杂志和数学杂志甚至拒绝发表他的论文。

由于得不到专业上的承认，弗雷格在耶拿大学一直是一名编外教授。后来还是在他的老师和挚友阿贝的大力提携下，他才获得荣誉教授职位。他的研究长期受到冷遇，加上失败的体验，他变得更加内向，长期远离自己的同事。然而，弗雷格一心追求真理，从不追求个人名利，对自己的奋斗目标也是矢志不渝。他勇于承认自己的失败，并另辟蹊径积极进取。

退休后，他搬到了波罗的海岸边的祖居地。1925 年 6 月 26 日，弗雷格在孤独、失落和痛苦中去世，享年 77 岁。

今天，弗雷格被公认为最伟大的逻辑学家之一，与亚里士多德、哥德尔和塔尔斯基齐名。他于 1879 年出版的著作《概念演算》标志着逻辑学史的转折，使他成为了现代逻辑的创始人。他也被公认为分析哲学和语言哲学的创始人。他的思想对于逻辑的产生和发展，对于当代哲学特别是分析哲学和语言哲学的研究和发展，产生了极其重要的推动作用。弗雷格的影响很大，几乎每一篇相关文献都要提到他，而且把他放在了很重要的位置。

数学界的无冕之王

德国数学家希尔伯特为 20 世纪兴起的数学形式化运动打下了基础。这个运动的目的是要让整个数学建立在公理下的完全证明之中。前文提到，希尔伯特提出了数学必须具有完备性、独立性和一致性，其大意是建立一组公理体系，使一切数学命题在原则上都可由此经有限步推定真伪。这叫作公理体系的完备性。希尔伯特还要求公理体系保持独立性，也就是说所有公理都是互相独立的，使公理系统尽可能简洁，同时不能从公理系统导出矛盾，即无矛盾性，也就是具有一致性。

作为数学界泰斗的希尔伯特可不是个一般人，他领导的数学学派是 19 世纪末和 20 世纪初数学界的一面旗帜。他自己也有"数学界的无冕之王"的称号，是一位天才中的天才。

希尔伯特的全名叫戴维·希尔伯特，是一个出生于普鲁士的德国人。中学时代，他就是一名勤奋好学的学生，对数学表现出了特别浓厚的兴趣。他还善于灵活和深刻地掌握老师讲授的内容，并且能学以致用。他在上中学的时候不满于他所在的百年老校的陈腐和重文轻理的学风，转到另外一个比较注重科学的学校，并在那里结识了比他小两岁的闽可夫斯基这个在 17 岁便拿下数学大奖、后来又成为爱因斯坦的老师的著名数学家。两人结为终生好友，一同考进了格尼斯堡大学。希尔伯特获得数学博士以后做了教授，开始了他一生的数学研究和教学生涯。

希尔伯特

希尔伯特的数学研究涉及众多领域。在不同的时期，他都集中精力研究某一类问题，按时间顺序有不变量理论、代数数域理论、几何基础、积分方程、物理学、一般数学基础，其间还穿插了狄利克原理和变分法、华林问题、特征值问题、希尔伯特空间等课题的研究。光是这些抽象的名字就足以让人望而生畏，可希尔伯特在这些领域中都做出了重大的和开创性的贡献。以希尔伯特命名的数学名词多如牛毛，有些连希尔伯特本人都不知道。有一次，希尔伯特竟问系里的同事："请问什么叫作希尔伯特空间？"

希尔伯特认为，科学在每个时代都有它自己的问题，而这些问题的解决对于科学的发展具有深远影响。他指出："只要一个科学分支能提出大量的问题，它就充满生命力，而缺乏问题则预示着独立发展的衰亡和终止。"

爱因斯坦一直被一个问题所困扰，那就是他的广义相对论始终找不到恰当的数学形式来表达。于是，他来到被誉为数学之乡的哥廷根，并在著名的哥廷根大学进行演讲，希望他的广义相对论能得到数学界的支持。当时，在哥廷根大学任教的希尔伯特十分认同爱因斯坦的广义相对论。他告诉爱因斯坦，他已经开始探索如何用数学方程描述广义相对论的方法。

不久之后，希尔伯特写信给爱因斯坦，告诉他自己已经找到了方法，并邀请爱因斯坦到哥廷根当面听他阐述其研究成果。但自信而高傲的爱因斯坦拒绝了希尔伯特的邀请，只是希望他能够寄来他的研究论文。在焦虑和烦躁中，爱因斯坦突然有了灵感，想到了解决问题的精确方程，而这个思路和希尔伯特的论文非常相似。虚怀若谷的希尔伯特非常大方地表示，他自己并没有优先权，是爱因斯坦独自解开了谜题。为此，希尔伯特和爱因斯坦两位天才彼此十分欣赏，共同为科学做出了瞩目的贡献。

在人们惯常的认识中，数学家都是严谨古板的，不容疏漏，不苟言笑，常常让人望而生畏。希尔伯特虽然也有一副学究般的面容，却是一位可爱而"呆萌"的数学家。

1916 年，一位卓有才华的女青年诺特来到哥廷根大学。希尔伯特十分欣赏她的学识，立即决定让她留下来当讲师，辅助相对论的研究工作。当时，女性在德国学术界十分被排斥，希尔伯特的建议立刻遭到了学校里许多教授的强烈反对。愤怒的希尔伯特拍案而起，不无讽刺地大声说："先生们，这里是学校，不是澡堂，不分男女！"这当然激怒了他的对手，可希尔伯特毫不在乎，毅然决定让这位才女以自己的名义代课。

作为一位数学大师，他的思维一天到晚都活跃在数学的世界里。一次，他的一位学生不幸死于一场车祸。在葬礼上，死者家属请德高望重的希尔伯特讲几句话。他说："小克劳斯是我的学生当中最优秀的，他生前在数学方面具有非凡的天分。他对数学问题的涉及非常广泛，诸如……"他暂停了一下，然后滔滔不绝地说："考虑单位区间上的一组可微函数，然后取它们的闭包……"他这充满学术味道的悼词让在场的大多数人不知所云、目瞪口呆。

希尔伯特的讲课方式与众不同也是人尽皆知。他一般不事先在课前备课。对于要讲的内容，他更喜欢在课堂上随心所欲，天马行空。于是常常有这样的事情发生：关于某个问题的推演，他在黑板上写着写着就写不下去了，于是只好采用另一种方法。有时，一连要换好几种方法，但最后他总能推导出答案来，有惊无险。一位学生后来回忆说，这样的课给了学生们一个机会，瞧瞧最高超的数学思维的实际产生过程。天才不是神，而是在通往科学顶峰的道路上不断探索的人。

希尔伯特在研究数学基础问题的过程中产生了一个想法：从若干形式公理出发将数学形式化为符号语言系统，并从不假定实无穷的有穷观点出发，建立相应的逻辑系统。他的目的是试图对某一形式语言系统的无矛盾性给出绝对的证明，以便解决悖论引起的危机，一劳永逸地消除对数学基础以及数学推理方法的可靠性的怀疑。他的数学理想主义让整个数学界为之振奋，但在 1931 年，年轻的数理逻辑学家哥德尔证明了希尔伯特的想法是不可能实现的。这让无数数学家感到失望和心碎。

让希尔伯特感到失望和心碎的却是晚年生活在纳粹的阴影之下。学校中有犹太血统和关系的老师和科学家纷纷被清除或离开了德国，这让希尔伯特感到无比的愤慨和孤独。在一次招待会上，他和新任教育部长邻座。这位教育部长问他，数学研究所是否因为犹太人的离去而受影响？希尔伯特冷冷地说："影响？数学研究所早已不复存在了！难道不是吗？"

孤独和痛苦中的希尔伯特已经完全无心再做什么研究了。1943 年，他在精神和身体健康问题的双重打击下离开了人世。纳粹统治的学校里冷冷清清，他生前的好友和同事已经寥寥无几，甚至他的死讯也是在他死了 6 个月以后才被世人得知的。

希尔伯特是对 20 世纪数学的发展有着深刻影响的数学家之一，他领导的著名的哥廷根学派使哥廷根大学成为当时世界数学中心，并培养了一大批对现代数学发展做出了重大贡献的杰出数学家。他的死宣布了哥廷根学派的终结。随着大批数学家为躲避纳粹的迫害而远渡重洋来到美国，美国取代欧洲成为了新的世界数学中心。

希尔伯特的墓碑上镌刻着他的一句名言："我们必须知道，我们必将知道。"

哥德尔不完全性定理

1931 年，在希尔伯特提出想法不到三年，年轻的哥德尔就使希尔伯特的梦想破灭了。哥德尔证明：任何无矛盾的公理体系只要包含初等算术的陈述，则必定存在一个不可判定命题，用这组公理不能判定其真假。也就是说，"无矛盾性"和"完备性"是不能同时满足的！这便是闻名于世的哥德尔不完全性定理。

哥德尔，1906 年生于奥匈帝国的布尔诺，1924 年开始在维也纳大学攻读物理学，后来转到了数学系，1930 年获博士学位。受他的老师、哲学家莫里茨·施利克的影响，他开始参加维也纳学派的活动，与施利克、卡纳普等哲学大师一起讨论科学理论、

哥德尔

客观存在和真理之间的关系。这为他后来的研究与发现奠定了基础。

1931 年，年轻的哥德尔做了一件他人生中轰动的事情，发表了一篇石破天惊的论文《〈数学原理〉及有关系统中的形式不可判定命题》。在论文中，他证明了哥德尔不完全性定理，即数论的所有一致的公理化形式系统都包含不可判定的命题。这篇论文对当时的数学家、逻辑学家和哲学家产生了震撼性的影响，可以说是 20 世纪在逻辑学和数学基础方面最重要的一篇论文。当时，冯·诺依曼评价说："哥德尔在现代逻辑中的成就是非凡的、不朽的。他的不朽甚至超过了纪念碑，他是一座里程碑，是永存的纪念碑。"

哥德尔不完全性定理一举粉碎了数学家两千年来的信念。哥德尔告诉我们，

真与可证明是两个概念。可证明的一定是真的，但真的不一定可证明。在某种意义上，悖论的阴影将永远伴随着我们。无怪乎大数学家赫尔曼·外尔发出这样的感叹："上帝是存在的，因为数学无疑是兼容的；魔鬼也是存在的，因为我们不能证明这种兼容性。"

哥德尔不完全性定理的影响远远超出了数学的范畴。它不仅使数学、逻辑学发生了革命性的变化，产生了许多富有挑战性的问题，而且涉及哲学、语言学和计算机科学，甚至宇宙学。2002 年 8 月 17 日，著名宇宙学家霍金在北京举行的国际弦理论会议上做了题为《哥德尔与 M 理论》的报告，他认为建立一个单一的描述宇宙的大统一理论是不太可能的。这一推测也正是基于哥德尔不完全性定理。

有意思的是，在现今十分热门的人工智能领域，哥德尔不完全性定理是否适用也成为了人们议论的焦点。1961 年，牛津大学的哲学家卢卡斯提出，根据哥德尔不完全性定理，机器不可能具有人的心智。他的观点遭到了很多人的反对。他们认为，哥德尔不完全性定理与机器有无心智其实没有关系，但哥德尔不完全性定理对人的限制同样也适用于机器倒是事实。

哥德尔不完全性定理的影响如此之广泛，难怪哥德尔会被看作当代最有影响力的智慧巨人之一，受到人们的永远怀念。美国《时代》杂志曾评选出 20 世纪100 个最伟大的人物，在数学家中排在第一位的就是哥德尔。

其实早在哥德尔之前，罗素发现的悖论就动摇过整个数学大厦。我们前面讲过，罗素悖论说的是逻辑上的自相矛盾。最古老的悖论是两千多年前的说谎者悖论，它最简单的形式可以是这样一句话："我说的是假话。"如果你说他的这句话是假的，那么就可以推出它是真话；如果你说他的这句话是真的，那么就可以推导出它是假的。总之，这句话的真假是不能通过逻辑推理证明的。

罗素悖论对数学产生了深刻影响，它让数学基础问题第一次以最迫切需要解决的问题形式摆在了数学家的面前，使得数学家不得不重新审视整个数学理论，现代数学的三大流派也由此产生，极大地促进了数学的发展。后来，罗素悖论被用公理的方式否定了，这次危机才算得以解决。

自动定理证明

20 世纪电子计算机的发展让逻辑和数学有了自己的领域。计算机程序使用逻辑序列进行数学计算，成为所有计算机应用的基础。即使那些看上去完全和数学无关的应用（比如动画、音乐和图像处理）也完全是逻辑和数学结合的结果。计算机也被用来证明定理。计算机超强的运算能力让穷竭法可以穷尽所有可能，这对于手工计算来说是完全不可能的。

世界近代三大数学难题之一、图论中著名的四色问题的最终证明，就是由美国伊利诺伊大学的数学家肯尼斯·阿佩尔和沃尔夫冈·哈肯在 1979 年借用大学的计算机完成的。另一个世界难题费马大定理的部分证明也是通过计算机完成的，其中包括 1955 年范迪维尔用计算机证明了 $2 < n < 4002$ 时该定理成立，1976 年瓦格斯塔夫用计算机证明 $2 < n < 125000$ 时该定理成立，1985 年罗瑟用计算机证明 $2 < n < 41000000$ 时该定理成立，1987 年格兰维尔用计算机证明了 $2 < n < 101800000$ 时该定理成立。

自动定理证明是指用计算机证明和判定那些可以证明和判定的问题。罗素认为，演绎逻辑里面的所有事情都能用机器处理。关于机器证明的研究继承了罗素和希尔伯特的思想。人工智能中的符号学派的思想源头和理论基础就是定理证明。

第一个定理证明程序是由美国逻辑学家马丁·戴维斯在 1954 年开发的。他的机器证明实现了普利斯博格算术的判定过程。自然数的一阶理论也称为佩亚诺算术，包括自然数的加法和乘法。普利斯博格算术是佩亚诺算术的一个子集，它只有加法而没有乘法。佩亚诺算术不可判定，而普利斯博格算术是可以判定的，但由于其计算的复杂性是超指数时间的，没有计算机时根本无法进行。

有着"人工智能之父"之称的西蒙和纽厄尔的"逻辑理论家"被认为是人工智能发展历史上最重要的原创性成果之一。他们的程序可以证明怀特海和罗素的《数学原理》第一卷中命题逻辑部分的一个很大的子集。

1958 年，王浩也在一台 IBM704 型计算机上实现了一个完全的命题逻辑程序和一个一阶逻辑程序。他在计算机上只用了 9 分钟就证明了《数学原理》中一阶逻辑的全部 150 条定理中的 120 条。一年以后，改进版证明了全部 150 条一阶逻辑以及 200 条命题逻辑定理。王浩的定理证明孕育了整个理论计算机科学。罗素得知王浩的机器证明后不无感叹地说："早知今日，何必当初。"王浩一跃成为了机器证明领域的开创性人物。1983 年，国际人工智能联合会授予他第一届"数学定理机器证明里程碑奖"，以表彰他在数学定理机器证明研究领域中所做的开创性贡献。

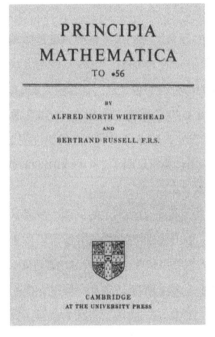

《数学原理》   王浩

自动定理证明源于逻辑，最初的目标就是使逻辑演算自动化。所谓自动化其实就是能编一个程序，让计算机帮助人们证明数学定理。自动定理证明的另一种方法就是数学中形式主义学派的项重写。关于项重写，我们举一个例子简单说明一下。乘法的分配律是 $a(b+c) \rightarrow ab+ac$，"$\rightarrow$"左边的公式被重写成右边的公式。重写规则就是单向的方程，证明就是将一串公式重写成另一串公式。当然，这只是一个十分简单的说明，真正的方法远比这抽象、复杂和深奥。这在 20 世纪 70 年代开启了自动定理证明的又一个思路，为人工智能技术打下了理论和实践基础。

　　概括地说，无论是逻辑学派把数学问题归约到更基本的逻辑问题还是形式学派用一套规则不断地变换给定的公式直到显性的形式出现，定理证明的过程都是一个规约（简化）的过程。自动定理证明就是研究这个数学过程的自动化。

　　英国数学家艾伦·罗宾逊在研究机器证明时发现了归结原理这一对定理证明有着长远而深刻影响的原理。以前的定理证明技术会用到很多规则，而有了归结原理以后，所有的证明推导只要归结为这一条规则就可以了。艾伦·罗宾逊的发明受到了普拉格维茨工作的启发，拓展了普拉格维茨的原始合一算法。其实，归结方法早在 1937 年就被布莱克在他的关于布尔代数的博士论文中阐述过，后来美国逻辑学家奎因也在 1955 年简化布尔函数时独立发明过。但把合一算法和归结原理结合并应用到一阶逻辑上是罗宾逊的原创性工作，成为了定理证明中的一个重要里程碑。

艾伦·罗宾逊

　　罗宾逊在 20 世纪 60 年代奠定了逻辑主义的定理证明的基础，克努特和本迪克斯则在 70 年代开创了形式主义的证明方法，使方程求解的机械化问题有了重大突破。有着"算法分析之父"美名的克努特是美国数学家和计算机科学家，本迪克斯是克努特的学生。据说，克努特在读八年级时，为了参加一个竞赛，他假装胃痛，顺利从学校逃学。这次竞赛的内容是寻找"齐格勒的巨人巧克力棒棒糖"（20 世纪 60 年代和 70 年代在美国十分流行的一种糖果）包装上的字母通过重新排列组合而创建的新单词数量。当时，评委们已经确认了 2500 个这样的单词。克努特使用一本未经删节的字典，开发了一种算法，确定每个字典条目是否可以用短语中的字母形成。利用这个算法，他识别了 4500 多个单词，赢得了比赛。他赢得了一台新电视机和超多的棒棒糖。他把它们都捐给了学校，供所有同学分享。

方程在数学中的应用很广泛，方程逻辑研究一直是逻辑研究中的一个活跃领域。数学活动都可以被看成对公式的项重写。方程是一阶逻辑的子集，即只有一个谓词"="（equal）。克努特和本迪克斯的工作为项重写提供了坚实的基础。克努特也因此获得了 1974 年的图灵奖。

美国数学家罗宾斯提出了一个以他的名字命名的代数猜想。在抽象代数中，罗宾斯代数包含单个二进制操作。多年来，人们一直猜测而未经证实的是，所有的罗宾斯代数都是布尔代数，所以罗宾斯代数其实只是布尔代数的同义词。不过，这必须经过证明才能成立，但半个世纪以来没有人能够给出证明。1996 年，美国计算机科学家麦丘恩在一台计算机上用 13 天时间通过运行一个证明程序给出了证明过程，然后他又在另一台计算机上用 7 天时间对证明进行了验证。《纽约时报》马上公布了这一里程碑事件。

基于逻辑的定理证明最适合解决代数问题，而几何定理证明又都基于代数。王浩是逻辑定理证明的先驱，吴文俊则开几何定理证明之先河。数学家吴文俊在研究中国数学史时受到启发，针对一类特定的初等几何问题给出了高效的算法。后来，他的方法还被推广到一类微分几何问题上。

身为数学家的吴文俊曾被下放到北京无线电一厂进行劳动改造。北京无线电一厂是一家计算机厂，他在那里学习计算机知识，并且学会了计算机编程。于是，他开始尝试用机器证明数学问题。一开始的算法都依靠手工推演。1977 年，他取得了突破，在《中国科学》上发表了题为《初等几何判定问题与机器证明》的文章。吴文俊的名字开始为自动定理证明界所知，他在机器证明方面的成果也被称为吴方法。那时，他常常在他那台花了 2.5 万美元买来的个人计算机上一工作就是一整天，不断取得新的成果，并在 1997 年获得了埃尔布朗奖。这是定理证明领域里的最高奖项。

吴文俊后来喜欢用"数学机械化"来称呼机器证明，这让机器证明有了不同的含义。作为数学家的吴文俊把机器证明当作工具，而逻辑学家把机器证明看成目标。数学家主要看是否有用，逻辑学家则更看重是否纯粹。笛卡儿曾经认为，代数使得数学机械化，因而使得思考和计算变得容易了，不需要花费很多脑力。小学算术中很难的东西用中学代数建个方程马上就解决了。数学上的每一个突破往往都以脑力劳动的机械化来体现。

无论是把数学问题归约到更基本的逻辑问题的逻辑主义，还是用一套规则不断地变换给定的公式直到显性的形式出现的形式主义，定理证明过程都是一个归约过程。自动定理证明研究这个数学过程的全自动化。

有些机器证明的定理本身并不长，比如罗宾斯猜想，但有些机器证明长得让人看不过来。布尔–勾股数问题的机器证明一共有 200TB，无论如何，人们一辈子都看不过来。怎么才算证明了定理呢？计算机验证成为计算机证明的另一只手。罗宾斯猜想的证明就用另一台计算机进行了验证。从数学家之间互相核实到数学家信任的程序之间互相核实，数学似乎变成了有成本的实验科学，这让传统数学家抱怨不已。数学还是数学吗？

数学到底是什么

越来越多的人在思考数学到底是一门关于什么的科学。数学研究的到底是什么呢？数学的发展历史已经让人们知道数学是关于一切的科学，更有人认为数学的本质是哲学，是我们对世界乃至宇宙的全部认识。从 20 世纪开始，数学转向最基本的问题：数学的自然本质是什么，数学是被发明出来的还是被发现出来的？

在数学哲学领域里一直就有三大学派，即以罗素为代表的逻辑主义、以希尔伯特为代表的形式主义和以布劳威尔为代表的直觉主义。第一种是柏拉图主义的观点，如哥德尔所说，数学的法则就像自然法则一样无所不在，真实而一成不变，数学家只是在发现它们而已。另外一种是形式主义观点，以希尔伯特为代表。他认为数学就是编码—— 一种语言或游戏，在公理的基础上通过逻辑构建定理。如

果两组公理似乎都正确，那么就没有特殊理由
倾向于一组公理而忽视另外一组公理。这种观
点来自哥德尔不完全性定理，这个定理证明没
有一组公理是完备的和一致的。最后一种观点
是直觉主义，认为数学就是人类的想象，被创
造出来解释我们身处的世界，在人类文化之外
没有任何意义，也不存在。这种观点是荷兰数
学家布劳威尔所主张的。

布劳威尔

1905 年，24 岁的布劳威尔在一篇题为《生
命、艺术和神秘主义》的文章中表达了他的人生
哲学，他坚持认为所有概念从根本上都基于感官
直觉。布劳威尔的数学观点深受哲学家叔本华的
影响。布劳威尔还开展了一场自以为是的运动，从零开始重建数学实践，以满足
他的哲学信念。在 20 世纪 20 年代后期，他与希尔伯特还开展了一场非常公开的
论战。

布劳威尔创立了直觉主义，这是一种数学哲学，挑战希尔伯特和他的合作者
当时主张的形式主义。他把直觉主义作为数学基础。他的追随者拒绝排除中间法
在数学推理中的使用。所谓排除中间法，简单地说就是任何命题要么为真，要么
为假，不存在中间的可能。

事实上，他的论文指导老师拒绝接受他在论文的第二章中提出的观点，认
为第二章中的所有内容交织在一起仅仅表达了某种悲观和神秘的生活态度，这
不是数学，也没有任何与数学基础相关的东西。1908 年，布劳威尔在另外一篇
题为《逻辑原则的不可信性》的论文中，继续挑战传统观念对经典逻辑规则的
认识。传统观念认为经典逻辑规则基本上来自亚里士多德，具有绝对的有效性，
与它们所适用的内容无关。在完成这篇论文后，布劳威尔特意决定暂时不公开
他有争议的想法，集中精力展示他的数学才能。尽管希尔伯特和布劳威尔在数
学观点上有冲突，但前者对后者还是十分钦佩的，并帮助他在阿姆斯特丹大学

获得了定期的学术职位。其实，布劳威尔更大的成就在拓扑学上，他被认为是现代拓扑学的创始人。

在布劳威尔数学研究生涯的早期，他在新兴的拓扑学领域证明了许多定理。最重要的是他的定点定理、度的拓扑不变和维度的拓扑不变。他的这三个贡献最具盛名。第一个通常被称为布劳威尔定点定理。关于度的拓扑不变在顶级代数学家中最有名。第三个定理也许是最难的。在数学中，布劳威尔定点定理是拓扑学里的一个非常重要的定点定理，它可以应用到有限维空间中，并构成了一般定点定理的基石。布劳威尔定点定理说的是，对于一个拓扑空间中满足一定条件的连续函数 f，存在一个点 x_0，使得 $f(x_0) = x_0$。对应于一个定义于集合到其自身上的映射而言，所谓的定点是指经过该映射保持"不变"的点。定点定理用于判断一个函数是否存在定点。

布劳威尔在老年时感到越来越孤独，最后几年在毫无根据的财务担忧以及对破产、迫害和疾病的恐惧中度过。1966 年，85 岁的他在穿过自家门前的街道时被一辆汽车撞中身亡。

在数理逻辑领域里，数学家王浩关于数理逻辑的一个命题被国际上称为王氏悖论。王氏悖论假设：（1）1 是一个很小的数；（2）如果 n 是一个很小的数，则 $n+1$ 也是一个很小的数。以上两条假设在正常的逻辑下都是成立的，但由以上两条假设能推出所有的数都是很小的数。所有的数怎么可能都是很小的数呢？

破解这个悖论的方法其实就是两条：（1）蝴蝶效应，微小的变化累积会引起巨大的差异；（2）模糊的概念不适用于数学推理，例如悖论中的"很小的数"这一概念就是一个十分模糊的概念。

王浩于 1921 年出生在山东省济南市，1939 年进入西南联大数学系学习，获得数学学士学位后又进入清华大学研究生院哲学部，师从金岳霖和王宪钧两位老师，并以题为《论经验知识的基础》的论文获得哲学硕士学位。中学时代，王浩就对哲学感兴趣。高中时，他偶然得到一本逻辑学家金岳霖写的《逻辑》，其中用约 80 页的篇幅介绍怀特海和罗素的名著《数学原理》第一卷的内容。他感到这些内容既引人入胜又容易理解，因此想先学习比较容易的数理逻辑，为以后学习辩证法做好准备。

大学一年级时，他旁听了王宪钧讲授的符号逻辑课，系统地学习了《数学原理》第一卷。他通过阅读希尔伯特和阿克曼的《数理逻辑基础》学习德语，此后又阅读了希尔伯特和贝尔纳斯的《数学基础》。1942 年，他听沈有鼎讲授维特根斯坦的《逻辑哲学论》，阅读了卡纳普的《语音的逻辑句法》。在这些大师的影响下，他开始撰写关于休谟的归纳问题的论文。

王浩在回忆这段紧张而有意义的学习生活时说："1939 年到 1946 年，我在昆明享受到生活贫苦而精神食粮丰盛的乐趣。特别是因为与金岳霖先生及几位别的先生和同学都有共同的兴趣和暗合的视为当然的价值标准，我觉得心情愉快，并因而能够把工作变成了一个最基本的需要，成为以后自己生活上的主要支柱。我的愿望是：愈来愈多的中国青年可以有机会享受这样一种清淡的幸福！"

1946 年，王浩前往美国哈佛大学，在那里见到了美国当代著名哲学家、逻辑学家奎因，开始学习他创立的形式公理系统，不久就对该系统做出了自己的改进，将部分成果写成了博士论文。根据奎因的建议，这篇论文的题目取为《经典分析的经济实体论》。1948 年，王浩获得了哈佛大学理学博士学位，并留校从事教学和科研工作。

1953 年，王浩开始研究计算机理论与机器证明。他敏锐地感觉到，被认为过分讲究形式的精确、十分烦琐而无任何实际用处的数理逻辑实际上可以在计算机领域发挥极好的作用。这让他成为了逻辑学派定理证明的先驱。

王浩还是公认的哥德尔大师的权威诠释者和知音。他和哥德尔的私交甚密，通信往来不断。这让他对哥德尔的理论十分了解。只要一提起哥德尔，他就有说不完的话。一次，他竟然把和客人的谈话渐渐地变成了自己的独白，最后干脆成了他背朝着客人的自言自语。他旁若无人地滔滔自语，让客人一时不知所措，只好站在一旁呆呆地看着他。他写过不只一本关于哥德尔的书。

1995 年，73 岁的王浩在纽约去世。《纽约时报》为他的死发了讣告和他叼着烟斗沉思的照片。讣告称他是一位尝试把数学和哲学联系在一起的逻辑学家。他的死让学界为之扼腕。有人说，以后可能没有什么人能教自动定理证明了。

今天，王浩写的《数理逻辑通俗讲话》依然是关于机器证明和计算理论的最好书籍。

那么，数学到底是什么？仁者见仁，智者见智。我们认为，数学是对数的认识、对形的理解、对逻辑的构建和对事情的抽象。数学是关于万物本质规律的发现、认识和描述。

第 **10** 章 ▶▶▶
走向未来

只要一门科学能提出大量的问题，

它就充满生命力，

而问题缺乏则预示独立发展的终止或衰亡。

——希尔伯特

19⁰⁰ 年，在法国巴黎，国际数学家大会如期举行。世界顶级数学家们齐聚一堂，在数学世界的珠穆朗玛峰上进行讨论和交流。国际数学家大会是由国际数学联盟主办的全球性数学学术会议，在会议上颁发菲尔兹奖、奈望林纳奖、高斯奖和陈省身奖章。

国际数学家大会的最初发起者是康托尔和克莱因。随着数学研究的深入，国际合作的重要性越来越大。他们在 19 世纪 90 年代提出了举办国际数学家大会的想法。康托尔在 1891 年德国数学家联合会的第一次大会上当选为主席后，就积极推动数学国际组织的筹备工作。他写信把这个想法告诉了欧洲的著名数学家们，并得到了法国、意大利和俄国数学家的积极回应。康托尔为大会的筹备付出了极大的努力，他自命为大会领导，起草通知和大会议程。

在他的多方奔走和积极努力下，1897 年 8 月 9 日首届国际数学家大会终于在瑞士苏黎世召开了。在 1900 年巴黎大会之后，国际数学家大会决定每四年举办一次。除两次世界大战的影响外，国际数学家大会的举办从未中断。第二十四届国际数学家大会于 2002 年在中国北京举行。这是历史上国际数学家大会第一次在发展中国家召开，也是中国数学家和外国数学家参加人数最多的一次会议。中国数学家吴文俊担任大会主席，主持了这次大会。

1900 年在巴黎召开的国际数学家大会是有始以来的第二届。数学大师希尔伯特在 8 月 8 日的大会上做了题为《数学问题》的著名讲演，提出了 20 世纪需要解决的 23 个数学难题。他针对各类数学问题的意义、发源及研究方法发表了自己的精辟见解，而整个讲演的核心就是他根据 19 世纪数学研究的成果与发展趋势而提出的这 23 个问题。这 23 个问题涉及现代数学的大部分重要领域，推动了 20 世纪数学的发展，成为数学史上著名的希尔伯特数学问题。它激发了无数数学家的灵感，指引了数学发展的方向，对 20 世纪数学发展的影响和推动起到了无法估量的巨大作用。

希尔伯特的 23 个数学问题

希尔伯特提出的 23 个数学问题分别是什么呢？希尔伯特的第一个问题是康托尔的连续统假设问题。通常称实数集（即直线上点的集合）为连续统。两千多年来，人们一直认为任意两个无穷集都一样大。直到 1891 年，康托尔证明任何一个集合的幂集（即它的一切子集构成的集合）的势（即大小）都大于这个集合的势，人们才认识到无穷集合也可以比较大小。

自然数集是最小的无穷集合，自然数集的势记作阿列夫零。康托尔证明连续统的势等于自然数集的幂集的势。是否存在一个无穷集合，它的势比自然数集的势大，而比连续统的势小？这个问题称为连续统问题。康托尔猜想这个问题的答案是否定的，即连续统的势是比自然数集的势大的势中最小的一个无穷势。这个猜想就称为连续统假设问题。

希尔伯特的第二个问题是算术公理的兼容性问题。1931 年，哥德尔不完备性定理指出了用希尔伯特元数学证明算术公理的兼容性是不可能的，这里的元数学是指使用数学技术来研究数学本身，于是数学兼容性问题就成为了尚未解决的一道难题。

希尔伯特接下来的问题是，能否将两个等高等底且体积相等的四面体分解为有限个小四面体，使这两组四面体彼此全等？这个问题被认为是 23 个问题中最容易解决的一个。根据高斯以前的研究，希尔伯特断定不可以。这个猜想在几年后被他的学生马克斯·伯尔尼以一反例证明了是不可以的，但这个问题在二维空间中的答案是肯定的。

希尔伯特接下来的第四个问题是线段作为两点间最短距离的问题。在构造与探讨各种特殊度量几何方面虽有许多进展，但这个问题并未解决。第五个问题是柯西函数方程的一般化问题，第六个问题是物理公理的数学处理问题。第七个问题是某些数的无理性与超越性问题，具体地说，如果 a 是除了 0 和 1 之外的代数数，b 是无理数，那么 a^b 是超越数吗？第八个问题是素数问题，包括黎曼猜想、哥德巴赫猜想及孪生素数问题等。第九个问题是任意数域中最一般的互反律的证明问题，第十个问题是丢番图方程可解性的判别问题，第十一个问题是将二次域的结果扩展到任意整数代数域的问题，第十二个问题是阿贝尔域上的克罗内定理在任意代数有理域上的推广问题，第十三个问题是证明不可能用仅有两个变量的函数解一般的七次方程，第十四个问题是多项式环上的代数群是否总能生成有限不变环，第十五个问题是舒伯特计数演算的严格基础问题，第十六个问题是代数曲面的拓扑研究问题，第十七个问题是正定有理函数的平方表示方式问题，第十八个问题是全等多面体构造空间问题，第十九个问题是正则变分问题的解是否一定总是解析函数，第二十个问题是一般边值问题，第二十一个问题是证明具有给定单值群的线性微分方程存在的问题，第二十二个问题是通过自守函数使解析关系单值化，最后一个问题是变分法的进一步发展。

希尔伯特作为当时国际数学界的领军人物，以其远见卓识阐述了数学发展的特点，分析了内部因素和外部因素对数学进步的作用，强调了重大数学问题是数学发展的指路明灯。他坚信数学不会因为越来越细分的专门化趋势而被分割成互不联系的孤立分支，数学作为一个整体的生命力正是在于它的各个部分之间的联系。

20 世纪是数学大发展的世纪。数学的许多重大难题得到了完满解决，如费马大定理的证明、有限单群分类工作的完成等，从而使数学的基本理论得到空前的发展。但是，今天依然有一些问题尚未得到解决或完全解决，比如说哥德巴赫猜想。

哥德巴赫猜想

要想弄懂哥德巴赫猜想说的是什么，先要知道什么是偶数，什么是素数。我们在上小学时学过数字 1，2，3，4，5，…，我们称之为正整数。正整数中可以被 2 整除的数叫作偶数，剩下的不能被 2 整除的数叫作奇数。正整数中还有一种数，如 2，3，5，7，11，13 等，它们只能被 1 和它本身整除，而不能被任何其他整数整除，这样的数叫作素数。如果一个整数除了可以被 1 和它本身整除外，还可以被其他整数整除，那么我们就叫它为合数，如 4，6，8，9，10，12 等。如果一个整数能被一个素数所整除，这个素数就叫这个整数的素因子。比如，6 就有 2 和 3 两个素因子，30 就有 2，3 和 5 三个素因子。

1742 年，德国的一位名叫哥德巴赫的中学数学老师提出，每一个大偶数都可以写成两个素数的和。他对许多偶数进行了验算，都发现他的这一想法是正确的。但对于任何一个大偶数来说这是否都正确需要给予证明才行，不然这一发现在数学上只能说是一种猜想。哥德巴赫自己怎么也证明不出来，于是他写信给当时赫赫有名的瑞士大数学家欧拉，想请他帮忙证明一下。他对欧拉说："我发现每一个大于 2 的偶数都可以写成两个素数的和，如 24 = 11 + 13。有人甚至一个一个地对偶数进行了这样的分解，一直验算到了 330000000，都发现我的想法是正确的。但更大的数呢？我猜想也是对的，但这需要证明，而我怎么都证明不出来。也许是因为我才疏学浅，希望您能帮我把这一猜想证明出来。"

欧拉一看，这还不容易，立即动手试试。可谁承想这一试就一直试到了去世，欧拉也没能证明出来。从此，哥德巴赫猜想就成了一道举世闻名的数学难题，两百多年来引无数英雄竞折腰。哥德巴赫猜想是希尔伯特提出的 23 个数学问题中第八个问题的一部分。

纯数学研究的是数与数的关系和空间形式。在研究数与数的关系时，研究整数性质的一个重要数学分支就是数论。哥德巴赫猜想属于数论中的一个问题。数论的创始人被西方公认为是 17 世纪法国大数学家费马，殊不知中国古代很早就已经对数论做出过特殊贡献。《孙子算经》中的余数定理就是由中国人首先发现的，后来传到欧洲，名为孙子定理，又称中国剩余定理，是数论中的一条著名定理。

18 世纪没有人能够证明哥德巴赫猜想，19 世纪也无声无息地过去了。直到 20 世纪 20 年代，哥德巴赫猜想的证明才有所突破。有人提出让我们先证明每一个大偶数都是两个素因子不太多的数之和，这样一步一步缩小包围圈，最终证明每一个大偶数都是一个素数与另一个素数之和，即简单地表示为（1+1），从而证明哥德巴赫猜想是正确的。

1920 年，挪威数学家布朗用一种古老的筛选法证明了每一个大偶数都是两个素因子数不超过 9 的数之和，就是 9 个素因子之积加上另外 9 个素因子之积。真不容易呀！从 1742 年到 1920 年，将近 180 年过去了，这一突破给哥德巴赫猜想的证明带来了曙光。

1924 年，数学家拉德马赫证明了（7+7）；1932 年，数学家埃斯特曼证明了（6+6）；1938 年，数学家布赫施塔布证明了（5+5），并在 1940 年又进一步证明了（4+4）；1956 年，数学家维诺格拉多夫证明了（3+3）；1958 年，中国数学家王元证明了（2+3）。数学家们正在一步步地接近喜马拉雅山的最高峰珠穆朗玛峰，证明（1+1）似乎就在眼前。

但所有这些证明都有一个缺点，就是其中的两个数没有一个可以肯定为素数。早在 1948 年，匈牙利数学家雷尼发明了另外一种方法，他想证明每个大偶数都是一个素数和一个素因子数不超过 6 的数之和。他成功地证明了（1+6），然而越接近山顶就越困难，此后 10 年没有任何进展。尽管举步维艰，数学家们并没有停止自己的脚步。

1962 年，中国数学家潘承洞证明了（1+5）；同年，王元、潘承洞又证明了（1+4）；1965 年，布赫施塔布、维诺格拉多夫和邦别里都证明了（1+3）。距离登上珠穆朗玛峰只有两步之遥了！

1966 年，中国数学家陈景润成功地证明了（1+2），哥德巴赫猜想就要彻底被证明了。然而，就是这一步之遥至今没人能突破。

陈景润在高中时就读于福州英华高中，大学毕业于厦门大学数学系，1953 年被分配到北京第四中学任教，因口齿不清，不能上讲台授课，只可批改作业，后来被停职回乡养病。厦门大学校长王亚南知道了他的境遇后，调他回厦门大学任资料员，同时研究数论。不久，他就担任了助教。1957 年 9 月，同样爱才的数学大师华罗庚把陈景润调入了中国科学院数学研究所继续进行数论研究。1966 年，他在极其艰苦的条件下证明了（1+2）这个被称为陈氏定理的难题。1973 年 4 月，中国科学院主办的《中国科学》杂志公开发表了陈景润的论文《表大偶数为一个素数及一个不超过两个素数的乘积之和》，轰动世界。法国数学大师安德烈·威尔曾这样称赞道："陈景润的每一项工作都好像是在喜马拉雅山之巅行走。"

陈景润

费马大定理

在攻克数学难题的例子中，费马大定理的证明过程最为著名，同样在历史上引无数英雄竞折腰。虽然像哥德巴赫猜想这样的世纪难题今天依然吸引着无数人的目光，但很少有数学问题像费马大定理这样吸引公众的眼球。关于它的证明不仅上了报纸头条，写进了畅销书中，而且它的英国征服者还被英国女王授予了爵位。

其实，费马大定理看上去相当简单：当整数 $n > 2$ 时，关于 x, y, z 的方程 $x^n + y^n = z^n$ 没有正整数解。就是这样一个看似简单的数学定理，人们花费了 3 个多世纪的时间才加以证明。

事情要从 1637 年左右说起。当时法国学者费马在阅读丢番图的《算术》一书时，随手在第十一卷第八命题旁写下："将一个立方数分成两个立方数之和，或将一个四次幂分成两个四次幂之和，或者一般地将一个高于二次的幂分成两个同次幂之和，这是不可能的。关于此，我确信已发现了一种美妙的证法，可惜这里的空地太小，写不下。"他就这样随便一写，却让人们在 3 个多世纪里伤透了脑筋。天知道他是否真的知道如何证明，他很可能只是信口开河，炫耀炫耀自己，也吊吊大家的胃口，因为据说他常干这样的事。

不过他还真达到目的了。1908 年，哥廷根皇家科学协会宣布，在 2007 年 9 月 13 日前证明费马大定理者将获得 10 万马克的奖励。提供这笔奖金的是沃尔夫斯克尔，一个酷爱数学的德国医生。据说，他在年轻时曾为情所困，决意在午夜零时自杀殉情。但在等待自杀时间来临时，他读到了关于讨论费马定理证明错误的文章。这让他不由自主地计算起来，直到天亮。决定自杀的时间过了，他也放不下问题的证明，数学让他重生并在后来成为大富豪。1908 年，这位富豪在去世前嘱托后人将其一半财产捐赠出来作为奖金，以谢费马大定理的救命之恩。这当然是毫无根据的一个浪漫故事，不过其人和奖金倒是确有其事。沃尔夫斯克尔是一个银行家的儿子，所以他不差钱。

从此，世界上每年都有成千上万的人试图证明这个看上去很简单的定理，并不时有人宣称证明了费马大定理，但真正有所突破的成果屈指可数。1770 年，欧拉证明 $n = 3$ 时定理成立；1823 年，勒让德证明 $n = 5$ 时定理成立；1832 年，勒热纳试图证明 $n = 7$ 时失败，但证明 $n = 14$ 时定理成立；1839 年，拉梅证明 $n = 7$ 时定理成立；1850 年，库默尔证明 $2 < n < 100$ 时，除 37，59，67 三个数外，定理成立；1955 年，范迪维尔通过计算机计算证明了 $2 < n < 4002$ 时定理成立；1976 年，瓦格斯塔夫通过计算机计算证明 $2 < n < 125000$ 时定理成立；1985 年，罗瑟通过计算机计算证明 $2 < n < 41000000$ 时定理成立；1987 年，格兰维尔通过计算机计算证明了 $2 < n < 101800000$ 时定理成立；1995 年，怀尔斯证明 $n > 2$ 时定理成立。几个世纪就这样过去了。

在所有这些证明过程中，另外两个数学猜想对费马大定理的最终证明起到了关键作用。第一个猜想就是莫德尔猜想。1922 年，英国数学家莫德尔提出了这个著名的猜想。这个猜想说，对于任一不可约的有理系数二元多项式，当它的亏格大于或等于 2 时，最多只有有限个解。所谓亏格是代数几何和代数拓扑中的一个最基本的概念。它说的是若曲面中最多可画出 n 条闭合曲线，同时不将曲面分开，则称该曲面的亏格为 n。后来，人们把这个猜想扩展到定义在任意数域上的多项式，并且随着抽象代数几何的出现，又重新用代数曲线来描述这个猜想。费马多项式满足这个猜想的条件。如果莫德尔猜想成立，那么费马大定理在本质上最多有有限个整数解。1983 年，德国数学家法尔廷斯证明了莫德尔猜想，从而翻开了费马大定理研究的新篇章。

另一个猜想出现在 1955 年。日本数学家谷山丰猜测椭圆曲线与数学家们了解得更多的另一类曲线——模曲线之间存在着某种联系。谷山丰的猜测后经日本数学家韦依和志村五郎进一步精确化而形成了所谓的谷山－志村猜想，这个猜想说有理数域上的椭圆曲线都是模曲线。这个很抽象的猜想并不容易搞明白，但它又使费马大定理的证明向前迈进了一步。

1984 年，德国数学家弗雷在德国小城奥伯沃尔法赫举办的一次数论研讨会上宣称，假如费马大定理不成立，则可由费马方程构造一条椭圆曲线，它不可被模形式化，也就是说谷山－志村猜想不成立。但弗雷构造的所谓弗雷曲线不可被模形式化，也说不清具体怎样证明，因此也只是猜想，被称为弗雷命题。如果弗雷命题能够得证，那么费马大定理就有望得证，因为它将说明费马大定理和谷山－志村猜想等价。

1986 年，美国加州大学伯克利分校的肯·里贝特教授为了证明弗雷命题，已经奋斗了 18 个月。曾亲耳听过弗雷当年演讲的里贝特深信自己能证明弗雷命题，但久攻未克。这年夏天，哈佛大学教授巴里·马祖尔来伯克利参加在那里举行的国际数学家大会，里贝特邀请他一起喝咖啡，顺便和他说起弗雷命题。在谈话中，马祖尔的一个提醒让里贝特恍然大悟，里贝特立刻返回学校，马不停蹄地完成了弗雷命题的证明，并当即在这届国际数学家大会上宣布了自己的证明。世界数学界为之振奋。

　　1986 年，英国数学家安德鲁·怀尔斯听到里贝特证明弗雷命题的消息后，感到攻克费马大定理到了最后的冲刺阶段。他开始精心梳理有关领域的基本理论。1993 年 6 月，剑桥大学牛顿学院举行了一场名为"L 函数和算术"的学术会议。怀尔斯在会议上以《模形式、椭圆曲线与伽罗瓦表示》为题，分三次发表了长篇演讲。听完演讲后，人们意识到谷山－志村猜想已经得到证明。由此把法尔廷斯证明的莫德尔猜想、肯·里贝特证明的弗雷命题和怀尔斯证明的谷山－志村猜想联合起来，就可以说明费马大定理成立。其实证明这三个猜想中的每一个都非常困难，关键是怀尔斯的最后证明，这成为完成费马大定理证明的最后一棒。

　　1993 年 6 月 23 日，从剑桥大学牛顿学院传出费马大定理被证明的消息之后，世界各地的媒体纷纷报道了这一喜讯。但此刻数学界已经不能再轻易地被忽悠了，明确指出论证还需进一步仔细审核确定，因为历史上太多宣布过的证明后来都被查出是错误的。

　　怀尔斯的证明被分成了 6 部分，分别由 6 位数学家审查。果不其然，怀尔斯的证明被发现存在问题。一时间，怀尔斯的证明被认为和历史上拉梅、柯西、勒贝格、里贝特（里贝特也曾宣称证明了谷山－志村猜想）的错误证明一样。

　　怀尔斯并没有放弃，他觉得自己的证明虽有漏洞，但离成功只有一步之遥。然而科学研究谈何容易呀！1994 年 9 月，无奈的怀尔斯准备发文承认证明失败，他想自己失败的原因该怎么写呢？他回顾了自己的研究方法，先是采用岩泽理论未能突破，而后采用科利瓦金－弗莱切方法，但是在一类特殊欧拉系中出了问题。这样一想，他突然意识到何不再用岩泽理论结合科利瓦金－弗莱切方法试试？绝处逢生呀！问题就这样解决了，漏洞被修补上了。

　　1994 年 10 月 25 日，怀尔斯通过他的学生、美国俄亥俄州立大学教授卡尔·鲁宾向数学界发送了关于费马大定理完整证明的邮件，包括一篇作者为安德鲁·怀尔斯的长文《模椭圆曲线和费马大定理》和另一篇他与理查德·泰勒共同署名的短文《某些赫克代数的环理论性质》。至此，费马大定理最终得以真正证明。1995 年，怀尔斯把这两篇文章发表在《数学年刊》第 141 卷上，共 130 页，占满了全卷。

　　证明费马大定理的过程简直就是一部数学史。费马大定理起源于 300 多年前，挑战人类 3 个多世纪，多次震惊全世界，耗尽人类众多杰出大脑的精力，也让千千万万业余数学爱好者痴迷。怀尔斯后来说，这个定理就像一个漆黑的大房子，而答案就藏在房子里的某个地方。"你进入大房子的第一个房间，里面漆黑一团，彻底黑暗。你在房间里跌跌撞撞，不时撞上家具，但你慢慢地知道了这些家具在哪里。最终，6 个月以后，你找到了电灯开关，按下按钮，突然一切都明亮了。你现在彻底明白你在哪里了。然后，你进入第二个房间，在黑暗中再花上 6 个月时间……"其实，人类对真理的探索和科学研究从来都是这样。中国科学院院士、北京大学数学学院教授姜伯驹在评价怀尔斯关于费马大定理的证明时说，这是"20 世纪最辉煌的数学成就"。

新千年问题

一个世纪以后，希尔伯特的 23 个问题已经只剩下 3 个问题还没有得到解决。数学家们再次聚集在巴黎。2000 年 5 月 24 日，新千年数学大会在著名的法兰西学院举行。会上，菲尔兹奖获得者、英国数学家高尔斯以《数学的重要性》为题做了演讲，紧接着美国数学家泰特与英国数学家阿提耶公布和介绍了 21 世纪的 7 个新千年问题。

这 7 个新千年问题是在 2000 年初由美国克雷数学研究所的科学顾问委员会选定的，该研究所的董事会还决定设立 700 万美元的大奖基金，每个千年问题的解决都可获得 100 万美元的奖励。克雷数学研究所千年大奖问题的选定目的不是为了形成新世纪数学发展的新方向，而是为了攻克对数学发展具有中心意义、数学家们期待解决的重大难题。

千年大奖问题公布以来，世界数学界产生了强烈反响。这些问题都是关于基本数学理论的，这些问题的解决将对数学理论的发展和应用的深化产生巨大的推动作用。认识和研究千年大奖问题已成为世界数学界关注的焦点。不少国家的数学家正在组织联合攻关。千年大奖问题将会改变新世纪数学发展的历史进程。这 7 个新千年问题又都是些什么数学问题呢？

这 7 个新千年问题中的第一个问题称为 NP 完全问题。这是一个所谓的复杂性理论问题，从一般性的理论角度探讨一个问题的大小将会如何影响解决它所需的时间和空间。生成问题的一个解通常要比验证一个给定的解花费多得多的时间。比如说，如果某人告诉你 13717421 可以写成两个较小数的乘积，你可能不知道是否应该相信他，但是如果他告诉你它可以分解为 3607 乘以 3803，那么你就很容易用一个袖珍计算器验证这是否正确。

人们发现，所有的完全多项式非确定性问题都可以转换为一类叫作满足性问题的逻辑运算问题。既然这类问题的所有可能答案都可以在多项式时间内计算，于是人们猜想这类问题是否存在确定性算法，可以在多项式时间内直接算出或搜寻出正确的答案呢？这就是著名的 NP = P 猜想。不管我们编写程序是否灵巧，在判定一个答案时是可以很快利用内部知识来验证，还是没有这样的提示而需要花费大量时间来求解？这被看作逻辑和计算机科学中最突出的问题之一。1971 年，美国计算机科学家斯蒂芬·库克在认真研究问题复杂性的基础上，提出了这个著名的 NP 完全问题。

库克于 1961 年获得密歇根大学学士学位后继续去哈佛大学数学系深造，先后获得了硕士学位和博士学位。后来，他到加州大学伯克利分校数学系担任助理教授，并一直待到 1970 年。当时，他被拒绝连任。后来图灵奖得主、加州大学伯克利分校教授理查德·卡普在庆祝伯克利电子工程和计算机系成立 30 周年的一次演讲中十分懊悔地说："我们永远的耻辱是，我们无法说服数学系给他终身制。"库克只好于同年来到加拿大的多伦多大学计算机科学和数学系担任副教授，1975 年晋升为教授，1985 年晋升为杰出教授。1982 年，他因对复杂性理论的贡献而获得计算机领域的最高奖项——图灵奖。

新千年问题中的第二个问题是霍奇猜想。20 世纪的数学家们发现了研究复杂对象的形状的强有力的办法，基本想法就是在什么样的程度上，给定对象的形状可以通过维数不断增加的简单几何营造块黏合在一起而形成？这种方法十分有效，可以用许多不同的方式来推广，最终产生了一些强有力的工具，使数学家在对他们在研究中所遇到的形形色色的对象进行分类时取得了巨大的进展。不幸的是，在这一推广中，程序的几何出发点变得模糊起来。在某种意义下，必须加上某些没有任何几何解释的部分。

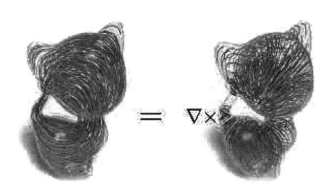

霍奇猜想

英国数学家霍奇断言，对于所谓映射代数簇这种特别完好的空间类型来说，称作霍奇闭链的部分实际上是称作代数闭链的几何部分的（有理线性）组合。为了给出一个通俗而形象的解释，我们可以这样认识：假设我们有一个树桩，当我们仔细观察它时，就可以看到它由许多"切碎的木材"组成。而这些"切碎的木材"里面有"树枝"（霍奇循环）。霍奇猜想认为，对于成堆的切碎的木材，树枝实际上是被称为原子（代数循环）的几何部分的组合。用更简单的话说，"再好再复杂的宫殿都可以由一堆积木垒成"。不管一个几何图形多么复杂，它都可以用一堆简单的几何图形拼成。当然，这完全是一种肤浅的类比。作为新千年问题，霍奇猜想的数学内涵远比这复杂、抽象和深刻得多。

庞加莱猜想是新千年问题中的第三个，也是到目前为止唯一已经被解决了的问题。如果我们拉扯围绕在一个苹果表面的橡皮带，那么我们可以既不扯断它，也不让它离开苹果的表面，使它慢慢地收缩为一个点。如果我们用同样的方法以适当的方向拉扯包裹在一个轮胎面上的橡皮带，那么在不扯断橡皮带或者轮胎面的情况下，是没有办法把它收缩到一点的。我们说，苹果表面是"单连通的"，而轮胎面不是。大约在 100 年以前，法国数学家庞加莱已经知道二维球面在本质上可由单连通性来刻画，他提出了三维球面（四维空间中与原点相距单位距离的点

的全体）的对应问题，这个问题立即变得无比困难。从那时起，数学家们就在为
之奋斗。

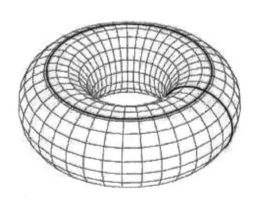

庞加莱猜想

　　法国数学家庞加莱是数学界的领军人物和"混沌理论之父"。他从不夜以继日
地工作，而是每天只工作 4 小时，上午两小时，晚上两小时。他认为，紧张而繁重
的工作会影响人的潜意识，让人无法深入自由地思考，闲暇会使人有时间沉思和
冥想。也许他就是这样发现球体可能是任何维度里最简单的形式的。庞加莱用两
维的环来证明他的三维形状的简单性。他认为，如果空间上的任何一个圈都能收
缩成一个点，则空间就是"单连通"的。他进一步想知道超过三维的情况是不是
如此。球体是否总是最简单的形式，或者在高维度里是否存在"单连通"的其他
形状？

　　1904 年他提出的这个猜想成为了世界数学难题之一，在几乎一个世纪的时间
里，没有人能解决它，它打败了无数顶尖数学家。2000 年，庞加莱猜想被克雷数
学研究所列为新千年问题之一。不久，在 2002 年 11 月和 2003 年 7 月之间，俄罗
斯数学家格里戈里·佩雷尔曼发表了三篇论文的预印本，证明了几何化猜想。在
论文中，他通过使用自己发明的"瑞奇流切割术"解决了这一拓扑学难题。在佩
雷尔曼之后，先后有两组研究者发表论文补全佩雷尔曼给出的证明中缺少的细节。
这包括密歇根大学的布鲁斯·克莱纳和约翰·洛特以及哥伦比亚大学的约翰·摩
根和麻省理工学院的田刚。经过多个数学权威专家团队确认，佩雷尔曼解决问题

的方法无懈可击。

2006 年 8 月，第 25 届国际数学家大会授予佩雷尔曼菲尔兹奖。菲尔兹奖是数学界的诺贝尔奖，是最高的荣誉和最大的肯定。数学界最终确认佩雷尔曼证明了庞加莱猜想。于是克雷数学研究所兑现了他们的承诺，向佩雷尔曼颁发了 100 万美元的奖金。

但佩雷尔曼对金钱和名誉都毫无兴趣，拒绝了这两个名利双收的奖励，这让世人跌破了眼镜。他和母亲一起住在圣彼得堡的一栋不起眼的房子里，闭门谢客，不愿意抛头露面接见记者。他认为，记者们感兴趣的不过是他为什么拒绝领奖，以及像他剪不剪指甲这样的无聊问题。他明确告诉大家："我不想成为动物园里的动物，被人评头论足。"平时行事低调、目的单纯的他并不认为自己多么伟大。他认为美国数学家理查德·哈密顿比他厉害得多。他的证明建立在哈密顿引入的瑞奇流技术的基础上。对于他的证明，他也不以为然。他说："单连通的封闭三维流形看似复杂，但是一旦你见过了，你就见过所有的了。"当天才与崇高的人格合为一体的时候，人们会进入一个超脱世俗的境界。佩雷尔曼就是具有这样境界的人。

新千年问题中的第四个问题是黎曼猜想。有些整数具有不能表示为两个更小的整数的乘积的特殊性质，例如 2，3，5，7 等。这样的数称为素数，它们在纯数学及应用数学中都起着重要作用。在所有自然数中，这种素数的分布并不遵循任何有规则的模式。然而，德国数学家黎曼观察到，素数出现的频率紧密相关于一个精心构造的所谓黎曼 zeta 函数 $\zeta(s)$ 的性态。著名的黎曼猜想断言，方程 $\zeta(s)=0$ 的所有有意义的解都在一条直线上。开始的 1500000000 个解已经验证过这一点。证明它对于每一个有意义的解都成立将为破解围绕素数分布的许多奥秘带来光明。

虽然黎曼猜想在知名度上不及费曼大定理和哥德巴赫猜想，但它在数学上的重要性要远远超过二者，是当今数学中最重要的数学难题。黎曼猜想与费马大定理已经成为广义相对论和量子力学融合的 m 理论的几何拓扑载体。

新千年问题中的第五个问题是杨－米尔斯存在性和质量缺口问题。大约半个世纪以前，美国物理学家杨振宁和罗伯特·米尔斯发现，量子物理揭示了基本粒子物理与几何对象的数学之间令人注目的关系。基于杨－米尔斯方程的预言已经在世界范围内的很多实验室的高能实验中得到证实。虽然如此，但是这个在数学上严格的方程没有已知的解，特别是大多数物理学家所确认并在他们对于夸克的不可见性的解释中应用的"质量缺口"假设从来没有得到在数学上令人满意的证实。关于这一问题的进展需要在物理和数学两方面引入根本上的新观念。

纳维叶－斯托克斯方程的存在性与光滑性是新千年问题中的第六个问题。该方程以法国物理学家克劳德·路易斯·纳维叶和爱尔兰物理学家乔治·斯托克斯的名字命名。我们大多有这样的经验：起伏的波浪跟随着正在湖中蜿蜒穿梭的小船行驶，湍急的气流跟随着现代喷气式飞机飞行。数学家和物理学家深信，无论是微风还是湍流都可以通过理解纳维叶－斯托克斯方程的解进行解释和预言。虽然这些方程是在 19 世纪写下的，我们对它们的理解仍然极少，挑战在于数学理论需要有实质性的进展。

新千年问题中的最后一个问题就是伯奇－斯温纳顿－戴尔猜想，简称为 BSD 猜想。数学家们总是对像 $x^2 + y^2 = z^2$ 这样的代数方程的所有整数解的刻画问题着迷，但是对于复杂的方程，求解就变得极为困难。事实上，正如俄国数学家马季亚谢维奇所指出的，希尔伯特第十问题是不可解的，即不存在一般的方法来确定这样的方程是否有一个整数解。当解是一个阿贝尔簇的点时，伯奇－斯温纳顿－戴尔猜想认为，有理点的群的大小与一个有关的 zeta 函数 $z(s)$ 在点 $s=1$ 附近的性态相联系。如果 $z(1)$ 等于 0，那么存在无限多个有理点（解）；相反，如果 $z(1)$ 不等于 0，那么只存在有限多个这样的点。

到目前为止，只有庞加莱猜想已被佩雷尔曼破解，其他 6 个难题还没有被攻破。

布莱克－斯科尔斯方程

庞加莱猜想也许很难在日常生活中产生什么影响，甚至很难被一般人所理解，但是对探索和理解宇宙自大爆炸以来的形状提供了十分有用的帮助。数学发展到今天，无论是希尔伯特的 23 个问题还是 7 个新千年问题，都是十分抽象和高深的纯数学问题。如果没有专门在特定的数学领域进行研究，即使数学家们也很难深入理解这些问题，但这恰恰说明了人类对世界乃至宇宙的认识正在达到前所未有的高度和深度。数学早已不只是关于数字、计算和几何应用本身，而是更进一步地揭示宇宙万物间的深刻而抽象的内在关系、规律和最高形式。数学已经不再是关于数的学问，而是关于整个大自然和一切人类活动的内在联系和规律的科学。这也是为什么数学从来没有像今天这样成为万学之学。毫不夸张地说，今天一切科学的研究和探索都是数学上的研究和探索。今天，没有数学就没有一切科学！

越来越抽象的数学进入我们现代生活的一个十分重要的方面，那就是国际金融市场。今天的世界经济已经深深地植根于金融市场之中，所以金融市场的任何波动都会强烈地影响全球经济的发展。美国股票市场 20 世纪 90 年代的泡沫化以及房屋融资市场 2008 年的崩盘都引发了全球经济危机。而在这一切的背后是数学在扮演主角，更具体地说是一个数学方程在影响全球金融市场的基础。这个方程被称为布莱克－斯科尔斯方程。

今天金融系统中许多复杂的数学模型都可以追溯到布朗运动。1827 年，英国植物学家罗伯特·布朗在用显微镜观察悬浮在水中的花粉颗粒时，发现花粉颗粒的随机运动是由于这些颗粒与水中快速运动的分子的碰撞而产生的。他的研究进一步表明，流体中的这种粒子运动模式通常包括粒子在流体子域内位置的随机波动，并且会重新定位到另一个子域。每次复位后，新的子域内的粒子就会出现更多的波动。1905 年，爱因斯坦和斯莫鲁霍夫斯基给出了布朗运动的数学模型，并用它们确定了原子的存在。

通常的模型假设粒子受到概率分布为正态分布的随机碰撞，在每个碰撞方向上的分布是一致的，也就是说任何方向都具有同样的可能性。这种过程被称为随机漫步。布朗运动就是这种随机漫步的一个连续版本，连续碰撞中每次碰撞的大小和时间为任意小。布朗运动的统计特性在大量实验中决定于一个概率分布，粒子经过一段时间后最终会集中在一个特定的区域。粒子最初会集中在原始区域，但随着时间的推移，聚集区域会扩散，粒子有更多的机会向其他区域运动。有趣的是，这种概率分布在时间的作用下满足热力学定律，所以概率扩散就像热传递一样。

其实早在爱因斯坦和斯莫鲁霍夫斯基给出布朗运动的数学模型以前，法国数学家路易·巴舍利耶在他的博士论文中就已经提出了相似的数学模型，不过他提出的模型不是物理学方面的，而是关于股票和期货市场的。他的论文题目是"投机理论"。然而，他的论文并没有受到重视，因为金融市场在当时完全不属于数学所关注的内容。他的导师给了他的论文一个仅是通过的成绩，还不加掩饰地评论道："十分遗憾巴舍利耶先生没有进一步发展他在论文中的数学模型。"这段评语的实际意思是说，如果巴舍利耶把他的数学模型应用于数学家们更感兴趣的领域而不是股票市场，那么他一定会得到更好的成绩。

令他的导师所没有想到的是，巴舍利耶的博士论文首次引入了布朗运动的数学模型并把它用于股票期权估值，这是历史上第一篇在金融研究中使用高等数学的论文。他为其后的全球金融市场奠定了数学基础。因此，巴舍利耶被认为是数学金融的先驱和随机过程研究的先驱，被誉为第一个对随机过程进行建模的人。

巴舍利耶和他的博士论文

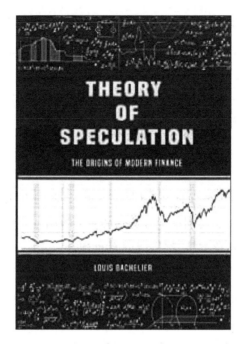

巴舍利耶的著作

巴舍利耶出生于法国勒阿弗尔。他的父亲是一位葡萄酒商人和业余科学家，也是委内瑞拉驻勒阿弗尔的副领事，他的母亲是一位大银行家的女儿。他的父母在他高中毕业后就去世了，这迫使他必须照顾他的妹妹和三岁的弟弟，并承担起管理家族企业的责任。他的学业被迫搁置。在此期间，巴舍利耶对金融市场有了实际的了解。巴舍利耶于 1892 年抵达巴黎，在索邦大学学习，在那里他的成绩并不理想。

这些用数学进行市场分析的早期工作激发了许多诱人的想法，那就是市场可以用数学来建立模型，从而可以创造一种安全、理性的方法来获利。金融市场上最简单的投资衍生产品就是期货和股票的期权。所谓期货最早出现在 18 世纪日本大阪的稻米交易中。稻米交易是日本从 1697 年就开始的一种代替金钱的买卖方式。大阪商人通过操纵稻米来获取财富，并建立银行系统来控制稻米的价格。最终，日本政府意识到这样的一个系统让稻米商人对经济的影响越来越大，于是出面干预，重组了稻米交易机构，让任何人都可以在这个机构里在给定的未来时间里按给定的价格购买和出售稻米。这成为期货最早的形式和内容。后来期货从稻米发展到更多像金属、石油这样的资源性产品。更进一步，股票的未来价格也变成了一种可以交易的期权，成为了几乎可以"买空卖空"的金融产品，逐渐成为金融投资交易的主要方式。

1973 年，美国经济学家费舍尔·布莱克和麦伦·塞缪尔·斯科尔斯发明的以他们的名字命名的方程让靠数学投资的梦想成真。

$$\frac{1}{2}\sigma^2 S^2 \frac{\partial^2 V}{\partial S^2} + rS\frac{\partial V}{\partial S} + \frac{\partial V}{\partial t} - rV = 0$$

布莱克－斯科尔斯方程涉及 5 个不同的变量，即时间（t）、期权价格（S）、衍生工具的价格（V）、无风险利率（r）以及投资回报的波动率（σ）。这个方程反映了衍生工具价格的变化率是三个因素的线性组合。这三个因素是衍生工具的价格本身、相对于投资回报价格变化的速率和变化加速的情况。其实，当我们忽略衍生工具的价格和它的变化率时，这个方程基本上等同于热力学方程，从而显示出它植根于巴舍利耶关于布朗运动的假设。

布莱克－斯科尔斯方程给出了金融市场动态的数学模型和期权价格的理论估计，并表明无论安全风险以及预期回报如何，期权都具有唯一的价格。这个模型背后的关键思想是，通过以正确的方式买卖标的资产来对冲期权，从而消除风险。这个方程导致了金融市场上期权交易的繁荣，并为芝加哥期权交易所和世界各地其他期权市场的活动提供了数学上的合法性。它的广泛应用在正常市场条件下为金融机构和金融投资者带来了有效的回报。

1959 年，布莱克毕业于哈佛大学，1964 年获得哈佛大学应用数学博士学位。他最初被博士课程除名，因为他完成不了论文，于是他从物理转向数学，然后又转向计算机和人工智能。在读博士期间，他参加了一个咨询公司的人工智能系统研究。他还花了一个夏天的时间在兰德公司发展他的想法，并成为了有着"人工智能之父"称号的马文·明斯基的学生，终于完成了他的博士研究，获得了哈佛大学博士学位。

斯科尔斯于 1941 年 7 月 1 日出生在加拿大安大略省，是一个犹太人的后裔。他从十几岁就开始与视力受损做斗争，在 26 岁时终于动了手术。由于家庭的影响，

他对经济学十分感兴趣。在高中时，他就帮助他的
叔叔开展业务，还用他的父母帮他开的一个账户投
资股票。1962 年，他获得了麦克马斯特大学经济学
学士学位。他的一位教授曾向他介绍了乔治·斯蒂
格勒和米尔顿·弗里德曼这两位芝加哥大学的经济
学家、诺贝尔经济学奖得主的作品。获得学士学位
后，斯科尔斯决定去芝加哥大学读经济学硕士学位。
1964 年，他获得了布斯商学院的工商管理硕士学位，
1969 年又进一步获得了博士学位。

斯科尔斯

　　1968 年，斯科尔斯完成论文后来到麻省理工学
院的斯隆管理学院担任学术职务。他在那里遇见了
布莱克。在随后的几年中，斯科尔斯和布莱克在资产定价方面进行了开创性的研
究，开发了他们著名的期权定价模型——布莱克－斯科尔斯方程。1973 年，他们
一起在《政治经济杂志》上发表了著名的论文《期权与公司负债定价》，公布了他
们的布莱克－斯科尔斯方程。

　　后来，他搬到了加州的斯坦福大学，任斯坦福大学商学院金融学教授，成为
了金融经济学家。1997 年，他因为布莱克－斯科尔斯方程这个确定衍生品价值的
新方法而获得了诺贝尔经济学奖，而布莱克在 1995 年去世了，所以他失去了获奖
资格。

　　布莱克－斯科尔斯方程改变了世界，创造了一个蓬勃发展的亿万美元的金融
业。金融家、投资家和各种各样的基金经理都成为了这个方程的信徒。然而，这
个方程完全属于古典连续数学范畴，植根在数学物理的偏微分方程之中，并且基
于数量的无限可分、时间的连续不断和变量改变的平滑性这些条件。现实世界的
金融市场其实并不完全满足这些基本条件，投资来自离散的钱袋，交易也是此一
时彼一时，许多变量的变化是不稳定的。这个方程还基于古典数学经济的传统看
法，即完美的信息、完全的理性和供需平衡的市场理论。这些概念几乎成了经济
学家们的公理，从来不被怀疑。

在现实中，人们对市场的反应并不总是理性的，特别是在特定的时期，感性大于理性。这让古典经济学在一个大的时间跨度上虽然看上去完美无缺，但是在许多具体的时间上是完全错误和无用的。一句十分经典的行话是没有一个人真正知道明天市场上会发生什么。数学也许会精确地计算出股票的基本价格，但不可能精确地计算出人性的复杂和多变，而市场上交易的价格常常不是股票的基本价格而是人们的心理价格。这就是为什么金融市场一再发生"地震"，深刻地冲击着世界经济的发展。

那么是否应该因为金融危机而责怪布莱克－斯科尔斯方程呢？其实，任何一个方程都只是一种工具，如何正确地使用这个工具才是问题的关键。任何对工具的滥用所造成的伤害都不应该成为否认和指责工具本身的理由，就像不能因为原子弹的发明而去指责爱因斯坦的相对论一样。

弦论

爱因斯坦的相对论不仅揭示了质量、能量和时间的关系，而且改变了我们对时间和空间的看法，终结了绝对时间的观念。牛顿运动定律终结了空间上的绝对位置的观念，相对论又终结了牛顿关于绝对时间的观念，同时指出时空是弯曲的，时空中质量和能量的分布是时空产生弯曲的原因。广义相对论进一步预言光线一定会被引力场弯折，时间也会在引力场的作用下发生变化。

广义相对论发表以后，对时空的这种新的理解让我们的宇宙观发生了巨大变化。我们以前认为宇宙是一成不变的，现在我们认为宇宙有起点和终点，宇宙在膨胀。而认识上的这一切改变都源于数学公式推导出来的结果和在对宇宙的不断观察中对数学结果的验证。

然而，爱因斯坦的广义相对论是一个不完全的理论。英国物理学家史蒂芬·霍金说："科学理论只不过是我们用以描述自己观察的数学模型，它只存在于我们的头脑中。"广义相对论无法完美地解释宇宙是如何开始的。从 20 世纪初开始，量子力学这个研究粒子之间的关系的理论登上了历史舞台。

量子力学扩展了人类对宇宙的认识，也能够解释广义相对论无法解释的问题，但两者并不总是一致的，有时甚至会产生冲突。在量子理论中，黑洞可能并不黑，宇宙也没有奇点，是一个完全自足的没有边界的浑然体。于是，人们开始寻找一个可以把广义相对论和量子理论结合起来的大统一理论。

20 世纪的数学把物理学从极小理论（量子力学）和极大理论（广义相对论）中挽救了出来。不能被观察到或者与人类感知不相符的理论常常被称为数学模型。20 世纪 60 年代，一个把物理学统一起来的数学模型引起了人们的极大兴趣，这就是弦论。

弦论是在群论和拓扑学等的影响下发展起来的理论物理学的一个分支，结合了量子力学和广义相对论，被称为万有理论。它将基本粒子看成一维的线，称之为弦。这条线或许是一条线段，称作"开弦"；或许是一个环，称作"闭弦"。弦可以振动，而不同的振动态在精度不佳时会被误认为不同的粒子。各个振动态的性质对应于不同粒子的性质。例如，弦的不同振动能量会被误认为不同粒子的质量，所以自然界的基本单元不是电子、光子、中微子和夸克之类的粒子，而是弦。一旦用数学方法得出弦的振动，就可以定义它的属性，比如自旋或电荷。大部分振动发生在所谓的"紧致维"上。这些弦仅存在于量子尺寸上，但是使得弦可以一次向多个方向移动。弦论被认为是现在最有希望将自然界的基本粒子和 4 种相互作用力（万有引力、电磁相互作用、弱相互作用和强相互作用）统一起来的理论。

弦论的雏形是在 1968 年由意大利物理学家加布里埃莱·韦内齐亚诺提出的。他原本要找出能描述原子核内的强相互作用的数学函数。在一本老旧的数学书里，他找到了有 200 年历史的欧拉－贝塔函数，这个函数能够描述他所要求解的强相互作用。不久，美国物理学家里奥纳德·萨斯坎德发现，这个函数可理解为一小段类似于橡皮筋那样可扭曲抖动的有弹性的"线段"。这在日后发展成为弦论。

强子是一种由夸克或反夸克通过强相互作用捆绑在一起的复合粒子，强子散射振幅公式被弦论学家普遍认为是弦论的开端。这个公式来自伽马函数和欧拉－贝塔函数，描述了两个强子开始时是两条弦，然后融合成一条，再分裂出两条。这些弦扫过的区域称为世界面，可以用量子力学算出这整个过程的概率振幅。

其实，同时发现欧拉－贝塔函数的还有日本物理学家铃木真彦。不过据说当他把他的发现告诉一位身为资深物理学家的同事后，这位同事告诉他另一位年轻的物理学家（即韦内齐亚诺）已经在几个星期前发现了相同的函数，所以没有必要发表他的结果。

弦论除了可以解释强相互作用，也能消除点粒子的无穷大问题。粒子的相互作用可以用费曼图描述，然而粒子的相互作用点等同于奇点。换句话说，它会引起无穷大问题。虽然量子场论中的重整化理论可以解决无穷大问题，然而在量子的微观尺度上充满随机的量子涨落，结构层次的改变将使得重整化无法适用。这是因为在广义相对论中传递引力的介质可以视为整个时空，当时空背景为量子尺度时，结构就会不稳定，若将量子力学的计算方式强行套用在广义相对论上，则会产生限制。因此，若用弦来描述粒子相互作用的费曼图，基本上不会产生奇点，这是由于弦的运动轨迹是世界面。所以，弦论为量子引力的候选者，被认为是物理界所追求的万有理论。

费曼的路径积分是美国物理学家理查德·费曼继薛定谔和海森堡之后提出的第三种建立量子力学的方式。费曼创立了一种用形象化的方法方便地处理量子场中各种粒子相互作用的图。在费曼图中，粒子由线表示，费米子一般用实线表示，光子用波浪线表示，玻色子用虚线表示，胶子用圈线表示。一条线与另一条线的连接点称为顶点。费曼图的横轴一般为时间轴，向右为正方向，左边代表初态，右边代表末态。与时间方向相同的箭头代表正费米子，与时间方向相反的箭头表示反费米子。

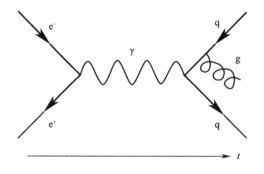

费曼图

弦论之所以会引起这么多注意，主要是因为它很可能会成为大统一理论。弦论也可能是量子引力的解决方案之一。除了引力之外，它成功地描述了各种作用力，包含电磁力和自然界中存在的其他各种作用力。20 世纪 90 年代，弦论扩展到了超弦理论，在玻色子和费米子之间建立了联系。这种联系叫作超对称。至于弦论能不能成功地解释基于目前物理界已知的所有作用力和物质所组成的宇宙，这还是个未知数，至今研究人员仍未能找到一个弦论模型可以成为标准模型。在物理学里，标准模型是一种被广泛接受的框架，可以描述强力、弱力和电磁力这三种基本力以及组成所有物质的基本粒子。除了引力以外，标准模型可以合理解释这世界中的大多数物理现象。

爱因斯坦提出宇宙是由空间和时间组成的四维时空。1926 年，德国数学物理学家西奥多·卡鲁扎在四维时空上再添加一个空间维，也就是添加一个第五维，把爱因斯坦的相对论方程加以改写，改写后的方程可以把当时已知的两种基本力（即电磁力和引力）很自然地统一在同一个方程中。至此，在理论研究中额外添加的维度统称为额外维。在超弦理论中，一维时间和十维空间组成了十一维空间。

由于超弦理论的时空维数为 11，所以我们很自然地认为有 6 个额外的维度需要被紧化。当闭弦紧化时，可以发现所谓的 T 对偶；而开弦紧化时，则可以发现开弦的端点停留在这些超曲面上，并且满足勒热纳边界条件。这些超曲面一般被称为 D 膜。研究 D 膜的动力学称为矩阵理论。

有人认为，在未获得实验证实之前，弦论不能完全算是物理学。弦论无法获得实验证明的原因之一是目前还没有人对弦论有足够的了解而做出正确的预测，而且目前的高速粒子加速器还不够强大。科学家们使用目前的粒子加速器和正在筹建中的新一代高速粒子加速器，试图寻找超弦理论里主要的超对称性学说所预测的超对称粒子。但是即便超对称粒子真的找到了，仍不能算作可以证实弦论的证据，因为那也只是找到了一种本来就存在于这个宇宙中的粒子而已，不过这至少表示研究方向是正确的。2012 年，希格斯玻色子的发现让这一领域成为热门研究领域。

20 世纪 60 年代，英国物理学家彼得·希格斯开始尝试研究物质拥有质量的根本原因。我们都知道，质量不仅仅代表物体所含物质的量，还代表物体获得加速度的难度。我们推动一个大铁球一定会比推动一个大木球困难得多，用的时间长，需要的能量也大。物体加速的难度越大，其质量也就越大。

希格斯

希格斯在一次野外散步的时候突发奇想，认为空间就像水，水中的物体在运动时会遇到阻力，让运动变得困难，而粒子穿行于空间之中，也应该会受到某种阻碍，需要有所付出才能获得加速度，这在宏观世界中体现为质量。空间中的这种使物质获得质量的机制称作希格斯场。

欧洲核子研究组织在日内瓦建造了一座大型强子对撞机，科学家们尝试利用它把粒子的速度加速到接近光速。2013 年，在对撞机实验中，初步确认发现了希格斯粒子，并将其定名为希格斯玻色子，同时也证明了希格斯场的存在。希格斯也因此荣获诺贝尔奖。

另外一个可以对这一理论进行检验的地方就是黑洞，因为在黑洞里大尺度和小尺度进行了融合。黑洞是一个坍缩成基本点的星体，其中量子尺度上的各种弦纠缠在一起，让人难以置信。然而，黑洞在各种空间物体中具有最强大的引力，因此它的质量非常庞大。量子力学中的测不准原理告诉我们，在最短的可能时间内，物质和反物质的微粒（即弦）无处不在，不停地形成，然后共同湮灭。粒子和反粒子在黑洞边缘由于引力而分开，变成它们本身的形式，结果就会导致黑洞释放出弦来，从而为我们提供关于这一理论的重要线索。

弦论具有很多在数学上很有意思的特征，并自然地包含了标准模型的大多数特性，比如非阿贝尔群与螺旋性费米子。另一个问题是，如同很多量子场论一样，弦论的很大一部分仍然是微扰地用公式表达的（对连续的逼近，而非一个精确的解）。虽然非微扰技术有相当大的进步，包括猜测时空中满足某些渐进性的完整定义，但是一个非微扰的、充分的理论定义仍然是缺乏的。在物理学中，弦论有关应用的一个中心问题是，弦论最好的理解背景保存着大部分从"时不变的时空"得出的超对称性潜在理论。目前，弦论无法处理好时间依赖与宇宙论背景的问题。这两点涉及一个更深奥的问题：在弦理论目前的构想中，由于弦论对背景的依赖，它描述的是关于固定时空背景的微扰膨胀，而这可能不是真正的基础。一些人把背景独立看作对于一个量子引力理论的基础要求。

弦论在可预知的未来可能难以被实验证明，于是一些科学家甚至认为弦论不应该算作科学理论，而只是哲学，因为一个有效的理论必须通过实验与观察来证明。虽然历史上弦论是物理学的分支之一，但仍有一些人主张弦论目前还不能通过实验来验证，意味着严格地说它还只是一个数学框架。但是，弦论的思想的确为物理学带来了巨大的影响。

当一个理论面临的问题比解决的问题多的时候，正是这个理论最吸引人和最具活力的时候。毫无疑问，弦论作为目前物理学中最有希望的大统一理论，它自身还在发展和成熟之中。数学正在成为当今一切科学的起点和终点，而其他一切不过都是对数学的证明和解释。

到这里，我们的数学之旅就要告一段落了。数学从记数开始，经历了几千年的人类文明发展历史，它不仅是人类科学的一部分，而且是人类文化的一部分。数学从解决人类生存的具体问题开始，不断探索大自然的内在规律。今天，它不仅是人类知识中的万学之学，而且是人类对整个宇宙的全部认识和看法，深刻地

弦论

影响着人类的哲学观和世界观。数学在变得越来越抽象的同时，也在变得越来越深刻。一部数学史，就是一部人类科学史，一部人类思想史，一部人类发展进步史。一切历史都是人类史，都是关于人的历史，数学史也不例外。数学的历史远没有结束，数学的发展正在进一步把人类带向无尽的未知和无穷的未来！

附录 A ➤➤➤

数学学科分类概览

1. 数学史。

2. 数理逻辑与数学基础：演绎逻辑学（也称符号逻辑学）、证明论（也称元数学）、递归论、模型论、集合论、数学基础等。

3. 数论。

4. 代数：线性代数、群论、环论、格论、代数编码理论等。

5. 几何：三角学、欧氏几何、非欧几何（包括黎曼几何等）、射影几何、微分几何、代数几何等。

6. 拓扑学：点集拓扑学、代数拓扑学、奇点理论、微分拓扑学、低维流形等。

7. 数学分析：微分学、积分学、级数论、实变函数、测度与积分、复变函数、常微分方程、偏微分方程、动力系统、差分方程、傅里叶分析、积分方程、泛函分析、算子理论、变分法、混沌理论、分形等。

8. 应用数学及其他：概率论、统计学、数值分析、流体动力学、计算机科学、量子理论、统计力学、相对论与引力理论、博弈论、信息论、控制论、系统论、运筹学、模糊数学等。

附录 B >>>

数学史大事记

公元前 4000 年，中国西安半坡文化的陶器上出现了数字刻符。

公元前 3400 年，古埃及人发明了一种十进制记数系统。

公元前 3000 年，古巴比伦的泥板上出现了数学内容。

公元前 2800 年，印度河谷的人们在称重和其他测量中使用挂轮比值。

公元前 2400 年，美索不达米亚出现了按位记数制。

公元前 2100 年，美索不达米亚有了乘法表，其中使用六十进制。

公元前 2000 年，毕达哥拉斯定理出现在许多不同的文化里。

公元前 1650 年，古埃及的纸草书中出现了数学内容，包括代数、几何和算术问题。

公元前 1400 年，古埃及的纸草书首次记录了二次方程。

公元前 580 年，毕达哥拉斯学派认为数是万物的本原，宇宙的组织是数以及数与数关系的和谐体系。

公元前 518 年，毕达哥拉斯证明了直角三角形定理。

公元前 500 年，古希腊的泰勒斯发展了初等几何，开始证明几何命题。

公元前 380 年，古希腊的柏拉图学派指出了数学对思维训练的作用，开始研究正多面体、不可公度量。

公元前 360 年，柏拉图发现只有 5 种正多面体（即柏拉图多面体）。

公元前 350 年，亚里士多德在《工具论》中定义了逻辑推理三段论。

公元前 335 年，古希腊的欧德姆斯开始编写数学史。

公元前 300 年，古希腊欧几里得的《几何原本》十三卷出版，他把前人和他本人的发现系统化，确立了几何的逻辑体系。该书是世界上最早的公理化数学著作。

公元前 240 年，埃拉托色尼使用几何方法测量地球周长。

公元前 230 年，阿基米德利用圆内接多边形将圆周率估算到相当精确的数值。

公元前 225 年，阿波罗尼奥斯出版了《圆锥曲线学》，这是最早的关于椭圆、抛物线和双曲线的论著。

公元前 140 年，古希腊的希帕克斯开始研究球面三角形，奠定了三角几何学的基础。

公元前 50 年，印度开始使用有 9 个数字的婆罗门数字，成为十进制记数系统的基础。

公元前 10 年，中国的《周髀算经》出版，其中包括分数算法和开方法等。

公元 50 年，《九章算术》编成，这是中国历史上最早的数学专著，收集了 246 个问题的解法。

公元 100 年，古希腊亚历山大的海伦在考虑负数的平方根时首次提出了虚数的概念。

公元 150 年，古希腊的托勒密完成《数学汇编》一书，求出圆周率为 3.14166，并对透视投影法与球面上的经纬度进行了讨论。这是古代坐标的示例。

公元 250 年，丢番图写成代数著作《算术》十三卷，其中六卷留存至今。

公元 300 年，刘徽发明"割圆术"，算得圆周率为 3.1416，并著有《海岛算经》，论述了有关测量和计算海岛的距离、高度的方法。

公元 458 年，印度文字中出现关于 0 的最早记录。

公元 595 年，印度－阿拉伯数字系统形成。

公元 762 年，智慧宫在巴格达建立，成为阿拉伯地区的数学与知识中心。

公元 820 年，阿拉伯的阿尔·花拉子密出版了《印度数字算术》，使西欧地区的人们熟悉了十进制。

公元 1000 年，中国北宋的刘益著《议古根源》，提出了"正负开方术"。

公元 1202 年，代数在数字关系里使用符号代替数字。意大利的斐波那契出版

《计算之书》，把印度－阿拉伯记数法介绍到西方。

公元 1247 年，中国宋朝的秦九韶著《数书九章》，推广了"增乘开方法"。书中提出的联立一次同余式的解法比西方早 570 余年。

公元 1261 年，中国宋朝的杨辉著《详解九章算法》，用"垛积术"求出几类高阶等差级数之和。

公元 1303 年，中国元朝的朱世杰著《四元玉鉴》三卷，把"天元术"推广为"四元术"。

公元 1489 年，德国的魏德曼用"＋""－"表示正负。

公元 1535 年，意大利的塔尔塔利亚发现三次方程的解法。

公元 1557 年，英国的罗伯特·雷科德发明了数学符号，比如＋（加号）、×（乘号）和＝（等号）。

公元 1581 年，在分析鲁特琴的张力和音高时发现了非线性方程。

公元 1583 年，伽利略发现了钟摆运动定律。

公元 1585 年，荷兰的斯蒂芬提出了分数指数概念与符号，系统地导入了十进制分数与十进制小数的意义、计算方法及表示方法。

公元 1591 年，法国的弗朗索瓦·维埃特在《美妙的代数》中引入符号 x 和 y 表示变量，推进了代数问题的一般讨论。

公元 1609 年，天文学家发现行星运动轨迹是椭圆而不是圆，开普勒用数学方法描述了椭圆轨迹的通用定律。

公元 1614 年，英国的纳皮尔发明了对数，编制了第一张对数表。

公元 1615 年，开普勒发表《酒桶的立体几何学》，研究了圆锥曲线旋转体的体积。

公元 1622 年，计算尺得以发明。

公元 1629 年，法国的阿尔伯特·吉拉德描述了复数这个由实数和虚数构成的数字系统。

公元 1635 年，意大利的卡瓦利出版《不可分连续量的几何学》，书中避免使用无穷小量，用不可分量表述了一种简单形式的微积分。

公元 1637 年，法国的笛卡儿发明了笛卡儿坐标，解析几何诞生，把几何和代数联系在了一起，成为数学发展史上的一个转折点。

公元 1638 年，法国的费马开始用微分法研究极大、极小问题。意大利的伽利略研究了距离、速度和加速度之间的关系，提出了无穷集合的概念。

公元 1641 年，法国的帕斯卡发现了关于圆锥曲线内接六边形的帕斯卡定理。

公元 1642 年，帕斯卡制造出了第一台机械计算器，成为近代计算机的先驱。

公元 1645 年，帕斯卡、费马研究了赌博中获胜的概率问题，奠定了概率论的基础。

公元 1653 年，帕斯卡三角用于研究二项式系数、三角形数和四面体。

公元 1655 年，英国的约翰·沃利斯出版《无穷算术》一书，第一次把代数扩展到分析学。

公元 1657 年，荷兰的惠更斯发表了关于概率论的早期论文《论机会游戏的演算》。

公元 1666 年，英国的牛顿和德国的莱布尼茨分别独立发明了微积分。

公元 1670 年，法国的费马提出费马大定理。

公元 1713 年，瑞士的雅各布·伯努利出版了概率论方面的第一本著作《猜度术》。

公元 1731 年，法国的克莱罗出版《关于双重曲率的曲线的研究》，这是研究空间解析几何和微分几何的最初尝试。

公元 1734 年，爱尔兰的贝克莱发表《分析学者》，副标题是“致不信神的数学家”，攻击牛顿的流数法。

公元 1736 年，瑞士的欧拉解决了格尼斯堡七桥问题，发明了图论。

公元 1747 年，法国的让·勒朗·达朗贝尔等通过弦振动的研究而开创了偏微分方程论。

公元 1748 年，瑞士的欧拉用欧拉公式把重要的数字 1、e、i 和 π 联系起来。

公元 1763 年，英国的贝叶斯定理将因与果的概率联系起来。

公元 1770 年，法国的拉格朗日把置换群用于代数方程式求解，这是群论的开始。

公元 1772 年，法国的拉格朗日给出三体问题最初的特解。

公元 1796 年，英国的马斯基林使用数学纠正了人差的不确定性。

公元 1798 年，英国的马尔萨斯提出了马尔萨斯人口论。

公元 1799 年，法国的蒙日创立画法几何，它在工程技术中的应用颇多。德国的高斯证明了代数学中的一个基本定理：实系数代数方程必有复根。

公元 1801 年，德国的高斯出版《算术研究》一书，开创近代数论。

公元 1812 年，法国的拉普拉斯出版《分析概率论》一书，他成为创立近代概率论的先驱。

公元 1816 年，德国的高斯发现非欧几何，但未发表。

公元 1821 年，法国的柯西出版《分析教程》一书，用极限严格地定义了函数的连续、导数和积分，研究了无穷级数的收敛性等问题。

公元 1822 年，法国的庞加莱系统研究了几何图形在投影变换下的不变性质，创立了射影几何。法国的傅立叶研究了热传导问题，用傅立叶级数求解偏微分方程的边值问题。

公元 1823 年，英国的巴贝奇设计了第一台机械计算机。

公元 1824 年，挪威的阿贝尔证明用根式求解五次方程的不可能性。

公元 1826 年，挪威的阿贝尔发现连续函数的级数之和并非连续函数。俄国的罗巴切夫斯基和匈牙利的波尔约改变了欧几里得几何中的平行公设，提出非欧几何理论。

公元 1827 年，德国的高斯建立了微分几何中关于曲面的系统理论。

公元 1830 年，捷克的博尔扎诺给出了一个连续而没有导数的所谓病态函数的例子。法国的伽罗瓦在代数方程可否用根式求解的研究中建立群论。

公元 1831 年，法国的柯西发现解析函数的幂级数收敛定理。德国的高斯建立了复数的代数，用平面上的点表示复数，破除了复数的神秘性。

公元 1836 年，法国的柯西证明解析系数微分方程解的存在性。

公元 1837 年，德国的勒热纳第一次给出了三角级数的一个收敛性定理。

公元 1840 年，德国的勒热纳把解析函数用于数论，并且引入了狄利克莱级数。

公元 1843 年，爱尔兰的哈密顿提出实数是复数的子集，复数是四元数的子集。

公元 1844 年，德国的格拉斯曼研究了多个变元的代数系统，首次提出多维空间的概念。

公元 1847 年，英国的布尔创立了布尔代数。

公元 1850 年，德国的黎曼给出了黎曼积分的定义，提出函数可积的概念。

公元 1854 年，德国的黎曼创立了非欧几何之一 ——黎曼几何，并提出高维拓扑流形的概念。

公元 1858 年，德国的莫比乌斯描述了以他的名字命名的莫比乌斯带。

公元 1860 年，英国的德·摩根出版了《逻辑系统大纲》一书，发展了关系演算。

公元 1872 年，德国的理查德·戴德金提出无理数的概念。

公元 1873 年，法国的埃尔米特证明了 e 是超越数。

公元 1876 年，德国的维尔斯特拉斯出版《解析函数论》一书，把复变函数论建立在了幂级数的基础上。

公元 1879 年，德国的弗雷格出版了代表作《概念演算》，标志着逻辑学史的转折，他成为了现代逻辑学的创始人。

公元 1882 年，德国的林德曼证明了圆周率是超越数。

公元 1883 年，德国的康托尔建立了集合论，发展了超穷基数理论。

公元 1889 年，英国的高尔顿发现了平均值的随机分布符合钟形曲线。

公元 1895 年，法国的庞加莱提出同调的概念，创立代数拓扑学。

公元 1897 年，第一届国际数学家大会在瑞士苏黎世召开。

公元 1900 年，德国的希尔伯特提出了数学中尚未解决的 23 个问题。

公元 1903 年，英国的罗素发现集合论中的罗素悖论，引发第三次数学危机。

公元 1905 年，爱因斯坦用数学把质量和能量联系起来。

公元 1907 年，荷兰的布劳威尔反对在数学中使用排中律，提出数学的直观主义。

公元 1909 年，德国的希尔伯特解决了数论中著名的华林问题。

公元 1910 年，德国的施坦尼茨创立了现代抽象代数。荷兰的布劳威尔发现不动点原理，后来又发现了维数定理、单纯形逼近法，使代数拓扑学成为系统理论。英国的罗素和怀特海出版《数学原理》一书，企图把数学归纳到形式逻辑中去。这是现代逻辑主义的代表作。

公元 1918 年，英国的哈代利用复变函数论的方法研究数论，创立解析数论。

公元 1922 年，德国的希尔伯特提出数学形式化的主张，创立数学的形式主义。

公元 1931 年，奥地利的哥德尔证明了公理化数学体系的不完备性。

公元 1936 年，英国的图灵提出了现代计算机的理论模型——图灵机。

公元 1944 年，美国的冯·诺伊曼和奥斯卡·摩根斯坦发表博弈论。

公元 1946 年，第一台电子计算机 ENIAC 在美国诞生。

公元 1948 年，美国的维纳提出控制论，美国的香农提出通信的数学理论——信息论。

公元 1950 年，英国的图灵发表《计算机和智力》一文，提出人工智能的观点。

公元 1952 年，美国的蒙哥马利等证明连续群的解析性定理（即希尔伯特第五问题）。

公元 1959 年，中国的王浩用计算机证明了《数学原理》中的 150 条一阶逻辑定理以及 200 条命题逻辑定理，孕育了整个理论计算机科学。

公元 1961 年，美国的爱德华·洛伦茨创立混沌理论。

公元 1965 年，美国的卢特菲·扎德创立模糊数学理论。

公元 1966 年，中国的陈景润成功地证明了哥德巴赫猜想的 "1 + 2"。

公元 1968 年，弦论的雏形由意大利的加布里埃莱·韦内齐亚诺提出。

公元 1973 年，美国的费舍尔·布莱克和加拿大的麦伦·塞缪尔·斯科尔斯发明了以他们的名字命名的方程式，后者因此获得诺贝尔经济学奖。

公元 1975 年，美国的曼德尔布罗特提出分形的概念。

公元 1977 年，中国的吴文俊在《中国科学》上发表了题为《初等几何判定问题与机器证明》的文章。他在机器证明方面的成果被称为吴方法。

公元 1979 年，美国的肯尼斯·阿佩尔和沃尔夫冈·哈肯完成四色定理的最终证明。

公元 1982 年，美国的曼德尔布罗特出版了《自然的分形几何学》一书，成为混沌理论的经典。

公元 1995 年，美国的安德鲁·怀尔斯证明了费马大定理。

公元 2000 年，美国克雷数学研究所提出 7 个新千年大奖数学问题。

公元 2002 年，第二十四届国际数学家大会在中国举行。

公元 2006 年，俄罗斯的格里戈里·佩雷尔曼证明了庞加莱猜想。

附录 C ►►►

中外人名对照表

A

Abraham de Moivre	亚伯拉罕·棣莫弗	法国数学家
Abraham Robinson	亚伯拉罕·鲁滨逊	德国数学家
Abu Al-Karaji	阿布·阿尔-卡拉吉	阿拉伯数学家
Abu Al-Kindi	阿布·阿尔-金迪	阿拉伯哲学家和数学家
Abu' l Hasan Al-Uqlidisi	阿布·哈桑·阿尔-乌格利迪西	阿拉伯数学家
Adelard of Bath	巴斯的阿德拉德	英国自然哲学家
Adolphe Quetelet	阿道夫·凯特尔	比利时数学家
Adriaen van Roomen	阿德里安·范·罗门	比利时数学家
Adrien Douady	阿德里安·杜阿迪	法国数学家
Adrien Marie Legendre	阿德里安·玛利·勒让德	法国数学家
Alan Turing	阿兰·图灵	英国数学家
Albert Einstein	阿尔伯特·爱因斯坦	美国物理学家
Albert Girard	阿尔伯特·吉拉德	法国数学家
Albrecht Durer	阿尔布雷希特·丢勒	德国画家和数学家
Aleksandr Adol'fovich Buchstab	布赫施塔布	苏联数学家
Alexis Claude Clairaut	亚历克西斯·克劳德·克莱罗	法国数学家
Alfred Bray Kempe	阿尔弗雷德·布雷·肯普	英国数学家
Alfred North Whitehead	怀特海	英国数学家和哲学家

Alfréd Rényi	阿尔弗雷德·雷尼	匈牙利数学家
Alphonse de Polignac	阿方斯·德·波利尼亚克	法国数学家
Al-Samaw'al al-Maghribī	阿尔-萨马乌阿尔·阿尔-马格里比	波斯数学家
Anaxagoras	阿那克萨哥拉	古希腊哲学家
André Weil	安德烈·魏尔	法国数学家
Andrew James Granville	安德鲁·詹姆斯·格兰维尔	英国数学家
Andrew Wiles	安德鲁·怀尔斯	英国数学家
Antiphon	安梯丰	古希腊演说家和政治家
Apollonius of Perga	佩加的阿波罗尼奥斯	古希腊天文学家
Archie Blake	阿奇·布莱克	美国数学家
Archimedes	阿基米德	古希腊科学家
Aristarchus of Samos	萨摩斯的阿利斯塔克	古希腊天文学家和数学家
Aristotle	亚里士多德	古希腊哲学家
Arthur Bowley	亚瑟·鲍利	英国统计学家
Arthur Schopenhauer	叔本华	德国哲学家
Aryabhata	阿耶波多	印度天文学家和数学家
August Ferdinand Möbius	奥古斯特·费迪南德·莫比乌斯	德国数学家
August Leopold Crelle	奥古斯特·利奥波德·克列尔	德国数学家
Augustin Louis Cauchy	奥古斯丁·路易斯·柯西	法国数学家
Augustus De Morgan	奥古斯都·德·摩根	英国数学家

B

Barry Charles Mazur	巴里·查尔斯·马祖尔	美国数学家
Benjamin Peirce	本杰明·皮尔斯	美国数学家
B. Pitiscus	B. 皮提斯卡斯	德国数学家
Benoit Mandelbrot	伯诺伊特·曼德尔布罗特	美国数学家
Bernhard Bolzano	伯恩哈德·博尔扎诺	捷克数学家

Bernhard Riemann	伯恩哈德·黎曼	德国数学家
Bertrand Russell	伯特兰·罗素	英国哲学家、数学家和逻辑学家
Bhaskara Acharya	巴斯卡拉·阿查里雅	印度天文学家
Bill Gates	比尔·盖茨	美国企业家
Blaise Pascal	布拉泽·帕斯卡	法国数学家
Bonaventura Calvieri	博纳文图拉·卡瓦利	意大利数学家
Brahmagupta	婆罗门笈多	印度天文学家和数学家
Brook Taylor	布鲁克·泰勒	英国数学家
Bryan John Birch	布莱恩·约翰·伯奇	英国数学家

C

Caliph al-Mansur	哈里发·阿尔-曼苏尔	古代巴格达的统治者
Carl Friedrich Gauss	卡尔·弗里德里希·高斯	德国数学家
Carl Louis von Lindemann	卡尔·刘易斯·冯·林德曼	德国数学家
Caspar Wessel	卡斯帕·韦塞尔	挪威数学家
Charles Babbage	查尔斯·巴贝奇	英国数学家
Charles Colmar	查尔斯·科尔马	法国发明家和企业家
Charles Francis Richter	查尔斯·弗朗西斯·里克特	美国地震学家
Charles Hermite	查尔斯·埃尔米特	法国数学家
Charles Maurice de Tallyrand	查尔斯·莫里斯·德·塔利兰德	
		法国政治家和外交官
Christiaan Huygens	克里斯蒂安·惠更斯	荷兰数学家
Christian Felix Klein	克里斯蒂安·菲力克斯·克莱因	德国数学家
Christoff Rudolff	克里斯托夫·鲁道夫	德国数学家
Christopher Gale Langton	克里斯托弗·盖尔·兰顿	美国计算机科学家
Claude Elwood Shannon	克劳德·埃尔伍德·香农	美国数学家
Claude-Louis Navier	克劳德-路易斯·纳维叶	法国物理学家

| Claudius Ptolemy | 克劳迪亚斯·托勒密 | 古希腊天文学家 |

D

Dag Prawitz	达格·普拉格维茨	瑞典逻辑学家
Daniel Bernoulli	丹尼尔·伯努利	瑞士数学家
David Hilbert	戴维·希尔伯特	德国数学家
David Colander	戴维·科兰德	美国经济学家
Deane Montgomery	迪恩·蒙哥马利	美国数学家
Democritus	德谟克利特	古希腊哲学家
Diocles	狄奥克莱斯	希腊数学家
Diophantus	丢番图	古希腊数学家
Donald Knuth	唐纳德·克努特	美国数学家

E

Ebrahim Mamdani	易卜拉欣·马丹尼	英国数学家和计算机科学家
Edward Lorenz	爱德华·洛伦茨	美国数学家和气象学家
Edward Vermilye Huntington	爱德华·弗来利耶·亨廷顿	美国数学家
Eliakim Hastings Moore	伊莱基姆·黑斯廷斯·摩尔	美国数学家
Enrico Bombieri	恩里科·邦别里	意大利数学家
Eratosthenes	埃拉托色尼	古希腊数学家
Ernst Eduard Kummer	恩斯特·爱德华·库默尔	德国数学家
Ernst Karl Abbe	恩斯特·卡尔·阿贝	德国物理学家和光学家
Ernst Steinitz	恩斯特·施坦尼茨	德国数学家
Erwin Schrödinger	埃尔温·薛定谔	奥地利物理学家
Euclid	欧几里得	古希腊数学家
Eudemus	欧德摩斯	古希腊哲学家和科学史学家
Eugenio Beltrami	欧金尼奥·贝尔特拉米	意大利数学家

Evariste Galois	埃瓦里斯特·伽罗瓦	法国数学家

F

Fibonacci	斐波那契	意大利数学家
Filippo Brunelleschi	菲利波·布鲁内莱斯基	意大利建筑师和工程师
Fischer Black	费舍尔·布莱克	美国经济学家
Francesco Maurolico	弗朗西斯科·莫罗利科	意大利数学家
Francesco Pellos	弗兰西斯科·佩洛斯	意大利数学家
Francis Galton	弗朗西斯·高尔顿	英国统计学家
Francis Guthrie	弗朗西斯·格思里	南非数学家
Francois Viete	弗朗索瓦·维埃特	法国数学家
Frans van Schooten	弗朗斯·范·斯霍滕	荷兰数学家
Friedrich Ludwig Gottlob Frege	弗里德里希·路德维希·戈特洛布·弗雷格	
		德国数学家

G

Gabriel Lamé	加布里埃尔·拉梅	法国数学家
Gabriel Mouton	加布里埃尔·穆顿	法国修道院长和数学家
Gabriele Veneziano	加布里埃莱·韦内齐亚诺	意大利物理学家
Galileo Galilei	伽利略·伽利雷	意大利天文学家和数学家
Gaspard Monge	加斯帕尔·蒙日	法国数学家
Gemma Frisius	杰玛·弗里西斯	荷兰数学家
Georg Bernhard Riemann	格奥尔格·波恩哈德·黎曼	德国数学家
Georg Cantor	格奥尔格·康托尔	德国数学家
Georg Joachim Rheticus	格奥尔格·约阿希姆·雷蒂库斯	奥地利数学家
George Berkeley	乔治·伯克利	爱尔兰大主教
George Boole	乔治·布尔	英国数学家

George Gabriel Stokes	乔治·加布里埃尔·斯托克斯	爱尔兰物理学家
George Horace Gallup	乔治·霍勒斯·盖洛普	美国统计学家
George Peacock	乔治·皮科克	英国数学家
Gerardus Mercator	赫拉尔杜斯·墨卡托	荷兰地图学家
Gerolamo Cardano	杰罗拉莫·卡尔达诺	意大利数学家
Gilles de Roberval	吉勒斯·德·罗贝瓦尔	法国数学家
Giovanni Girolamo Saccheri	乔瓦尼·吉罗拉莫·萨凯里	意大利数学家
Giovanni Magini	乔瓦尼·马吉尼	意大利制图师
Girard Desargues	吉拉德·笛沙格	法国数学家和建筑师
Giuseppe Peano	朱塞佩·佩亚诺	意大利数学家
Godfrey Harold Hardy	戈弗雷·哈罗德·哈代	英国数学家
Gottfried Leibniz	戈特弗里德·莱布尼茨	德国数学家
Gottlob Frege	戈特洛布·弗雷格	德国数学家和逻辑学家
Grigori Yakovlevich Perelman	格里戈里·亚科夫列维奇·佩雷尔曼	
		俄罗斯数学家
Guglielmo	古列尔莫	意大利商人（斐波那契的父亲）

H

Hans Adolph Rademacher	汉斯·阿道夫·拉德马赫	美国数学家
Harold Scott MacDonald Coxeter		
	哈罗德·斯科特·麦克唐纳·考克斯特	
		加拿大几何学家
Harry Schultz Vandiver	哈里·舒尔茨·范迪维尔	美国数学家
Heinrich Wilhelm Matthias Olbers		
	海因里希·威廉·马提亚斯·奥伯斯	
		德国天文学家
Henri-Leon Lebesgue	亨利-里昂·勒贝格	法国数学家

Henry Briggs	亨利·布里格斯	英国数学家
Herbert Ellis Robbins	赫伯特·埃利斯·罗宾斯	美国数学家
Herman Heine Goldstine	赫尔曼·海涅·戈尔斯坦	
		美国数学家和计算机科学家
Hermann Günther Graßmann	赫尔曼·金特·格拉斯曼	德国数学家
Hermann Klaus Hugo Weyl	赫尔曼·克劳斯·雨果·外尔	德国数学家
Hermann Lotze	赫尔曼·洛策	德国哲学家
Heron of Alexandria	亚历山大的海伦	古希腊数学家
Hipparchus	希帕克斯	希腊天文学家和数学家

I

Ibn Al-Haytham	伊本·阿尔-海什木	阿拉伯数学家
Ibn al-Qifti	伊本·阿尔-奇夫提	埃及阿拉伯历史学家
Ilya Prigogine	伊利亚·普利高津	比利时物理化学家
Ivan Matveevich Vinogradov	伊万·马特维维奇·维诺格拉多夫	苏联数学家

J

Jack Kilby	杰克·基尔比	美国电气工程师
Jakob Bernoulli	雅各布·伯努利	瑞士数学家
James Clerk Maxwell	詹姆斯·克拉克·麦克斯韦	
		英国数学物理学家
Jan de Wit	扬·德·维特	荷兰政治家和律师
Jan Łukasiewicz	扬·乌卡西维奇	波兰逻辑学家
Janos Bolyai	亚诺什·波尔约	匈牙利数学家
Jean Le Rond d'Alembert	让·勒朗·达朗贝尔	法国数学家
Jean-Victor Poncelet	让-维克托·彭赛利	法国数学家
Jerzy Neyman	耶日·内曼	波兰统计学家

Johann Benedict Listing	约翰·本尼迪克特·李斯廷	德国数学家
Johann Bernoulli	约翰·伯努利	瑞士数学家
Johann Peter Gustav Lejeune	约翰·彼得·古斯塔夫·勒热纳	德国数学家
Johann Peter Süssmilch	约翰·彼得·塞米尔奇	德国统计学家
Johannes Kepler	约翰尼斯·开普勒	德国天文学家
Johannes Widmann	约翰尼斯·威德曼	德国数学家
John Alan Robinson	约翰·艾伦·罗宾逊	英国数学家
John Arbuthnot	约翰·阿巴斯诺特	苏格兰医生
John Barkley Rosser	约翰·巴克利·罗瑟	美国数学家
John Conway	约翰·康韦	美国数学家
John Edensor Littlewood	约翰·伊登斯尔·李特伍德	英国数学家
John Graunt	约翰·格朗特	英国统计学家
John Hamal Hubbard	约翰·哈马尔·哈伯德	美国数学家
John Lucas	约翰·卢卡斯	英国哲学家
John Napier	约翰·纳皮尔	英国数学家
John Tate	约翰·泰特	美国数学家
John von Neumann	约翰·冯·诺依曼	美国数学家
John Wallis	约翰·沃利斯	英国牧师、数学家
Joseph Bertrand	约瑟夫·伯特兰	法国数学家
Joseph Clement	约瑟夫·克莱门特	英国工程师和工业家
Joseph Fourier	约瑟夫·傅里叶	法国数学家
Joseph Marie Charles Jacquard	约瑟夫·玛利·查尔斯·雅卡尔	法国纺织机械师
Joseph-Louis Lagrange	约瑟夫-路易斯·拉格朗日	法国数学家
Jules Henri Poincaré	朱尔斯·亨利·庞加莱	法国数学家

K

Karl Rubin	卡尔·鲁宾	美国数学家

Karl Snell	卡尔·斯涅尔	德国数学家
Karl Weierstrass	卡尔·魏尔施特拉斯	德国数学家
Kenneth Alan Ribet	肯尼斯·艾伦·里贝特	美国数学家
Kenneth Ira Appel	肯尼斯·伊拉·阿佩尔	美国数学家
Konrad Zuse	康拉德·楚泽	德国土木工程师
Kurt Friedrich Gödel	库尔特·弗里德里希·哥德尔	奥地利数学家

L

L. E. J. Brouwer	L.E.J. 布劳威尔	荷兰数学家
Leon Battista Alberti	利昂·巴蒂斯塔·阿尔贝蒂	意大利艺术家
Leonard Eugene Dickson	莱纳德·尤金·迪克逊	美国数学家
Leonard Susskind	莱纳德·萨斯坎德	美国物理学家
Leonardo da Vinci	列奥纳多·达·芬奇	意大利艺术家
Leonhard Euler	列奥纳多·欧拉	瑞士数学家
Leopold Kronecker	利奥波德·克罗内克	德国数学家
Levi Ben Gerson	李维·本·热尔松	法国数学家
Lotfi Zadeh	卢特菲·扎德	美国数学家
Louis Bachelier	路易·巴舍利耶	法国数学家
Louis Joel Mordell	路易·约珥书·莫德尔	英国数学家
Louis Poinsot	路易·潘索	法国数学家
Luca Pacioli	卢卡·帕乔利	意大利数学家
Ludwig Eduard Boltzmann	路德维格·爱德华·玻尔兹曼	奥地利物理学家

M

M.C. Escher	M.C. 埃舍尔	荷兰艺术家
Manuel Moschopoulos	曼努埃尔·莫斯乔普洛斯	古希腊学者
Marcus du Sautoy	马库斯·杜·索托伊	英国数学家

Marian Smoluchowski	马里安·斯莫鲁霍夫斯基	波兰物理学家
Marin Mersenne	马林·梅森	法国天主教神父和数学家
Martin Gardner	马丁·加德纳	美国专栏作家
Max Black	马克斯·布莱克	美国哲学家
Max Born	马克斯·博恩	德国数学家
Menaechmus	米奈克穆斯	古希腊数学家
Michael Francis Atiyah	迈克尔·弗朗西斯·阿提耶	英国数学家
Michael Stifel	迈克尔·施蒂费尔	德国数学家
Monty Hall	蒙蒂·霍尔	美国电视游戏节目主持人
Moritz Pasch	莫里茨·帕施	德国数学家
Moritz Schlick	莫里茨·施利克	德国哲学家
Muhammad Al-Khwarizmi	穆罕默德·阿尔·花拉子密	阿拉伯数学家
Murray Gell-Mann	默里·盖尔曼	美国物理学家
Myron Samuel Scholes	麦伦·塞缪尔·斯科尔斯	美国经济学家

N

Nevil Maskelyne	内维尔·马斯基林	英国天文学家
Niccolo Tartaglia	尼克罗·塔尔塔利亚	意大利数学家
Niels Henrik Abel	尼尔斯·亨利克·阿贝尔	挪威数学家
Nikolai Ivanovich Lobachevski	尼古拉·伊万诺维奇·罗巴切夫斯基	俄国数学家
Nikolaus Bernoulli	尼古拉·伯努利	瑞士数学家
Norbert Wiener	诺伯特·维纳	美国数学家

O

Omar Khayyam	莪默·伽亚谟	阿拉伯数学家
Oskar Morgenstern	奥斯卡·摩根斯坦	美国数学家

P

Pappus of Alexandria	亚历山大的帕普斯	古希腊数学家
Paul Erdős	保罗·埃尔德斯	匈牙利数学家
Paul Leyland	保罗·莱兰	英国数学家
Percy John Heawood	珀西·约翰·赫伍德	英国数学家
Peter Bendix	彼得·本迪克斯	美国计算机科学家
Peter Francis Swinnerton-Dyer	彼得·弗朗西斯·斯温纳顿–戴尔	英国数学家
Peter Gobets	彼得·戈贝兹	荷兰学者
Peter Guthrie Tait	彼得·格思里·泰特	英国数学物理学家
Peter Higgs	彼得·希格斯	英国物理学家
Piero della Francesca	皮耶罗·德拉·弗朗西斯卡	意大利艺术家
Pierre de Fermat	皮埃尔·德·费马	法国数学家
Pierre Wantzel	皮埃尔·旺策尔	法国数学家
Pierre-Simon de Laplace	皮埃尔–西蒙·德·拉普拉斯	法国天文学家
Pingala	平加拉	印度数学家
Plato	柏拉图	古希腊哲学家
Proclus	普罗克洛斯	古希腊哲学家
Pythagoras	毕达哥拉斯	古希腊哲学家

R

Rafael Bombelli	拉斐尔·邦贝利	意大利数学家
René Descartes	勒内·笛卡儿	法国数学家
Richard Dedekind	理查德·戴德金	德国数学家
Richard Lawrence Taylor	理查德·劳伦斯·泰勒	英国数学家
Richard Manning Karp	理查德·曼宁·卡普	美国计算机科学家
Richard Phillips Feynman	理查德·菲利普斯·费曼	美国物理学家
Robert Brown	罗伯特·布朗	英国植物学家

Robert Laurence Mills	罗伯特·劳伦斯·米尔斯	美国物理学家
Robert of Chester	切斯特的罗伯特	英国翻译家
Robert Recorde	罗伯特·雷科德	英国数学家
Roberto A. Guatelli	罗伯特·A. 古泰里	意大利达·芬奇研究专家
Ronald Aylmer Fisher	罗纳德·艾尔默·费舍尔	
		英国基因学家和统计学家
Ronald Graham	罗纳德·格雷厄姆	美国数学家
Rudolf Carnap	鲁道夫·卡纳普	德国哲学家

S

S. Stevin	S. 斯泰芬	荷兰数学家
Samuel Standfield Wagstaff Jr.	小塞缪尔·斯坦菲尔德·瓦格斯塔夫	美国数学家
Sarvanandin	萨尔瓦南丁	印度僧侣
Scipione del Ferro	西皮奥内·德尔·费罗	意大利数学家
Seto Assilian	塞托·阿什瑞安	英国数学家和计算机科学家
Severus Sebokht	塞维鲁·塞博克特	
		叙利亚学者和基督教派的主教
Simeon-Denis Poisson	西蒙–丹尼斯·泊松	法国数学家
Simon Stevin	西蒙·斯蒂文	荷兰数学家
Simon Stevin	西蒙·斯蒂芬	荷兰数学家
Srinivasa Ramanujan	斯里尼瓦瑟·拉马努金	印度数学家
Stanisław Ulam	斯塔尼斯拉夫·乌拉姆	波兰科学家
Stephen Arthur Cook	斯蒂芬·亚瑟·库克	美国计算机科学家
Stephen Hawking	史蒂芬·霍金	英国理论物理学家
Stephen Wolfram	斯蒂芬·沃尔弗拉姆	美国计算机科学家
Steve Jobs	史蒂夫·乔布斯	美国企业家
Steve Selvin	史蒂夫·塞尔文	美国生物统计学家

T

Thabit ibn Qurrah	塔比·伊本·库拉	伊拉克天文学和物理学家
Thales	泰勒斯	古希腊七贤之一，哲学家和数学家
Theodor Estermann	特奥多尔·埃斯特曼	德国数学家
Theodor Kaluza	西奥多·卡鲁扎	德国数学物理学家
Thomas Bayes	托马斯·贝叶斯	英国数学家
Thomas Harriot	托马斯·哈里奥特	英国数学家
Thomas Robert Malthus	托马斯·罗伯特·马尔萨斯	英国人口学家
Tommy Flowers	汤米·弗劳尔斯	英国工程师
Tony Sale	托尼·塞尔	英国计算机史学家
Tycho Brahe	第谷·布拉赫	丹麦天文学家

V

Viggo Brun	维戈·布朗	挪威数学家

W

Waclaw Siepinski	瓦克劳·西宾斯基	波兰数学家
Werner Karl Heisenberg	维尔纳·卡尔·海森堡	德国物学家
Wilhelm Schickard	威廉·施卡德	德国天文学家
Willebrord van Roijen Snell	威勒布罗德·范·洛伊恩·斯内尔	荷兰数学家
William Jones	威廉·琼斯	威尔士数学家
William McCune	威廉·麦丘恩	美国计算机科学家
William Oughtred	威廉·奥特雷德	英国数学家
William Petty	威廉·佩蒂	政治经济学家
William Rowan Hamilton	威廉·罗文·哈密顿	爱尔兰数学家
William Timothy Gowers	威廉·提摩西·高尔斯	英国数学家
William V. D. Hodge	威廉·V.D.霍奇	英国数学家

| Wolfgang Haken | 沃尔夫冈·哈肯 | 德国数学家 |

Y

| Yuri Matiyasevich | 尤里·马季亚谢维奇 | 俄国数学家 |

Z

| Zeno | 芝诺 | 古希腊哲学家 |

致　谢

首先要特别感谢人民邮电出版社的刘朋编辑，他为本书的写作和出版提供了热情的支持和中肯的意见，使本书能够得以顺利编写和出版。同时，我也要感谢中国海洋大学数学科学学院高翔副教授在百忙之中对本书进行的认真审阅和所提供的指导建议。对于所有参与本书编辑、出版和发行的工作人员，我要表示最诚挚的敬意和感激。没有你们默默无闻的辛勤付出，本书就不可能最终呈现在广大读者面前。我还要对我的家人和朋友给予我的关怀、理解和鼓励表示感谢，你们永远是我最爱的人。数学，无论是内容还是历史，都十分丰富、源远流长。鉴于本人才疏学浅，书中难免存在缺点和错误，望读者不惜赐教，批评指正。最后，衷心感谢所有阅读本书的读者朋友，你们是我写作的真正动力！